高等学校教材

高等数学

（上册）

主　编　沈忠华　史彦龙
副主编　贾孝霞　杨淑心
参　编　潘　军　冉素真

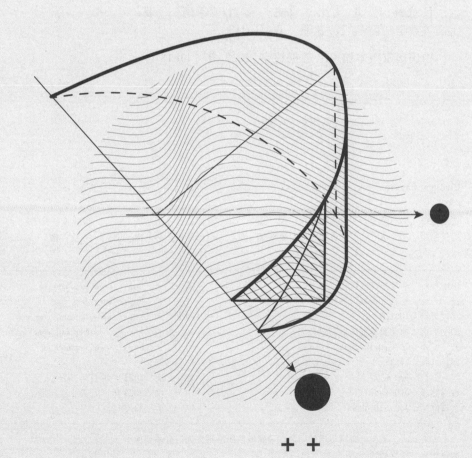

中国教育出版传媒集团

高等教育出版社·北京

内容提要

　　本书在保持传统高等数学教材体系的基础上,根据应用型本科和职教本科院校高等数学教学的新需求编写而成。本书适当降低理论要求和复杂的数学推导,注重学科之间的交叉融合,强调微积分在生物医药领域中的实际应用,主要内容包括极限与连续、一元函数微分学、一元函数积分学、常微分方程,共四章。

　　本书可作为应用型本科和职教本科院校理工类和生物医药类专业高等数学课程的教学用书。

图书在版编目(CIP)数据

　　高等数学. 上册 / 沈忠华,史彦龙主编;贾孝霞,杨淑心副主编. -- 北京:高等教育出版社,2023.9
　　ISBN 978-7-04-060941-7

　　Ⅰ.①高…　Ⅱ.①沈…②史…③贾…④杨…　Ⅲ.①高等数学-高等学校-教材　Ⅳ.①O13

　　中国国家版本馆 CIP 数据核字(2023)第 143818 号

Gaodeng Shuxue

策划编辑	胡　颖	责任编辑　胡　颖	封面设计　王　琰	版式设计　李彩丽
责任绘图	邓　超	责任校对　窦丽娜	责任印制　赵　振	

出版发行	高等教育出版社	网　　址	http://www.hep.edu.cn
社　　址	北京市西城区德外大街4号		http://www.hep.com.cn
邮政编码	100120	网上订购	http://www.hepmall.com.cn
印　　刷	河北鹏盛贤印刷有限公司		http://www.hepmall.com
开　　本	787mm×1092mm　1/16		http://www.hepmall.cn
印　　张	14.25		
字　　数	330千字	版　　次	2023年9月第1版
购书热线	010-58581118	印　　次	2023年9月第1次印刷
咨询电话	400-810-0598	定　　价	32.80元

本书如有缺页、倒页、脱页等质量问题,请到所购图书销售部门联系调换

前　言

数学属于基础学科,在全面深入推进人才强国战略实施过程中起着重要的作用,数学教材是数学学科知识的重要载体。为适应新时代应用型本科和职教本科院校高等数学教学的需求,推进数字技术、智能技术与学科交叉相融合,特编写了本书。

在新工科、新医科、新农科、新文科建设的大背景下,应用型本科和职教本科院校的教育更加强调人才培养定位的复合型、精深型和创新型,这要求数学教学在知识传授上不能只局限于课程本身的知识体系,还需发散式地科学拓宽知识范围,应与专业知识精准交叉融合,以实际应用为导向,突出运用数学方法解决实际问题的技能培养,为培养高素质创新型技能人才打好坚实的数学基础。

全书在编写过程中强调以下几方面:

(1)在保持传统高等数学的知识体系下,充分考虑高等数学教学的新需求,尊重学生的认知规律,适当降低理论要求和复杂的数学推导,非必要不花大量的篇幅进行理论推导和证明,对抽象的数学语言,以数形结合的方式使复杂的内容显得清晰明了,利于读者理解掌握。

(2)注重学科之间的交叉融合,强调微积分在生物医药领域中的实际应用,对生物学、医学、药学等领域的实际问题的介绍,不仅丰富了教材内容,而且突出了数学理论和方法的重要性。

(3)融入数字技术,推进教育数字化。本书所有习题和复习题均配有详细解答过程,读者可扫描二维码学习相关内容。

全书分上、下两册,共八章,其中上册包括第一章至第四章,主要内容为极限与连续、一元函数微分学、一元函数积分学和常微分方程;下册包括第五章至第八章,主要内容为向量代数与空间解析几何、多元函数微分学、多元函数积分学和级数。全书由沈忠华、史彦龙、潘军统稿,贾孝霞、杨淑心、冉素真、王顺参与部分章节编写。

本书的编写过程得到浙江药科职业大学和高等教育出版社的大力支持,在此表示感谢。

本书还有待在教学实践过程中进一步完善。对书中存在的疏漏和不妥之处,恳请各位同行和读者提出宝贵意见。

编　者

2023 年 5 月

目　　录

第一章　极限与连续 ··· 1

　第一节　函数 ··· 1

　　一、函数的概念 ··· 1

　　二、函数的特性 ··· 2

　　三、函数的运算 ··· 4

　　四、初等函数 ·· 6

　　习题 ··· 9

　第二节　极限的概念和性质 ·· 10

　　一、数列的极限 ·· 10

　　二、函数的极限 ·· 11

　　三、极限的性质 ·· 15

　　习题 ·· 15

　第三节　极限的运算法则 ··· 16

　　一、极限的四则运算法则 ··· 16

　　二、复合函数的极限运算法则 ·· 20

　　习题 ·· 21

　第四节　两个重要极限 ··· 22

　　一、极限存在准则 ·· 22

　　二、两个重要极限 ·· 24

　　习题 ·· 27

　第五节　无穷小与无穷大 ··· 28

　　一、无穷小与无穷大 ··· 28

　　二、无穷小的比较 ·· 30

　　习题 ·· 33

　第六节　函数的连续性 ··· 34

　　一、函数的连续性 ·· 34

　　二、函数的间断点 ·· 36

三、连续函数的运算与初等函数的连续性 ……………………………………… 38

四、闭区间上连续函数的性质 ……………………………………………………… 39

习题 …………………………………………………………………………………… 42

复习题一 ………………………………………………………………………………… 43

第二章　一元函数微分学 ………………………………………………………… 45

第一节　导数的概念 ………………………………………………………………… 45

一、引例 ……………………………………………………………………………… 45

二、导数的定义 ……………………………………………………………………… 46

三、导数的几何意义 ………………………………………………………………… 50

四、函数的可导性与连续性的关系 ………………………………………………… 51

习题 …………………………………………………………………………………… 52

第二节　求导法则 …………………………………………………………………… 53

一、函数的四则运算的求导法则 …………………………………………………… 53

二、反函数的求导法则 ……………………………………………………………… 55

三、基本求导公式 …………………………………………………………………… 56

四、复合函数的求导法则 …………………………………………………………… 57

习题 …………………………………………………………………………………… 58

第三节　高阶导数 …………………………………………………………………… 59

一、高阶导数的定义 ………………………………………………………………… 59

二、几个基本初等函数的高阶导数 ………………………………………………… 60

三、莱布尼茨公式 …………………………………………………………………… 61

习题 …………………………………………………………………………………… 62

第四节　隐函数的导数和由参数方程所确定的函数的导数 ……………………… 63

一、隐函数的导数 …………………………………………………………………… 63

二、由参数方程所确定的函数的导数 ……………………………………………… 66

三、相关变化率 ……………………………………………………………………… 69

习题 …………………………………………………………………………………… 70

第五节　函数的微分 ………………………………………………………………… 71

一、引例 ……………………………………………………………………………… 71

二、微分的定义 ……………………………………………………………………… 72

三、微分的运算法则 ………………………………………………………………… 73

四、微分的几何意义及其在近似计算中的应用 …………………………………… 76

习题 …………………………………………………………………………………… 78

第六节　微分中值定理 ……………………………………………………… 79

一、罗尔定理 …………………………………………………………… 79

二、拉格朗日中值定理 ………………………………………………… 81

三、柯西中值定理 ……………………………………………………… 83

四、泰勒公式 …………………………………………………………… 84

习题 ……………………………………………………………………… 88

第七节　洛必达法则 ………………………………………………………… 89

一、$\dfrac{0}{0}$ 型未定式 …………………………………………………… 89

二、$\dfrac{\infty}{\infty}$ 型未定式 …………………………………………………… 91

三、其他类型未定式 …………………………………………………… 93

习题 ……………………………………………………………………… 95

第八节　曲线的性态 ………………………………………………………… 95

一、函数的单调性 ……………………………………………………… 95

二、函数的极值 ………………………………………………………… 98

三、函数的最值 ………………………………………………………… 100

四、曲线的凹凸性 ……………………………………………………… 101

习题 ……………………………………………………………………… 105

复习题二 ……………………………………………………………………… 106

第三章　一元函数积分学 …………………………………………………… 108

第一节　不定积分的概念与性质 …………………………………………… 108

一、原函数与不定积分的概念 ………………………………………… 108

二、基本积分公式表 …………………………………………………… 110

三、不定积分的性质 …………………………………………………… 111

习题 ……………………………………………………………………… 113

第二节　不定积分的换元积分法 …………………………………………… 114

一、第一类换元积分法 ………………………………………………… 114

二、第二类换元积分法 ………………………………………………… 118

习题 ……………………………………………………………………… 121

第三节　不定积分的分部积分法 …………………………………………… 123

习题 ……………………………………………………………………… 126

第四节　有理函数的不定积分 ……………………………………………… 126

一、有理函数的不定积分 ·· 126

二、可化为有理函数的不定积分 ································ 129

习题 ·· 131

第五节 定积分的概念与性质 ································ 132

一、引例 ·· 132

二、定积分的定义 ·· 133

三、定积分的性质 ·· 135

习题 ·· 138

第六节 微积分基本定理 ·· 138

一、积分上限的函数及其导数 ································ 139

二、牛顿-莱布尼茨公式 ·· 141

习题 ·· 143

第七节 定积分的换元积分法与分部积分法 ············ 144

一、定积分的换元积分法 ·· 144

二、定积分的分部积分法 ·· 148

习题 ·· 149

第八节 反常积分 ··· 150

一、无穷限的反常积分 ·· 150

二、无界函数的反常积分 ·· 153

习题 ·· 155

第九节 定积分在几何中的应用举例 ······················ 156

一、微元法 ·· 156

二、平面图形的面积 ··· 157

三、特殊形体的体积 ··· 159

四、平面曲线的弧长 ··· 161

习题 ·· 163

复习题三 ·· 163

第四章 常微分方程 ·· 166

第一节 常微分方程的基本概念 ····························· 166

一、常微分方程的基本概念 ···································· 166

二、常微分方程的解 ··· 167

三、线性常微分方程解的结构 ································ 168

习题 ·· 170

第二节　一阶常微分方程 ……………………………………………………………… 171

一、一阶线性常微分方程 ………………………………………………………… 171

二、一阶非线性常微分方程 ……………………………………………………… 174

习题 ………………………………………………………………………………… 177

第三节　可降阶的二阶常微分方程 …………………………………………… 178

一、$y''=f(x)$ 型的常微分方程 …………………………………………… 178

二、$y''=f(x,y')$ 型的常微分方程 ……………………………………… 179

三、$y''=f(y,y')$ 型的常微分方程 ……………………………………… 181

习题 ………………………………………………………………………………… 182

第四节　二阶常系数线性常微分方程 ………………………………………… 183

一、二阶常系数齐次线性常微分方程 ………………………………………… 183

二、二阶常系数非齐次线性常微分方程 ……………………………………… 186

习题 ………………………………………………………………………………… 189

复习题四 ……………………………………………………………………………… 190

附录一　一元微积分在生物医药领域中的应用举例 ……………………… 192

附录二　常用三角函数公式 …………………………………………………… 204

附录三　简明积分表 …………………………………………………………… 205

参考文献 ……………………………………………………………………………… 215

第一章

极限与连续

本章主要讨论函数、极限与连续的基础知识和基本方法,它是学习微积分的必要基础.函数是现代数学的基本概念之一,是微积分的主要研究对象;极限概念是微积分的理论基础,极限方法是微积分的基本分析方法,因此理解极限概念,掌握极限方法是学好微积分的关键;函数的连续性是函数的一个重要性态,微积分中的其他许多概念或运算都与函数的连续性有关.

第一节 函　　数

高等数学的主体内容是微积分,其研究对象是函数,本节将对函数概念以及函数的运算进行回顾和复习,并给出初等函数的概念.

一、函数的概念

在观察自然现象或研究实际问题时,往往同时存在多个变量在不断变化,这些变量的变化并不是孤立的,而是相互联系并遵循一定的变化规律的,例如圆的面积取决于它的半径,自由落体的下落距离与时间有关等.这种一个变量的值取决于另一个变量的值所反映的就是函数概念的本质.

定义　设 X 是一个非空实数集,如果对集合 X 中任何一个实数 x,按某个确定的法则 f,都有唯一确定的实数 y 与之对应,就称这个对应法则 f 为定义在 X 上的一个**一元函数**,简称函数 f,记作

$$y = f(x), \quad x \in X,$$

其中 x 称为自变量,y 称为因变量,X 称为函数 f 的**定义域**,$\{f(x) \mid x \in X\}$ 称为函数 f 的**值域**.

由函数定义可知,函数由定义域和对应法则确定,与用什么符号表示无关,所以定义域和对应法则是构成函数最本质的两个要素.如果两个函数的定义域和对应法则分别相同,那么这两个函数相等.

函数的定义域在实际问题中应根据问题的实际意义具体确定.如果讨论的是纯数学问题,不考虑函数的实际意义,就约定取使函数的表达式有意义的一切实数所构成的集合作为该函数的定义域,称为函数的**自然定义域**.例如,函数 $A = \pi r^2$ 的定义域为 $(-\infty, +\infty)$.

下面列举几个函数,它们的定义域均指自然定义域.

例 1 绝对值函数

$$y = |x| = \begin{cases} x, & x \geq 0, \\ -x, & x < 0, \end{cases}$$

其定义域为 $\mathbf{R}$,值域为 $[0, +\infty)$,图形如图 1-1 所示.

例 2 符号函数

$$y = \operatorname{sgn} x = \begin{cases} 1, & x > 0, \\ 0, & x = 0, \\ -1, & x < 0, \end{cases}$$

其定义域为 $\mathbf{R}$,值域为 $\{-1, 0, 1\}$,图形如图 1-2 所示. 由函数相等的意义,可得绝对值函数与符号函数的关系:

$$x = \operatorname{sgn} x |x| \quad \text{或} \quad |x| = x \operatorname{sgn} x.$$

例 3 取整函数

$$y = [x],$$

它表示不超过 x 的最大整数,例如 $[0.8] = 0$,$[\pi] = 3$,$[-3.5] = -4$. 取整函数的定义域为 $\mathbf{R}$,值域为整数集 $\mathbf{Z}$,图形如图 1-3 所示.

取整函数有如下性质:

(1) $[x] \leq x < [x] + 1$ 或 $x - 1 < [x] \leq x, x \in \mathbf{R}$;

(2) $[x + n] = [x] + n, x \in \mathbf{R}, n \in \mathbf{Z}$.

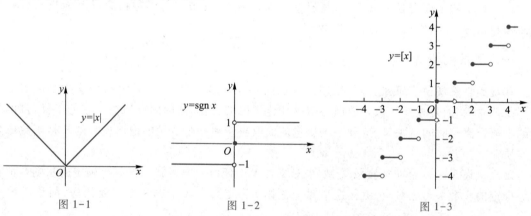

图 1-1   图 1-2   图 1-3

像绝对值函数、符号函数和取整函数一样,在其定义域的不同范围内具有不同解析式的这类函数称为分段函数.

二、函数的特性

(一) 函数的单调性

设 $y = f(x)$ 为定义在 X 上的一个函数,区间 $I \subseteq X$. 对于任意 $x_1, x_2 \in I$,如果当 $x_1 < x_2$ 时,总有 $f(x_1) \leq f(x_2)$(或 $f(x_1) \geq f(x_2)$),就称此函数在 I 内单调增加(或单调减少);如果当 $x_1 < x_2$ 时,总有 $f(x_1) < f(x_2)$(或 $f(x_1) > f(x_2)$),就称此函数在 I 内严格单调增加(或严格单调减少),如图 1-4 和图 1-5 所示. 单调增加函数和单调减少函数统称为单调函数,严格单调增加函数和严格单调减少函数统称为严格单调函数.

例如,函数 $y=x^2$ 在区间 $(-\infty,0]$ 内是单调减少的,在区间 $[0,+\infty)$ 内是单调增加的;而 $y=x^3$ 在区间 $(-\infty,+\infty)$ 内是单调增加的.

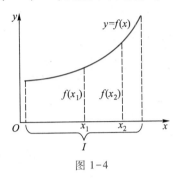

图 1-4

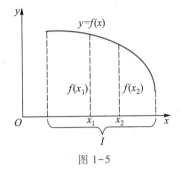

图 1-5

（二）函数的奇偶性

设函数 $y=f(x)$ 的定义域 X 关于原点对称,若对于任意 $x\in X$,都有 $f(-x)=f(x)$,则称 $y=f(x)$ 为偶函数;若对于任意 $x\in X$,都有 $f(-x)=-f(x)$,则称 $y=f(x)$ 为奇函数. 既不是偶函数也不是奇函数的函数称为非奇非偶函数.

在同一坐标平面内,奇函数的图形关于原点对称（图 1-6）,偶函数的图形关于 y 轴对称（图 1-7）.

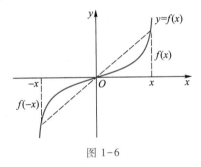

图 1-6

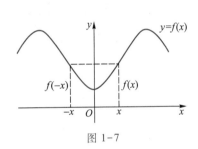

图 1-7

例如, $y=x^3$ 和 $y=x\cos x$ 在 $(-\infty,+\infty)$ 内是奇函数, $y=x^2$ 和 $y=x\sin x$ 在 $(-\infty,+\infty)$ 内是偶函数, $y=\sin x+\cos x$ 在 $(-\infty,+\infty)$ 内为非奇非偶函数.

（三）函数的周期性

设函数 $y=f(x)$ 的定义域为 X,如果存在一个正数 T,使得对一切 $x\in X$ 有 $x\pm T\in X$,且 $f(x\pm T)=f(x)$,就称 f 为 X 上的周期函数,T 称为 f 的一个周期. 通常周期函数的周期指其最小正周期,但并非每个周期函数都有最小正周期.

例 4 狄利克雷（Dirichlet）函数

$$D(x)=\begin{cases}1, & x\in \mathbf{Q},\\ 0, & x\in \mathbf{Q}^c\end{cases}$$

是周期函数,任何有理数 r 都是它的周期,所以它没有最小正周期（图 1-8）.

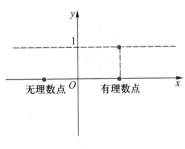

图 1-8

（四）函数的有界性

设函数 $y=f(x)$ 是定义在 X 上的函数,若存在 $M>0$ 使得

对任意 $x \in X$,都有 $|f(x)| \leq M$,则称 $y=f(x)$ 为 X 上的**有界函数**,或称 $y=f(x)$ 在 X 上有界. M 和 $-M$ 分别称为 $y=f(x)$ 的一个上界和下界. 若不存在这样的 M,即对任意 $M>0$,存在 $x \in X$,使得 $|f(x)|>M$,则称 $y=f(x)$ 为 X 上的**无界函数**,或称 $y=f(x)$ 在 X 上无界.

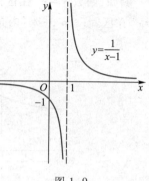

图 1-9

注 一个函数的有界性与自变量的取值范围有关. 例如,函数 $f(x)=\dfrac{1}{x-1}$ 在 $(1,+\infty)$ 内是无界的,但在 $[2,+\infty)$ 内却是有界的(图1-9).

易知,函数 $y=f(x)$ 在 X 上有界的充要条件是 $y=f(x)$ 在 X 上既有上界又有下界. 从图形上看,有界函数的图形一定位于两条平行于 x 轴的直线 $y=-M$ 和 $y=M$ 之间,如图 1-10 所示,其中 $X=[a,b]$;无界函数的图形一定会沿着与 y 轴正向平行的方向向上无限延伸或者沿着与 y 轴负向平行的方向向下无限延伸,如图 1-11 所示,其中 $X=(0,2)$. 显然,函数 $y=\sin x$ 和 $y=\cos x$ 都是 $\mathbf{R}$ 内的有界函数.

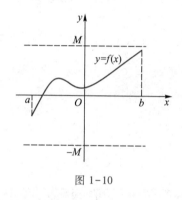

图 1-10

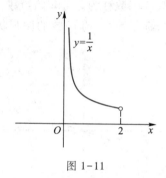

图 1-11

例 5 证明函数 $f(x)=\dfrac{x}{x^2+1}$ 在其定义域上是有界函数.

证 易知函数 $f(x)$ 的定义域为 $\mathbf{R}$,由基本不等式 $x^2+1 \geq 2|x|$ 可得

$$|f(x)| = \frac{|x|}{x^2+1} \leq \frac{1}{2}, \quad x \in \mathbf{R}.$$

所以 $f(x)=\dfrac{x}{x^2+1}$ 在定义域 $\mathbf{R}$ 上是有界函数. 证毕.

三、函数的运算

(一)四则运算

设函数 $y=f(x)$ 和 $y=g(x)$ 的定义域分别为 D_f 和 D_g,若 $D_f \cap D_g \neq \varnothing$,则可在 $D=D_f \cap D_g$ 上定义这两个函数的和、差、积、商如下:

$$(f \pm g)(x)=f(x) \pm g(x), \quad x \in D;$$
$$(f \cdot g)(x)=f(x) \cdot g(x), \quad x \in D;$$

$$\left(\frac{f}{g}\right)(x) = \frac{f(x)}{g(x)}, \ x \in D \ \text{且} \ g(x) \neq 0.$$

（二）复合运算

设函数 $y=f(u)$ 的定义域为 D_f，函数 $u=g(x)$ 的定义域为 D_g，值域为 Z_g．若 $D_f \cap Z_g \neq \varnothing$，则由 $y=f(g(x))$ 定义的函数称为由 $y=f(u), u=g(x)$ 构成的**复合函数**，记作

$$f \circ g(x) = f(g(x)),$$

其中 u 称为**中间变量**．$f \circ g$ 的定义域 $D_{f \circ g} = \{x \mid x \in D_g, g(x) \in D_f\}$．

注 1 并不是任何两个函数都可以进行复合运算．例如，函数 $y=\sqrt{1-u}$ 和 $u=2+e^x$ 不能构成复合函数．这是因为 $u=2+e^x$ 的值域为 $(2,+\infty)$，$y=\sqrt{1-u}$ 的定义域为 $(-\infty,1]$，而 $(2,+\infty) \cap (-\infty,1]=\varnothing$，即对于任意的 x 所对应的 u，都使得 $y=\sqrt{1-u}$ 无意义．

注 2 复合函数可以由两个以上的函数复合而成．例如，函数 $y=u^2, u=\sin v, v=\cos x$ 复合以后就构成复合函数 $y=\sin^2(\cos x)$，这时 u 和 v 都是中间变量．

例 6 设置中间变量，写出下列复合函数的复合过程：

（1）$y=\mathrm{e}^{\arctan \ln \frac{1}{x}}$；   （2）$y=\sqrt{\ln \cos^3(1-x^2)}$．

解 （1）$y=\mathrm{e}^{\arctan \ln \frac{1}{x}}$ 由

$$y=\mathrm{e}^u, \quad u=\arctan v, \quad v=\ln w, \quad w=\frac{1}{x}$$

复合而成．

（2）$y=\sqrt{\ln \cos^3(1-x^2)}$ 由

$$y=\sqrt{u}, \quad u=\ln v, \quad v=w^3, \quad w=\cos t, \quad t=1-x^2$$

复合而成．

（三）反函数

设 $y=f(x)$ 是定义在 D_f 上的一个函数，值域为 Z_f．如果对于任意 $y \in Z_f$，有唯一确定且满足 $y=f(x)$ 的 $x \in D_f$ 与之对应，其对应法则记为 f^{-1}，就称这个定义在 Z_f 上的函数 $x=f^{-1}(y)$ 为 $y=f(x)$ 的**反函数**，或称它们互为**反函数**．易知，一个函数存在反函数的充要条件是它在定义域内严格单调．

事实上，为了研究方便，对于反函数 $x=f^{-1}(y)$，习惯上仍选用 x 表示自变量，y 表示因变量，故此函数也可记为 $y=f^{-1}(x)$，但定义域和值域仍然分别为 Z_f 和 D_f．因为在函数 $x=f^{-1}(y)$ 中 x 与 y 进行了互换，所以在图形上看，在同一坐标平面内 $y=f(x)$ 与 $y=f^{-1}(x)$ 的图形关于直线 $y=x$ 对称（图 1-12）．

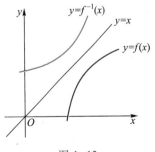

图 1-12

例 7 求 $y=\mathrm{e}^x+1$ 的反函数．

解 由 $y=\mathrm{e}^x+1, x \in \mathbf{R}, y \in (1,+\infty)$ 可得

$$x=\ln(y-1).$$

将 x 与 y 互换，即得所求反函数为

$$y=\ln(x-1), \ x \in (1,+\infty).$$

四、初等函数

（一）基本初等函数

在微积分中,常见的基本初等函数包括以下六类:

1. 常值函数

常值函数 $y=C$(C 为常数)的定义域为 **R**,值域为单元素集$\{C\}$,其图形是通过点$(0,C)$且平行于 x 轴的直线.

2. 幂函数

幂函数 $y=x^{\mu}$(μ 为实常数)的定义域、值域、图形和性质都要依 μ 的取值而定. 对于几个具体的 μ,图形如图 1-13、图 1-14 和图 1-15 所示.

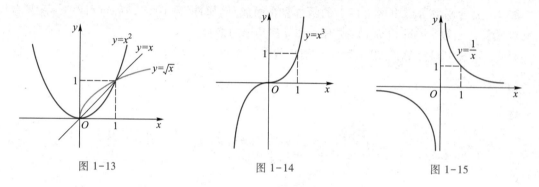

图 1-13   图 1-14   图 1-15

3. 指数函数

指数函数 $y=a^x$(a 为实常数,且 $a>0,a\neq1$)的定义域为 **R**,值域为$(0,+\infty)$,在 **R** 上有下界,其图形如图 1-16 所示. 其中最常用的是以无理数 $e=2.7182818\cdots$ 为底的指数函数 $y=e^x$.

4. 对数函数

对数函数 $y=\log_a x$(a 为实常数,且 $a>0,a\neq1$)的定义域为$(0,+\infty)$,值域为 **R**,其图形如图 1-17 所示. 其中以无理数 e 为底的对数函数 $y=\log_e x$ 常记作 $y=\ln x$(称为**自然对数**).

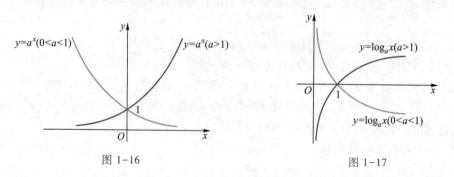

图 1-16   图 1-17

5. 三角函数

三角函数共有六个,分别为正弦函数 $y=\sin x$、余弦函数 $y=\cos x$、正切函数 $y=\tan x$、余切函数 $y=\cot x$、正割函数 $y=\sec x$、余割函数 $y=\csc x$,其中

$$\tan x = \frac{\sin x}{\cos x}, \quad \cot x = \frac{\cos x}{\sin x}, \quad \sec x = \frac{1}{\cos x}, \quad \csc x = \frac{1}{\sin x}.$$

函数 $y = \sin x$ 和 $y = \cos x$ 的定义域均为 $\mathbf{R}$, 值域均为 $[-1, 1]$, 两者都是以 2π 为周期的周期函数, 在 $\mathbf{R}$ 上均有界, 其图形分别如图 1-18、图 1-19 所示.

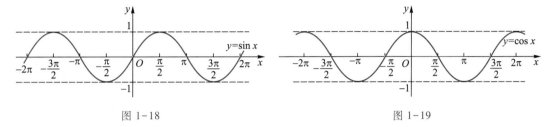

图 1-18　　　　　　　　　　　　　　　　　　图 1-19

函数 $y = \tan x$ 的定义域为 $\left\{ x \mid x \neq k\pi + \dfrac{\pi}{2}, k \in \mathbf{Z} \right\}$, $y = \cot x$ 的定义域为 $\{ x \mid x \neq k\pi, k \in \mathbf{Z} \}$, 两者的值域均为 $\mathbf{R}$, 都是以 π 为周期的周期函数, 其图形分别如图 1-20、图 1-21 所示.

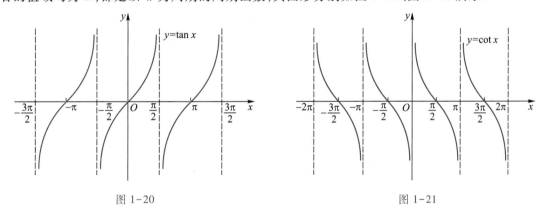

图 1-20　　　　　　　　　　　　　　　　　　图 1-21

函数 $y = \sec x$ 的定义域为 $\left\{ x \mid x \neq k\pi + \dfrac{\pi}{2}, k \in \mathbf{Z} \right\}$, $y = \csc x$ 的定义域为 $\{ x \mid x \neq k\pi, k \in \mathbf{Z} \}$, 两者的值域均为 $(-\infty, -1] \cup [1, +\infty)$, 都是以 2π 为周期的周期函数, 其图形分别如图 1-22、图 1-23 所示.

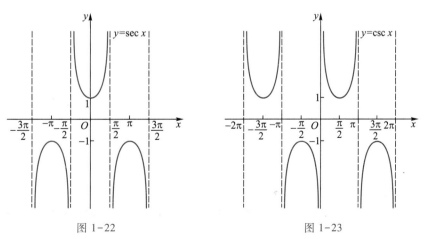

图 1-22　　　　　　　　　　　　　　　　　　图 1-23

6. 反三角函数

三角函数的反函数称为反三角函数. 因为三角函数在其定义域内不是严格单调的, 所以三角函数在自然定义域内不存在反函数. 为了研究三角函数的反函数, 需将三角函数限定在某个严格单调的区间上来讨论.

对于 $y = \sin x$, 限定 $x \in \left[-\dfrac{\pi}{2}, \dfrac{\pi}{2} \right]$, 则 $y = \sin x$ 在 $\left[-\dfrac{\pi}{2}, \dfrac{\pi}{2} \right]$ 上严格单调增加, 此时它存在反函数, 记作 $y = \arcsin x$, 称为反正弦函数, 其定义域为 $[-1, 1]$, 值域为 $\left[-\dfrac{\pi}{2}, \dfrac{\pi}{2} \right]$, 图形如图 1-24 所示.

对于 $y = \cos x$, 限定 $x \in [0, \pi]$, 则 $y = \cos x$ 在 $[0, \pi]$ 上严格单调减少, 此时它存在反函数, 记作 $y = \arccos x$, 称为反余弦函数, 其定义域为 $[-1, 1]$, 值域为 $[0, \pi]$, 图形如图 1-25 所示.

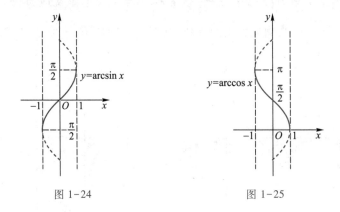

图 1-24　　　　　　　　　　　　图 1-25

对于 $y = \tan x$, 限定 $x \in \left(-\dfrac{\pi}{2}, \dfrac{\pi}{2} \right)$, 则 $y = \tan x$ 在 $\left(-\dfrac{\pi}{2}, \dfrac{\pi}{2} \right)$ 内严格单调增加, 此时它存在反函数, 记作 $y = \arctan x$, 称为反正切函数, 其定义域为 $\mathbf{R}$, 值域为 $\left(-\dfrac{\pi}{2}, \dfrac{\pi}{2} \right)$, 图形如图 1-26 所示.

对于 $y = \cot x$, 限定 $x \in (0, \pi)$, 则 $y = \cot x$ 在 $(0, \pi)$ 内严格单调减少, 此时它存在反函数, 记作 $y = \operatorname{arccot} x$, 称为反余切函数, 其定义域为 $\mathbf{R}$, 值域为 $(0, \pi)$, 图形如图 1-27 所示.

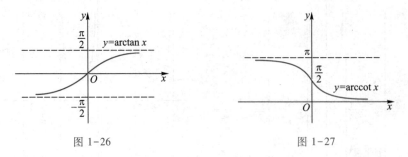

图 1-26　　　　　　　　　　　　图 1-27

（二）初等函数

由基本初等函数经过有限次四则运算和有限次复合运算所构成的只能用一个解析式表示的函数称为初等函数.

例如,$y=x^2\sin x,y=\dfrac{x+1}{\mathrm{e}^x},y=|x|=\sqrt{x^2},y=\arcsin(1-x^2)$都是初等函数,而符号函数 $y=\operatorname{sgn}x$ 和取整函数 $y=[x]$ 都不是初等函数.

值得注意的是:在工程技术研究中,经常遇到的双曲函数也是初等函数,它们分别是双曲正弦函数

$$y=\operatorname{sh}x=\frac{\mathrm{e}^x-\mathrm{e}^{-x}}{2}$$

和双曲余弦函数

$$y=\operatorname{ch}x=\frac{\mathrm{e}^x+\mathrm{e}^{-x}}{2},$$

它们的定义域都是 $\mathbf{R}$,$y=\operatorname{sh}x$ 的值域是 $\mathbf{R}$,$y=\operatorname{ch}x$ 的值域是 $[1,+\infty)$,其图形如图 1-28 所示.

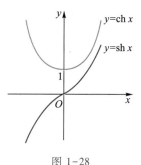

图 1-28

习题

1. 求下列函数的定义域:

(1) $y=\dfrac{\sqrt{1-x}}{x^2-1}$;　　　(2) $y=\dfrac{\sqrt{1-x^2}}{\ln x}$;　　　(3) $y=\arcsin\dfrac{1}{x}-\ln(3-x)$.

2. 下列各对函数中哪些相同? 哪些不同? 并说明理由:

(1) $f(x)=\ln x^2,g(x)=2\ln x$;　　　　　(2) $f(x)=\sqrt[3]{(x+1)^3},g(x)=x+1$;

(3) $f(x)=x,g(x)=\sin(\arcsin x)$;　　　　(4) $f(x)=x,g(x)=\tan(\arctan x)$.

3. 下列函数哪些是奇函数? 哪些是偶函数? 并说明理由:

(1) $f(x)=\operatorname{sh}x$;　　　　　　　　(2) $f(x)=x\arctan x$;

(3) $f(x)=\begin{cases}-x+1,&0\leqslant x\leqslant 1,\\ x+1,&-1\leqslant x<0.\end{cases}$

4. 求下列周期函数的最小正周期:

(1) $f(x)=\sin^2 x$;　　　(2) $f(x)=|\tan x|$;　　　(3) $f(x)=x-[x]$.

5. 求下列函数的反函数:

(1) $y=\dfrac{\mathrm{e}^x-\mathrm{e}^{-x}}{2}$;　　　　　　　(2) $y=\cos x\ (-\pi\leqslant x\leqslant 0)$;

(3) $y=\begin{cases}x^2,&0\leqslant x\leqslant 1,\\ \mathrm{e}^x,&x>1.\end{cases}$

6. 设置中间变量,将下列函数分解成初等函数的复合:

(1) $y=\arcsin\sqrt{x^2-1}$;　(2) $y=\mathrm{e}^{(\cos\sqrt{x})^2}$;　　(3) $y=\arctan\mathrm{e}^{\sin\frac{1}{x}}$.

7. 已知 $f(x)=\mathrm{e}^x,f(g(x))=x^2-1$,求 $g(x)$ 的解析式及其定义域.

8. 已知 $f(g(x))=1-\cos x,g(x)=\cos\dfrac{x}{2}$,求 $f(x)$ 的解析式.

习题参考答案

9. 证明函数 $f(x) = \dfrac{1}{x}$ 在其定义域内是无界函数.

10. 将函数 $y = \operatorname{sgn}(\sin x)$ 写成分段函数的形式,并判断它是否具有奇偶性和周期性.

第二节　极限的概念和性质

微积分与中学里学过的初等数学有着重大区别,初等数学的研究对象基本上是常量,而微积分的研究对象则是变量. 相应地,初等数学所涉及的运算是常量之间的算术运算,而微积分中的基本运算则是变量的极限运算.

一、数列的极限

所谓数列,就是将无穷多个数按照一定次序排列,即

$$x_1, x_2, \cdots, x_n, \cdots,$$

简记为 $\{x_n\}$,其中每一个数称为数列的项,x_n 称为通项. 例如

$$\left\{\frac{1}{2^n}\right\}: \frac{1}{2}, \frac{1}{4}, \frac{1}{8}, \cdots, \frac{1}{2^n}, \cdots;$$

$$\left\{\frac{n-1}{n}\right\}: 0, \frac{1}{2}, \frac{2}{3}, \cdots, \frac{n-1}{n}, \cdots;$$

$$\{n^2\}: 1, 4, 9, \cdots, n^2, \cdots;$$

$$\{(-1)^{n-1}\}: 1, -1, 1, \cdots, (-1)^{n-1}, \cdots.$$

数列 $\{x_n\}$ 可以看作是数轴上的一个动点(图 1-29),在数轴上依次取 $x_1, x_2, \cdots, x_n, \cdots$,也可以从函数角度将其看作是一个定义在正整数集 $\mathbf{Z}_+$ 上的函数 $f(n) = x_n, n \in \mathbf{Z}_+$,当自变量 n 依次取 $1, 2, \cdots$ 时,对应的函数值就构成数列 $\{x_n\}$(图 1-30).

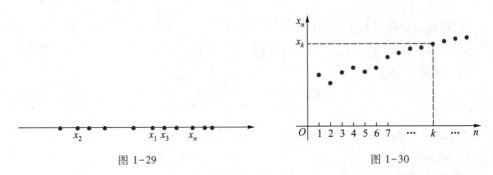

图 1-29　　　　　　　　　　　　图 1-30

对数列而言,至关重要的问题是:当 n 无限增大时,x_n 的变化趋势是怎样的? 特别地,x_n 是否无限地接近某个确定的常数?

例如,通过仔细观察上述几个数列发现,数列 $\left\{\dfrac{1}{2^n}\right\}$ 和 $\left\{\dfrac{n-1}{n}\right\}$ 随着 n 的无限增大分别无限接近 0 和 1,数列 $\{n^2\}$ 随着 n 的无限增大也无限增大,数列 $\{(-1)^{n-1}\}$ 随着 n 的无限增大始终在 1 与

-1 两数间来回跳动不接近任何一个常数. 为了刻画数列的这种变化趋势,需引入数列极限的描述性定义.

定义 1 对数列 $\{x_n\}$,如果当 n 无限增大时,x_n 无限接近某一确定的常数 a,就称 a 为数列 $\{x_n\}$ 的**极限**,或称数列 $\{x_n\}$ **收敛**于 a,记作

$$\lim_{n\to\infty} x_n = a \quad \text{或} \quad x_n \to a(n\to\infty).$$

如果一个数列不存在极限,就称该数列是**发散**的.

注 记号 $x_n \to a(n\to\infty)$ 常读作:当 n 趋于无穷大时,x_n 趋于 a.

对于一些简单的数列,可利用定义 1,并结合几何直观来求其极限. 例如,$\lim\limits_{n\to\infty} \dfrac{1}{n^k} = 0(k>0)$, $\lim\limits_{n\to\infty} q^n = 0$ ($|q|<1$,且 q 为常数).

从几何意义上看,极限 $\lim\limits_{n\to\infty} x_n = a$ 表示随着 n 的增大,数轴上对应的动点 x_n 与定点 a 越来越接近,即当 n 无限增大时,对应的动点 x_n 与定点 a 的距离 $|x_n-a|$ 无限趋于零(图 1-31),或者说: 当 n 无限增大时,对应的 $|x_n-a|$ 可以任意小. 基于以上说明,我们用数学语言来刻画数列极限的定义.

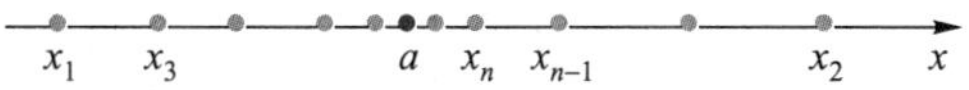

图 1-31

定义 2 设有数列 $\{x_n\}$ 和确定的常数 a,如果对于任意给定的 $\varepsilon>0$,总存在 $N\in \mathbf{Z}_+$,使当 $n>N$ 时,有 $|x_n-a|<\varepsilon$,就称 a 为数列 $\{x_n\}$ 的极限,记作 $\lim\limits_{n\to\infty} x_n = a$,或 $x_n \to a(n\to\infty)$.

注 1 定义 2 中的正数 ε 是任意给的,可以任意小,其小的程度没有限制.

注 2 定义 2 中的 N 依给定的 ε 确定,它给出了一个确切的位置,当 n 增大到超过 N 后就有 $|x_n-a|<\varepsilon$,即实现了"x_n 接近 a". 显然,这样的 N 并不唯一,假定对给定的 ε,N_1 满足要求,那么大于 N_1 的任何正整数均满足要求.

不难看出,定义 2 中的不等式 $|x_n-a|<\varepsilon$ 等价于 $a-\varepsilon<x_n<a+\varepsilon$,所以 $\lim\limits_{n\to\infty} x_n = a$ 表示无论区间 $(a-\varepsilon, a+\varepsilon)$ 多么小,在 $\{x_n\}$ 中总能找到一项,不妨设它为第 N 项,使该项以后的各项 $x_{N+1}, x_{N+2}, \cdots$ 都落在区间 $(a-\varepsilon, a+\varepsilon)$ 内,换言之,只有有限个(最多 N 个)点落在区间 $(a-\varepsilon, a+\varepsilon)$ 之外 (图 1-32).

事实上,通常把开区间 $(a-\delta, a+\delta)$ 称为点 a 的 δ 邻域,记作 $U(a,\delta)$,其中 a 为数轴上一点,称为邻域 $U(a,\delta)$ 的**中心**,δ 为一正数,称为邻域 $U(a,\delta)$ 的**半径**(图 1-33). 把 $U(a,\delta)\backslash\{a\}$ 称为点 a 的去心 δ 邻域,记作 $\mathring{U}(a,\delta)$.

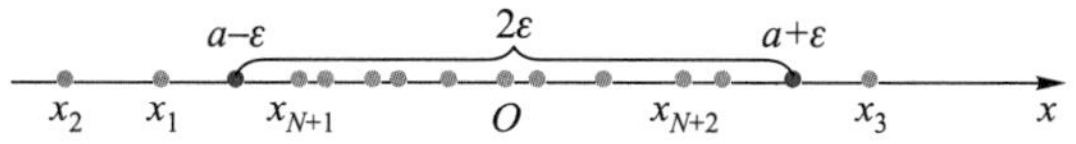

图 1-32

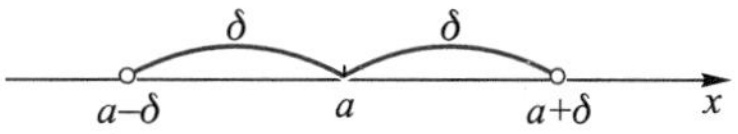

图 1-33

二、函数的极限

我们知道,数列 $\{x_n\}$ 可以看成定义在正整数集 $\mathbf{Z}_+$ 上的函数 $f(n)=x_n, n\in \mathbf{Z}_+$,即数列极限是

一种特殊函数的极限,撇开这种特殊性,便可引出函数极限的一般概念.简单地说,函数的极限是描述在自变量的某种变化过程中,对应的函数值的变化趋势.根据自变量的变化状态可将函数的极限分为两种类型,下面分别讨论并给出相应的定义.

(一)自变量趋于无穷大时函数的极限

与数列极限类似,如果函数 $f(x)$ 在 $|x|$ 足够大后都有定义,我们常常需要讨论,当 $|x|$ 无限增大(表示为 $x \to \infty$)时,对应的函数值 $f(x)$ 是否无限趋于确定的常数 A,这就是自变量趋于无穷大时函数的极限问题.

定义 3　设函数 $f(x)$ 当 $|x| > M$ 时(M 为某一正实数)有定义,A 是一个确定的常数.如果对任意给定的 $\varepsilon > 0$,总存在 $X > 0$(满足 $X > M$),使当 $|x| > X$ 时,有 $|f(x) - A| < \varepsilon$,那么称 A 为函数 $f(x)$ 当 $x \to \infty$ 时的极限,记作

$$\lim_{x \to \infty} f(x) = A \quad \text{或} \quad f(x) \to A(x \to \infty).$$

注　定义 3 中的正数 X 的作用与数列极限中的 N 类似,依给定的 ε 确定,它表明了 x 充分大的程度,但这里考虑的是绝对值比 X 大的所有实数 x,并非正整数 n.

定义 3 的几何意义如图 1-34 所示,对任意给定的 $\varepsilon > 0$,在 $y = A$ 的上、下方各作水平直线 $y = A + \varepsilon$ 与 $y = A - \varepsilon$,则总存在一个正数 X,使当 $|x| > X$ 时,函数 $f(x)$ 的图形总位于这两条直线之间.换言之,当 $x \to \infty$ 时,曲线 $y = f(x)$ 上的点与直线 $y = A$ 上对应点之间的距离 $|f(x) - A|$ 可任意小(无限趋于零),即函数 $y = f(x)$ 的函数值无限趋于 A.据此,我们给出自变量趋于无穷大时函数极限的描述性定义.

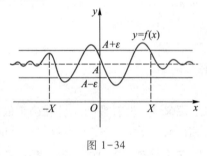

图 1-34

定义 4　设函数 $f(x)$ 当 $|x| > M$ 时(M 为某一正实数)有定义,A 是一个确定的常数.如果当 $|x|$ 无限增大时,对应的函数值 $f(x)$ 无限趋于确定的常数 A,那么称 A 为函数 $f(x)$ 当 $x \to \infty$ 时的极限,记作

$$\lim_{x \to \infty} f(x) = A \quad \text{或} \quad f(x) \to A(x \to \infty).$$

对简单函数的极限,可依据定义 4 通过观察函数图形的变化趋势来进行求解.例如通过观察图 1-15 得极限 $\lim\limits_{x \to \infty} \dfrac{1}{x} = 0$;通过观察图 1-19 可知当 $|x|$ 无限增大时,$y = \cos x$ 对应的函数值在区间 $[-1, 1]$ 上振荡,不能无限接近任何常数,所以极限 $\lim\limits_{x \to \infty} \cos x$ 不存在.

值得注意的是,在定义 3 和定义 4 中,要求自变量 $x \to \infty$,但在某些情况下只需要考虑 $x \to +\infty$ 或 $x \to -\infty$ 即可,例如,当 $x \to \infty$ 时函数 $y = \ln x$ 的极限只能考虑 $x \to +\infty$.若在上述定义中限制自变量仅沿 x 轴正向无限增大(或负向绝对值无限增大),则有极限

$$\lim_{x \to +\infty} f(x) = A \quad \text{或} \quad \lim_{x \to -\infty} f(x) = A.$$

显然,这三种极限之间有如下关系.

定理 1　极限 $\lim\limits_{x \to \infty} f(x) = A$ 的充要条件是 $\lim\limits_{x \to +\infty} f(x) = \lim\limits_{x \to -\infty} f(x) = A$.

例 1　求下列极限:

(1) $\lim\limits_{x \to \infty} \arctan x$;

(2) $\lim\limits_{x \to \infty} \mathrm{e}^x$.

解　（1）由图 1-26 可知

$$\lim_{x \to +\infty} \arctan x = \frac{\pi}{2}, \quad \lim_{x \to -\infty} \arctan x = -\frac{\pi}{2}.$$

因为 $\lim\limits_{x \to +\infty} \arctan x \neq \lim\limits_{x \to -\infty} \arctan x$，所以极限 $\lim\limits_{x \to \infty} \arctan x$ 不存在.

（2）由指数函数的图形（图 1-16）可得 $\lim\limits_{x \to -\infty} e^x = 0$，但 $\lim\limits_{x \to +\infty} e^x$ 不存在，所以极限 $\lim\limits_{x \to \infty} e^x$ 不存在.

（二）自变量趋于有限值时函数的极限

与自变量趋于无限值时函数极限的定义类似，当自变量 x 无限接近有限值 x_0（即 $x \to x_0$）时有如下定义.

定义 5　设函数 $f(x)$ 在 x_0 的某去心邻域内有定义，A 是一个确定的常数. 如果对于任意给定的 $\varepsilon > 0$，总存在 $\delta > 0$，使当 $0 < |x - x_0| < \delta$ 时，有 $|f(x) - A| < \varepsilon$，那么称 A 为函数 $f(x)$ 当 $x \to x_0$ 时的极限，记作

$$\lim_{x \to x_0} f(x) = A \quad \text{或} \quad f(x) \to A\,(x \to x_0).$$

注 1　定义 5 中的正数 δ 相当于数列极限中的 N，依给定的 ε 确定，表明 $x \to x_0$ 的程度.

注 2　定义 5 中限定 $|x - x_0| > 0$，即 $x \neq x_0$，这是因为我们所考察的是 $f(x)$ 当 x 无限接近 x_0 时的变化趋势，这种变化趋势与 $f(x)$ 在点 x_0 处是否有定义、取什么值都没有关系，因此可把 x_0 排除在外.

定义 5 的几何意义如图 1-35 所示，当 x 无限接近 x_0 但不等于 x_0 时，曲线 $y = f(x)$ 上的点与直线 $y = A$ 上对应点之间的距离 $|f(x) - A|$ 可以任意小（即无限趋于零），即函数 $y = f(x)$ 的函数值无限趋于 A. 据此，有自变量趋于有限值时函数极限的描述性定义.

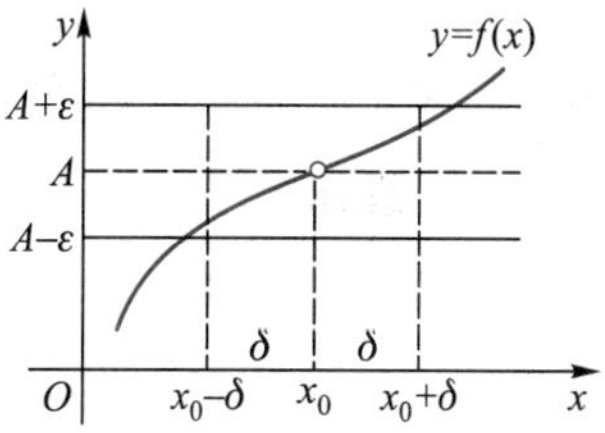

定义 6　设函数 $f(x)$ 在 x_0 的某去心邻域内有定义，A 是一个确定的常数. 如果当 $x \to x_0$ 时，对应的函数值 $f(x)$ 无限趋于确定的常数 A，那么称 A 为函数 $f(x)$ 当 $x \to x_0$ 时的极限，记作

$$\lim_{x \to x_0} f(x) = A \quad \text{或} \quad f(x) \to A\,(x \to x_0).$$

图 1-35

与自变量趋于无限值时的情况类似，同样可通过观察函数图形的变化趋势来对简单函数的极限进行求解. 例如，通过观察函数图形易知 $\lim\limits_{x \to 1}(3x + 5) = 8$，$\lim\limits_{x \to 2} x^2 = 4$，$\lim\limits_{x \to 1} \ln x = 0$. 事实上，我们可以逐步考察基本初等函数在定义域内每点处的极限，容易得到任一基本初等函数在定义域内每点处的极限都存在，并且等于在该点的函数值.

例 2　设函数 $f(x) = \dfrac{x^2 - 4}{x - 2}$，求 $\lim\limits_{x \to 2} f(x)$.

解　函数 $f(x) = \dfrac{x^2 - 4}{x - 2}$ 如图 1-36 所示. 通过观察，不难看出虽然 $f(x)$ 在 $x = 2$ 处无定义，但当 $x \to 2$ 时，对应的函数值 $f(x)$ 无限趋于 4，所以 $\lim\limits_{x \to 2} \dfrac{x^2 - 4}{x - 2} = \lim\limits_{x \to 2}(x + 2) = 4$.

值得注意的是，在定义 5 和定义 6 中，自变量 $x \to x_0$ 的方式是任意的，x 既可以从 x_0 左侧趋于 x_0，也可以从 x_0 右侧趋于 x_0. 即当

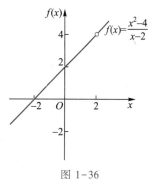

图 1-36

$x \to x_0$ 时 $f(x)$ 的极限为 A,是指 x 无论以何种方式趋于 x_0,$f(x)$ 都无限趋于 A. 但事实上,有些函数在点 x_0 的左侧与右侧解析式不同(如分段函数定义域上的分段点),或有些函数仅在点 x_0 的一侧有定义(如在定义区间的端点处),这时函数在点 x_0 的极限只能从单侧(左侧或右侧)考虑.

设函数 $f(x)$ 在 x_0 的某左(右)邻域内有定义,如果当自变量 x 从 x_0 的左(右)侧趋于 x_0 时,对应的函数值 $f(x)$ 无限趋于确定的常数 A,那么称 A 为函数 $f(x)$ 当 $x \to x_0^-(x \to x_0^+)$ 时的左(右)极限,记作

$$\lim_{x \to x_0^-} f(x) = A \left(\lim_{x \to x_0^+} f(x) = A \right).$$

左极限和右极限统称为单侧极限. 显然,这三种极限之间有如下关系.

定理 2 极限 $\lim\limits_{x \to x_0} f(x) = A$ 的充要条件是 $\lim\limits_{x \to x_0^-} f(x) = \lim\limits_{x \to x_0^+} f(x) = A$.

例 3 证明:当 $x \to 0$ 时,符号函数 $\operatorname{sgn} x$ 的极限不存在.

证 由本章第一节可知,符号函数

$$\operatorname{sgn} x = \begin{cases} 1, & x > 0, \\ 0, & x = 0, \\ -1, & x < 0, \end{cases}$$

通过观察其图形(图 1-2)可得

$$\lim_{x \to 0^+} \operatorname{sgn} x = \lim_{x \to 0^+} 1 = 1, \quad \lim_{x \to 0^-} \operatorname{sgn} x = \lim_{x \to 0^-} (-1) = -1.$$

因为 $\lim\limits_{x \to 0^+} \operatorname{sgn} x \neq \lim\limits_{x \to 0^-} \operatorname{sgn} x$,所以 $\lim\limits_{x \to 0} \operatorname{sgn} x$ 不存在. 证毕.

例 4 设函数

$$f(x) = \begin{cases} x+1, & x > 0, \\ 0, & x = 0, \\ x-1, & x < 0, \end{cases}$$

求 $\lim\limits_{x \to 0} f(x)$.

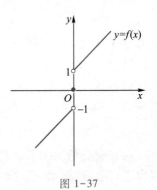

图 1-37

解 函数 $f(x)$ 如图 1-37 所示,由此可得

$$\lim_{x \to 0^+} f(x) = \lim_{x \to 0^+} (x+1) = 1, \quad \lim_{x \to 0^-} f(x) = \lim_{x \to 0^-} (x-1) = -1.$$

因为 $\lim\limits_{x \to 0^+} f(x) \neq \lim\limits_{x \to 0^-} f(x)$,所以 $\lim\limits_{x \to 0} f(x)$ 不存在.

例 5 已知函数

$$f(x) = \begin{cases} x \sin x + a, & x < 0, \\ 1 + x^2, & x > 0, \end{cases}$$

问当 a 为何值时,$f(x)$ 在 $x = 0$ 处的极限存在?

解 因为函数 $f(x)$ 在分段点 $x = 0$ 左、右两侧的表达式不同,所以要考虑 $f(x)$ 在分段点 $x = 0$ 处的左极限和右极限:

$$\lim_{x \to 0^-} f(x) = \lim_{x \to 0^-} (x \sin x + a) = \lim_{x \to 0^-} (x \sin x) + \lim_{x \to 0^-} a = a,$$

$$\lim_{x \to 0^+} f(x) = \lim_{x \to 0^+} (1 + x^2) = 1.$$

要使 $\lim\limits_{x \to 0} f(x)$ 存在,必须有 $\lim\limits_{x \to 0^+} f(x) = \lim\limits_{x \to 0^-} f(x)$,即 $a = 1$. 因此当 $a = 1$ 时,$\lim\limits_{x \to 0} f(x)$ 存在且 $\lim\limits_{x \to 0} f(x) = 1$.

三、极限的性质

利用极限的定义,我们可以得到函数极限的一些重要性质.我们知道,根据自变量 x 的不同变化过程,函数极限有 $x \to \infty$,$x \to +\infty$,$x \to -\infty$,$x \to x_0$,$x \to x_0^+$,$x \to x_0^-$ 六种类型.下面仅以 $x \to x_0$ 时的极限形式为例进行叙述,至于其他类型极限的性质,只需稍作修改即可.

性质 1(唯一性) 若 $\lim\limits_{x \to x_0} f(x)$ 存在,则极限是唯一的.

显然,该性质由函数极限的定义可得.

性质 2(局部有界性) 若 $\lim\limits_{x \to x_0} f(x) = A$,则函数 $f(x)$ 必在 x_0 的某个去心邻域内有界.

证 设 $\lim\limits_{x \to x_0} f(x) = A$,则对 $\varepsilon = 1$,$\exists \delta > 0$,使当 $0 < |x - x_0| < \delta$ 时,有

$$|f(x) - A| < 1.$$

即当 $0 < |x - x_0| < \delta$ 时,有

$$|f(x)| = |(f(x) - A) + A| \leqslant |f(x) - A| + |A| < 1 + |A|.$$

因此 $f(x)$ 在 $\overset{\circ}{U}(x_0, \delta)$ 内有界(图 1-38).证毕.

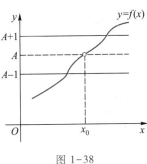

图 1-38

性质 3(局部保号性) 若 $\lim\limits_{x \to x_0} f(x) = A$,且 $A > 0$(或 $A < 0$),则在 x_0 的某个去心邻域内有 $f(x) > 0$(或 $f(x) < 0$).

证 不妨假设 $A > 0$.由 $\lim\limits_{x \to x_0} f(x) = A$ 得对 $\varepsilon = \dfrac{A}{2} > 0$,$\exists \delta > 0$,使当 $0 < |x - x_0| < \delta$ 时,有 $|f(x) - A| < \dfrac{A}{2}$,所以 $f(x) > \dfrac{A}{2} > 0$.即在去心邻域 $\overset{\circ}{U}(x_0, \delta)$ 内 $f(x) > 0$.

$A < 0$ 的情形可类似证明.证毕.

推论 若在 x_0 的某去心邻域内函数 $f(x) > 0$(或 $f(x) < 0$),且 $\lim\limits_{x \to x_0} f(x) = A$,则 $A \geqslant 0$(或 $A \leqslant 0$).

习题

1. 观察下列各数列的变化趋势,指出是否存在极限,如果存在,请给出其极限:

(1) $\left\{ \dfrac{n + (-1)^{n-1}}{n} \right\}$; (2) $\left\{ e^{\frac{1}{n}} \right\}$;

(3) $\{ e^{-n} \}$; (4) $\left\{ \dfrac{e^n + e^{-n}}{e^n - e^{-n}} \right\}$;

(5) $\left\{ \sin \dfrac{n\pi}{2} \right\}$; (6) $\{ \arctan n \}$.

2. 用数列极限的定义证明:

(1) $\lim\limits_{n \to \infty} \dfrac{(-1)^n}{2n + 3} = 0$; (2) $\lim\limits_{n \to \infty} \dfrac{\sin n}{\sqrt{n}} = 0$; (3) $\lim\limits_{n \to \infty} \dfrac{n-1}{n+1} = 1$.

3. 利用函数图形,指出下列函数极限是否存在,如果存在,请给出其极限:

(1) $\lim\limits_{x\to\infty}\dfrac{1}{\sqrt[3]{x}}$；

(2) $\lim\limits_{x\to\infty}\sin x$；

(3) $\lim\limits_{x\to+\infty}\dfrac{1}{\ln x}$；

(4) $\lim\limits_{x\to-\infty}\operatorname{arccot} x$；

(5) $\lim\limits_{x\to0}2^{-x}$；

(6) $\lim\limits_{x\to-\sqrt{2}}\dfrac{x^2-2}{x+\sqrt{2}}$.

4. 利用函数极限的定义证明：

(1) $\lim\limits_{x\to1}(3x+2)=5$；

(2) $\lim\limits_{x\to\infty}\dfrac{1}{x^2}=0$；

(3) $\lim\limits_{x\to+\infty}\dfrac{x}{x+1}=1$；

(4) $\lim\limits_{x\to1}\dfrac{x^2-1}{x-1}=2$.

5. 设 $\lim\limits_{x\to x_0}f(x)=A$，证明 $\lim\limits_{x\to x_0}|f(x)|=|A|$，并举例说明此结论的逆命题不成立.

6. 设函数 $f(x)$ 有界，又 $\lim\limits_{x\to x_0}g(x)=0$，证明：$\lim\limits_{x\to x_0}f(x)g(x)=0$.

7. 求下列函数在指定点的左极限与右极限，并讨论在该点的极限是否存在，如果存在，请求出其极限：

(1) $f(x)=\dfrac{|x+1|}{x+1}$，在 $x=-1$ 处；

(2) $f(x)=\begin{cases}\arcsin x, & -1\leqslant x\leqslant1,\\ \dfrac{\pi}{2}x, & x>1,\end{cases}$ 在 $x=1$ 处；

(3) $f(x)=\begin{cases}1-x, & x<0,\\ x^2+1, & x\geqslant0,\end{cases}$ 在 $x=0$ 处.

8. 证明：如果 $\lim\limits_{x\to x_0}f(x)=A\neq0$，那么存在 x_0 的某个去心邻域 $\mathring{U}(x_0,\delta_0)$ 使 $\dfrac{1}{f(x)}$ 在 $\mathring{U}(x_0,\delta_0)$ 内有界.

习题参考答案

9. 设 $\lim\limits_{n\to\infty}x_n=a\neq0$，证明：当 n 充分大时，$|x_n|>\dfrac{|a|}{3}$.

第三节　极限的运算法则

通过前面的学习，我们知道利用函数图形观察函数值的变化趋势，或者利用极限的定义，只能求出或者验证一些简单函数的极限. 为求出一些比较复杂的函数极限，需要学习函数极限的四则运算法则和复合函数的极限运算法则.

一、极限的四则运算法则

与函数极限的性质一样，我们以 $x\to x_0$ 为例叙述函数极限的运算法则.

定理 1（极限的四则运算法则）　设 $\lim\limits_{x\to x_0}f(x)=A$，$\lim\limits_{x\to x_0}g(x)=B$，则

（1）$\lim\limits_{x \to x_0}[f(x) \pm g(x)] = A \pm B = \lim\limits_{x \to x_0} f(x) \pm \lim\limits_{x \to x_0} g(x)$；

（2）$\lim\limits_{x \to x_0}[f(x) g(x)] = AB = \lim\limits_{x \to x_0} f(x) \cdot \lim\limits_{x \to x_0} g(x)$；

（3）$\lim\limits_{x \to x_0} \dfrac{f(x)}{g(x)} = \dfrac{A}{B} = \dfrac{\lim\limits_{x \to x_0} f(x)}{\lim\limits_{x \to x_0} g(x)}$ $(B \neq 0)$．

这里只给出定理 1 中（1）的证明，其余留给读者作为练习．

证　对任意给定的 $\varepsilon > 0$，由 $\lim\limits_{x \to x_0} f(x) = A$ 可知：对 $\dfrac{\varepsilon}{2} > 0$，$\exists \delta_1 > 0$，当 $0 < |x - x_0| < \delta_1$ 时，有

$$|f(x) - A| < \frac{\varepsilon}{2}.$$

同样，由 $\lim\limits_{x \to x_0} g(x) = B$ 可知：对 $\dfrac{\varepsilon}{2} > 0$，$\exists \delta_2 > 0$，当 $0 < |x - x_0| < \delta_2$ 时，有

$$|g(x) - B| < \frac{\varepsilon}{2}.$$

取 $\delta = \min\{\delta_1, \delta_2\}$，当 $0 < |x - x_0| < \delta$ 时，有

$$|[f(x) \pm g(x)] - (A \pm B)| < |f(x) - A| + |g(x) - B| < \frac{\varepsilon}{2} + \frac{\varepsilon}{2} < \varepsilon.$$

因此，$\lim\limits_{x \to x_0}[f(x) \pm g(x)] = A \pm B$．证毕．

注 1　定理 1 成立的条件是极限 $\lim\limits_{x \to x_0} f(x)$ 与 $\lim\limits_{x \to x_0} g(x)$ 都存在，并且（3）中要求 $\lim\limits_{x \to x_0} g(x) \neq 0$．

注 2　定理 1 中的（1）和（2）可推广到有限个函数的情形：

设 $\lim\limits_{x \to x_0} f_1(x), \lim\limits_{x \to x_0} f_2(x), \cdots, \lim\limits_{x \to x_0} f_n(x)$ 都存在，则

$$\lim\limits_{x \to x_0}[f_1(x) \pm f_2(x) \pm \cdots \pm f_n(x)] = \lim\limits_{x \to x_0} f_1(x) \pm \lim\limits_{x \to x_0} f_2(x) \pm \cdots \pm \lim\limits_{x \to x_0} f_n(x),$$

$$\lim\limits_{x \to x_0}[f_1(x) f_2(x) \cdots f_n(x)] = \lim\limits_{x \to x_0} f_1(x) \cdot \lim\limits_{x \to x_0} f_2(x) \cdot \cdots \cdot \lim\limits_{x \to x_0} f_n(x).$$

关于定理 1 中的（2），有如下推论．

推论 1　设 $\lim\limits_{x \to x_0} f(x) = A$，$C$ 为常数，则

$$\lim\limits_{x \to x_0} Cf(x) = CA = C\lim\limits_{x \to x_0} f(x).$$

即求极限时常数因子可以提到极限号外面．

推论 2　设 $\lim\limits_{x \to x_0} f(x)$ 存在，n 是正整数，则

$$\lim\limits_{x \to x_0}[f(x)]^n = \left[\lim\limits_{x \to x_0} f(x)\right]^n.$$

综合定理 1 中的（1）和（2），可知极限运算满足如下线性性质．

推论 3　设 $\lim\limits_{x \to x_0} f_i(x)\,(i = 1, 2, \cdots, n)$ 都存在，那么对 $\lambda_i \in \mathbf{R}\,(i = 1, 2, \cdots, n)$，有

$$\lim\limits_{x \to x_0}[\lambda_1 f_1(x) \pm \lambda_2 f_2(x) \pm \cdots \pm \lambda_n f_n(x)] = \lambda_1 \lim\limits_{x \to x_0} f_1(x) \pm \lambda_2 \lim\limits_{x \to x_0} f_2(x) \pm \cdots \pm \lambda_n \lim\limits_{x \to x_0} f_n(x).$$

根据以上事实，对多项式 $P(x) = a_0 + a_1 x + \cdots + a_n x^n$，有

$$\lim_{x \to x_0} P(x) = \lim_{x \to x_0} (a_0 + a_1 x + \cdots + a_n x^n)$$

$$= \lim_{x \to x_0} a_0 + a_1 \lim_{x \to x_0} x + \cdots + a_n \lim_{x \to x_0} x^n$$

$$= a_0 + a_1 x_0 + \cdots + a_n x_0^n$$

$$= P(x_0).$$

例 1　求下列极限:

(1) $\lim\limits_{x \to 1} (2x + 5)$;
(2) $\lim\limits_{x \to -2} (x^2 + 2x - 3)$.

解　(1) $\lim\limits_{x \to 1} (2x + 5) = 2 \lim\limits_{x \to 1} x + \lim\limits_{x \to 1} 5 = 2 + 5 = 7.$

(2) $\lim\limits_{x \to -2} (x^2 + 2x - 3) = \lim\limits_{x \to -2} x^2 + \lim\limits_{x \to -2} 2x - \lim\limits_{x \to -2} 3 = (\lim\limits_{x \to -2} x)^2 + 2(\lim\limits_{x \to -2} x) - 3 = -3.$

例 2　求极限 $\lim\limits_{n \to \infty} \left(\dfrac{1}{n^2} + \dfrac{2}{n^2} + \cdots + \dfrac{n}{n^2} \right).$

解　当 $n \to \infty$ 时,括号里和式的项数也在无限增多,故不能直接利用定理 1 的推论 3,可先把括号里的式子进行变形,再求极限:

$$\lim_{n \to \infty} \left(\frac{1}{n^2} + \frac{2}{n^2} + \cdots + \frac{n}{n^2} \right) = \lim_{n \to \infty} \frac{1 + 2 + \cdots + n}{n^2} = \frac{1}{2} \lim_{n \to \infty} \frac{n(1+n)}{n^2}$$

$$= \frac{1}{2} \lim_{n \to \infty} \left(1 + \frac{1}{n} \right) = \frac{1}{2}.$$

例 3　求 $\lim\limits_{x \to 1} \dfrac{x^2 + 2x - 1}{x^3 + x - 3}.$

解　因为 $\lim\limits_{x \to 1} (x^3 + x - 3) = -1 \neq 0$,所以根据定理 1 的运算法则(3)得

$$\lim_{x \to 1} \frac{x^2 + 2x - 1}{x^3 + x - 3} = \frac{\lim\limits_{x \to 1} (x^2 + 2x - 1)}{\lim\limits_{x \to 1} (x^3 + x - 3)} = \frac{2}{-1} = -2.$$

事实上,将两个多项式 $P(x)$ 和 $Q(x)$ 的商 $\dfrac{P(x)}{Q(x)}$ 称为**有理函数**. 由于 $\lim\limits_{x \to x_0} P(x) = P(x_0)$, $\lim\limits_{x \to x_0} Q(x) = Q(x_0)$,故只要 $Q(x_0) \neq 0$,就有 $\lim\limits_{x \to x_0} \dfrac{P(x)}{Q(x)} = \dfrac{P(x_0)}{Q(x_0)}$. 值得注意的是:如果 $Q(x_0) = 0$,那么定理 1 中的运算法则(3)不能应用,需要特别考虑.

例 4　求下列极限:

(1) $\lim\limits_{x \to 1} \dfrac{x^2 + 3x - 4}{x^2 - 1}$;
(2) $\lim\limits_{x \to -1} \left(\dfrac{2}{1 - x^2} - \dfrac{3}{1 + x^3} \right).$

解　(1) $\lim\limits_{x \to 1} \dfrac{x^2 + 3x - 4}{x^2 - 1} = \lim\limits_{x \to 1} \dfrac{(x-1)(x+4)}{(x-1)(x+1)} = \lim\limits_{x \to 1} \dfrac{x+4}{x+1} = \dfrac{5}{2}.$

(2) $\lim\limits_{x \to -1} \left(\dfrac{2}{1 - x^2} - \dfrac{3}{1 + x^3} \right) = \lim\limits_{x \to -1} \left[\dfrac{2}{(1+x)(1-x)} - \dfrac{3}{(1+x)(1-x+x^2)} \right]$

$$= \lim_{x \to -1} \frac{2x^2 + x - 1}{(1+x)(1-x)(1-x+x^2)}$$

$$= \lim_{x \to -1} \frac{2x-1}{(1-x)(1-x+x^2)}$$

$$= -\frac{1}{2}.$$

例 5　求下列极限：

（1）$\lim\limits_{x \to 4} \dfrac{x-4}{\sqrt{x+5}-3}$;

（2）$\lim\limits_{x \to 0} \dfrac{\sqrt{x+1}-1}{x}$.

解　（1）当 $x \to 4$ 时，分母 $\sqrt{x+5}-3 \to 0$，可用分母有理化消去分母中趋于零的因子. 于是

$$\lim_{x \to 4} \frac{x-4}{\sqrt{x+5}-3} = \lim_{x \to 4} \frac{(x-4)(\sqrt{x+5}+3)}{(\sqrt{x+5}-3)(\sqrt{x+5}+3)} = \lim_{x \to 4}(\sqrt{x+5}+3) = 6.$$

（2）当 $x \to 0$ 时，分母 $x \to 0$，分子 $\sqrt{x+1}-1 \to 0$，可用分子有理化消去分母中趋于零的因子. 于是

$$\lim_{x \to 0} \frac{\sqrt{x+1}-1}{x} = \lim_{x \to 0} \frac{(\sqrt{x+1}-1)(\sqrt{x+1}+1)}{x(\sqrt{x+1}+1)} = \lim_{x \to 0} \frac{1}{\sqrt{x+1}+1} = \frac{1}{2}.$$

前面计算了当 $x \to x_0$ 时有理函数的极限，再来看当 $x \to \infty$ 时的情形. 此时容易知道多项式 $P(x)$ 和 $Q(x)$ 必定是无穷大，定理 1 中的运算法则（3）失效，这时对有理函数极限 $\lim\limits_{x \to \infty} \dfrac{P(x)}{Q(x)}$ 的计算，常常需要利用 $\lim\limits_{x \to \infty} \dfrac{1}{x} = 0$ 来处理.

例 6　求极限 $\lim\limits_{x \to \infty} \dfrac{2x^3+3x-1}{3x^3+x^2-4x+2}$.

解　将原有理函数的分子、分母同时除以 x^3，得

$$\lim_{x \to \infty} \frac{2x^3+3x-1}{3x^3+x^2-4x+2} = \lim_{x \to \infty} \frac{2+\dfrac{3}{x^2}-\dfrac{1}{x^3}}{3+\dfrac{1}{x}-\dfrac{4}{x^2}+\dfrac{2}{x^3}} = \frac{2}{3}.$$

例 7　求下列极限：

（1）$\lim\limits_{x \to \infty} \dfrac{x^2}{x^3+3x^2-1}$;

（2）$\lim\limits_{x \to \infty} \dfrac{x^3+1}{2x^2+3x+1}$.

解　（1）$\lim\limits_{x \to \infty} \dfrac{x^2}{x^3+3x^2-1} = \lim\limits_{x \to \infty} \dfrac{\dfrac{1}{x}}{1+\dfrac{3}{x}-\dfrac{1}{x^3}} = 0.$

（2）$\lim\limits_{x \to \infty} \dfrac{x^3+1}{2x^2+3x+1} = \lim\limits_{x \to \infty} \dfrac{1+\dfrac{1}{x^3}}{\dfrac{2}{x}+\dfrac{3}{x^2}+\dfrac{1}{x^3}} = \infty.$

一般地,设 m,n 为正整数,当 $a_m b_n \neq 0$ 时,有

$$\lim_{x\to\infty} \frac{a_m x^m + a_{m-1}x^{m-1}+\cdots+a_0}{b_n x^n + b_{n-1}x^{n-1}+\cdots+b_0} = \begin{cases} 0, & m<n, \\ \dfrac{a_m}{b_n}, & m=n, \\ \infty, & m>n. \end{cases}$$

例8 求下列极限:

(1) $\lim\limits_{x\to+\infty} \dfrac{\sqrt{5x-1}}{\sqrt{x+2}}$;

(2) $\lim\limits_{x\to\infty} \dfrac{(3x+2)^{14}(5x-1)^{18}}{(15x^2-5x+3)^{16}}$;

(3) $\lim\limits_{x\to-\infty} (\sqrt{2x^2-x} - \sqrt{2x^2+2x})$.

解 (1) 将原函数的分子、分母同时除以 $\sqrt{x}$,得

$$\lim_{x\to+\infty} \frac{\sqrt{5x-1}}{\sqrt{x+2}} = \lim_{x\to+\infty} \frac{\sqrt{5-\dfrac{1}{\sqrt{x}}}}{\sqrt{1+\dfrac{2}{x}}} = \sqrt{5}.$$

(2) 将原有理函数的分子、分母同时除以 x^{32},得

$$\lim_{x\to\infty} \frac{(3x+2)^{14}(5x-1)^{18}}{(15x^2-5x+3)^{16}} = \lim_{x\to\infty} \frac{\left(3+\dfrac{2}{x}\right)^{14}\left(5-\dfrac{1}{x}\right)^{18}}{\left(15-\dfrac{5}{x}+\dfrac{3}{x^2}\right)^{16}} = \frac{3^{14}\times5^{18}}{15^{16}} = \frac{25}{9}.$$

(3) 将原函数变形,得

$$\lim_{x\to-\infty} (\sqrt{2x^2-x} - \sqrt{2x^2+2x}) = \lim_{x\to-\infty} \frac{-3x}{\sqrt{2x^2-x}+\sqrt{2x^2+2x}}$$

$$= \lim_{x\to-\infty} \frac{3}{\sqrt{2-\dfrac{1}{x}}+\sqrt{2+\dfrac{2}{x}}}$$

$$= \frac{3}{2\sqrt{2}} = \frac{3\sqrt{2}}{4}.$$

二、复合函数的极限运算法则

定理2 设函数 $y=f(g(x))$ 由函数 $u=g(x)$ 与 $y=f(u)$ 复合而成,若 $\lim\limits_{x\to x_0}g(x)=u_0$,$\lim\limits_{u\to u_0}f(u)=A$,且在点 x_0 的某去心邻域内 $g(x)\neq u_0$,则

$$\lim_{x\to x_0}f(g(x))=\lim_{u\to u_0}f(u)=A.$$

证明略.

注 上述定理表明,如果函数 $f(u),g(x)$ 满足定理的条件,那么作代换 $u=g(x)$,就可把求 $\lim\limits_{x\to x_0}f(g(x))$ 化为求 $\lim\limits_{u\to u_0}f(u)$,其中 $u_0=\lim\limits_{x\to x_0}g(x)$. 所以此定理是用换元法求函数极限的理论

依据.

例 9　求极限 $\lim\limits_{x\to 0}\sin 2x$.

解　令 $u=2x$,则函数 $y=\sin 2x$ 可以看成是由

$$y=\sin u,\quad u=2x$$

构成的复合函数. 因为当 $x\to 0$ 时,$u=2x\to 0$,且当 $u\to 0$ 时,$\sin u\to 0$,所以

$$\lim\limits_{x\to 0}\sin 2x=\lim\limits_{u\to 0}\sin u=0.$$

例 10　求极限 $\lim\limits_{x\to 0}e^{\frac{1}{x}}$.

解　令 $t=\dfrac{1}{x}$,则当 $x\to 0^+$时,$t\to +\infty$,得

$$\lim\limits_{x\to 0^+}e^{\frac{1}{x}}=\lim\limits_{t\to +\infty}e^t=+\infty\ ;$$

当 $x\to 0^-$时,$t\to -\infty$,得

$$\lim\limits_{x\to 0^-}e^{\frac{1}{x}}=\lim\limits_{t\to -\infty}e^t=0.$$

所以极限 $\lim\limits_{x\to 0}e^{\frac{1}{x}}$ 不存在.

例 11　求极限 $\lim\limits_{x\to \infty}\ln\dfrac{2x+1}{x}$.

解　令 $u=\dfrac{2x+1}{x}$,则当 $x\to \infty$ 时,$u\to 2$,得

$$\lim\limits_{x\to \infty}\ln\dfrac{2x+1}{x}=\lim\limits_{u\to 2}\ln u=\ln 2.$$

试算试练　若 $\lim\limits_{x\to x_0}u(x)=u_0$,$\lim\limits_{x\to x_0}v(x)=v_0>0$,试求 $\lim\limits_{x\to x_0}e^{u(x)}$,$\lim\limits_{x\to x_0}\ln v(x)$.

习题

1. 求下列极限:

(1) $\lim\limits_{n\to \infty}\dfrac{n^2}{1+2+\cdots +n}$;

(2) $\lim\limits_{n\to \infty}(\sqrt{n^2-n}-n)$;

(3) $\lim\limits_{n\to \infty}\dfrac{3^n+(-1)^n}{3^{n+1}-2^n}$;

(4) $\lim\limits_{n\to \infty}\left(1-\dfrac{1}{2^2}\right)\left(1-\dfrac{1}{3^2}\right)\cdots\left(1-\dfrac{1}{n^2}\right)$.

2. 求下列极限:

(1) $\lim\limits_{x\to \infty}\dfrac{3x^3+x}{x^3+3x^2+2}$;

(2) $\lim\limits_{x\to \infty}\dfrac{(2x+3)^{14}(3x-2)^{18}}{(6x^2-3x+1)^{16}}$;

(3) $\lim\limits_{x\to -2}\dfrac{x^2-3x-10}{x^2-4}$;

(4) $\lim\limits_{x\to 1}\dfrac{1-x^3}{3-2x-x^2}$;

(5) $\lim\limits_{x\to 1}\left(\dfrac{2}{1-x^2}-\dfrac{4}{1-x^4}\right)$;

(6) $\lim\limits_{x\to +\infty}(\sqrt{2x^2+x}-\sqrt{2x^2-2x})$;

（7）$\lim\limits_{x\to-\infty}(\sqrt{x^2+x}+x)$；

（8）$\lim\limits_{x\to0}\dfrac{x}{\sqrt{1+2x}-1}$；

（9）$\lim\limits_{x\to1}\dfrac{1-\sqrt[3]{x}}{x-1}$；

（10）$\lim\limits_{x\to1}\dfrac{\sqrt{5x+4}-3}{\sqrt{3x+1}-2}$．

3. 设 $f(x)=\dfrac{1-2^{\frac{1}{x}}}{1+2^{\frac{1}{x}}}$，求 $\lim\limits_{x\to0}f(x)$．

习题参考答案

4. 设 $f_n(x)=(1+x)(1+x^2)\cdots(1+x^{2^n})$，当 $|x|<1$ 时，求 $\lim\limits_{n\to\infty}f_n(x)$．

5. 已知 $\lim\limits_{x\to\infty}\left(\dfrac{x^2+1}{x+1}-ax-b\right)=1$，求常数 a,b 的值．

第四节 两个重要极限

本节介绍极限存在的两个准则，并由此推得在微积分中有着重要作用的两个重要极限．

一、极限存在准则

（一）夹逼准则

准则 I（夹逼准则） 设函数 $f(x),g(x),h(x)$ 满足

（1）在点 x_0 的某去心邻域内，$g(x)\leqslant f(x)\leqslant h(x)$；

（2）$\lim\limits_{x\to x_0}g(x)=\lim\limits_{x\to x_0}h(x)=A$，

则 $\lim\limits_{x\to x_0}f(x)=A$．

这里只从几何意义说明其正确性．如图 1-39 所示，当 $x\to x_0$ 时，$y=g(x)$ 和 $y=h(x)$ 的图形上的相应点与直线 $y=A$ 上的对应点之间的距离 $|g(x)-A|$，$|h(x)-A|$ 都无限趋于零，所以夹在它们之间的函数 $y=f(x)$ 的图形上的相应点与直线 $y=A$ 上的对应点之间的距离 $|f(x)-A|$ 也无限趋于零，因此有 $\lim\limits_{x\to x_0}f(x)=A$（此准则也适用于其他类型的极限）．

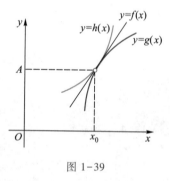

图 1-39

例 1 证明 $\lim\limits_{x\to0}x\left[\dfrac{1}{x}\right]=1$．

证 根据取整函数的性质，有

$$\frac{1}{x}-1<\left[\frac{1}{x}\right]\leqslant\frac{1}{x}.$$

当 $x>0$ 时，可得 $1-x<x\left[\dfrac{1}{x}\right]\leqslant1$．又 $\lim\limits_{x\to0^+}(1-x)=1$，所以 $\lim\limits_{x\to0^+}x\left[\dfrac{1}{x}\right]=1$．

当 $x<0$ 时，可得 $1\leqslant x\left[\dfrac{1}{x}\right]<1-x$．又 $\lim\limits_{x\to0^-}(1-x)=1$，所以 $\lim\limits_{x\to0^-}x\left[\dfrac{1}{x}\right]=1$．

综上,根据夹逼准则得 $\lim\limits_{x\to 0} x\left[\dfrac{1}{x}\right]=1$. 证毕.

例 2 求 $\lim\limits_{n\to\infty}\left(\dfrac{1}{\sqrt{n^2+1}}+\dfrac{1}{\sqrt{n^2+2}}+\cdots+\dfrac{1}{\sqrt{n^2+n}}\right)$.

解 注意到

$$\dfrac{n}{\sqrt{n^2+n}}<\dfrac{1}{\sqrt{n^2+1}}+\dfrac{1}{\sqrt{n^2+2}}+\cdots+\dfrac{1}{\sqrt{n^2+n}}<\dfrac{n}{\sqrt{n^2+1}},$$

而

$$\lim\limits_{n\to\infty}\dfrac{n}{\sqrt{n^2+n}}=\lim\limits_{n\to\infty}\dfrac{n}{\sqrt{n^2+1}}=1,$$

根据夹逼准则得

$$\lim\limits_{n\to\infty}\left(\dfrac{1}{\sqrt{n^2+1}}+\dfrac{1}{\sqrt{n^2+2}}+\cdots+\dfrac{1}{\sqrt{n^2+n}}\right)=1.$$

例 3 求极限 $\lim\limits_{n\to\infty}(2^n+5^n)^{\frac{1}{n}}$.

解 注意到 $5^n<2^n+5^n<2\times 5^n$,故

$$5<(2^n+5^n)^{\frac{1}{n}}<2^{\frac{1}{n}}\times 5.$$

因为 $\lim\limits_{n\to\infty}2^{\frac{1}{n}}=\lim\limits_{x\to 0}2^x=1$,所以

$$\lim\limits_{n\to\infty}(2^{\frac{1}{n}}\times 5)=5,$$

根据夹逼准则得

$$\lim\limits_{n\to\infty}(2^n+5^n)^{\frac{1}{n}}=5.$$

(二)单调有界收敛准则

与函数的单调性类似,数列中存在一种特殊的数列——单调数列.对数列 $\{x_n\}$,如果 $\forall n\in \mathbf{Z}_+$,都有 $x_n\le x_{n+1}$(或 $x_n\ge x_{n+1}$),那么称数列 $\{x_n\}$ 为单调增加数列(或单调减少数列).单调增加数列与单调减少数列统称为单调数列.对单调数列,有以下极限存在准则.

准则Ⅱ(单调有界收敛准则) 单调有界数列必有极限.

单调有界收敛准则是实数集上的一个重要属性.在数轴上看,随着 n 不断增大,单调增加数列各项所表示的点都向右移动,而单调减少数列各项所表示的点都向左移动.因此利用数轴可以发现,对于有上界的单调增加数列或有下界的单调减少数列 $\{x_n\}$,当 n 无限增大时,x_n 将无限接近某一个确定的常数.即:单调增加且有上界的数列或单调减少且有下界的数列必有极限.

例 4 求极限 $\lim\limits_{n\to\infty}\dfrac{2^n}{n!}$.

解 记 $a_n=\dfrac{2^n}{n!}$,则 $a_n>0$,且有下界.注意到

$$\dfrac{a_n}{a_{n-1}}=\dfrac{2^n}{n!}\cdot\dfrac{(n-1)!}{2^{n-1}}=\dfrac{2}{n}\le 1\ (n=2,3,\cdots),$$

从而数列 $\{a_n\}$ 单调减少. 根据单调有界收敛准则,数列 $\{a_n\}$ 收敛,不妨记 $\lim\limits_{n\to\infty} a_n = a$. 由于 $a_n = \dfrac{2}{n}a_{n-1}$,故

$$\lim_{n\to\infty} a_n = \lim_{n\to\infty}\frac{2}{n}a_{n-1} = \lim_{n\to\infty}\frac{2}{n}\cdot\lim_{n\to\infty}a_{n-1} = 0\cdot a = 0,$$

所以 $\lim\limits_{n\to\infty}\dfrac{2^n}{n!} = 0$.

二、两个重要极限

（一）$\lim\limits_{x\to 0}\dfrac{\sin x}{x} = 1$

为利用夹逼准则证明这个极限,需要建立一个与 $\dfrac{\sin x}{x}$ 有关的夹逼不等式,为此我们用构造

单位圆的方法来获得这个不等式. 不妨设 $x\in\left(0,\dfrac{\pi}{2}\right)$,如图 1-40 所示,作单位圆,设圆心角 $\angle AOB = x$,过 B 作 $BC\perp OA$,点 A 处的切线与 OB 的延长线交于点 D,则 $BC = \sin x$,$AD = \tan x$. 由于

$$S_{\triangle AOB} < S_{\text{扇形}AOB} < S_{\triangle AOD},$$

故

$$\frac{1}{2}\sin x < \frac{1}{2}x < \frac{1}{2}\tan x \left(0 < x < \frac{\pi}{2}\right),$$

即

$$\sin x < x < \tan x.$$

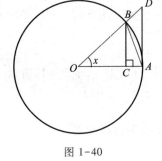

图 1-40

不等式各端都除以 $\sin x$,得 $1 < \dfrac{x}{\sin x} < \dfrac{1}{\cos x}$. 由此可得

$$\cos x < \frac{\sin x}{x} < 1 \left(0 < x < \frac{\pi}{2}\right).$$

若 $x\in\left(-\dfrac{\pi}{2},0\right)$,则 $-x\in\left(0,\dfrac{\pi}{2}\right)$,即 $\cos(-x) < \dfrac{\sin(-x)}{-x} < 1$,由 $\cos x$ 和 $\sin x$ 的奇偶性可知

$$\cos x < \frac{\sin x}{x} < 1 \left(-\frac{\pi}{2} < x < 0\right).$$

于是,有

$$\cos x < \frac{\sin x}{x} < 1 \left(0 < |x| < \frac{\pi}{2}\right).$$

因为 $\lim\limits_{x\to 0}\cos x = 1$,$\lim\limits_{x\to 0} 1 = 1$,所以由夹逼准则得

$$\lim_{x\to 0}\frac{\sin x}{x} = 1.$$

例 5 求下列极限:

（1）$\lim\limits_{x\to 0}\dfrac{\tan x}{x}$；

（2）$\lim\limits_{x\to 0}\dfrac{\sin 5x}{x}$；

（3）$\lim\limits_{x\to\infty}x\sin\dfrac{1}{x}$；

（4）$\lim\limits_{x\to 0}\dfrac{\arcsin x}{x}$.

解　（1）$\lim\limits_{x\to 0}\dfrac{\tan x}{x}=\lim\limits_{x\to 0}\dfrac{\sin x}{x\cos x}=\lim\limits_{x\to 0}\dfrac{\sin x}{x}\cdot\lim\limits_{x\to 0}\dfrac{1}{\cos x}=1\times 1=1.$

（2）令 $u=5x$，则 $x=\dfrac{u}{5}$，且当 $x\to 0$ 时，$u\to 0$. 所以

$$\lim_{x\to 0}\frac{\sin 5x}{x}=\lim_{u\to 0}\frac{5\sin u}{u}=5\lim_{u\to 0}\frac{\sin u}{u}=5.$$

（3）令 $t=\dfrac{1}{x}$，则 $x=\dfrac{1}{t}$，且当 $x\to\infty$ 时，$t\to 0$. 所以

$$\lim_{x\to\infty}x\sin\frac{1}{x}=\lim_{t\to 0}\frac{\sin t}{t}=1.$$

（4）令 $\arcsin x=t$，则 $x=\sin t$，且当 $x\to 0$ 时，$t\to 0$. 所以

$$\lim_{x\to 0}\frac{\arcsin x}{x}=\lim_{t\to 0}\frac{t}{\sin t}=1.$$

试算试练　仿照例 5 中（4）的做法求 $\lim\limits_{x\to 0}\dfrac{\arctan x}{x}$.

显然，利用复合函数的极限运算法则，第一个重要极限有以下更一般的形式：

$$\lim_{u(x)\to 0}\frac{\sin u(x)}{u(x)}=1\ (u(x)\neq 0).$$

例 6　求下列极限：

（1）$\lim\limits_{x\to\pi}\dfrac{\sin x}{\pi-x}$；

（2）$\lim\limits_{x\to 0}\dfrac{1-\cos x}{x^2}$；

（3）$\lim\limits_{x\to 0}\dfrac{x-\sin 2x}{x+\sin 2x}$.

解　（1）$\lim\limits_{x\to\pi}\dfrac{\sin x}{\pi-x}=\lim\limits_{\pi-x\to 0}\dfrac{\sin(\pi-x)}{\pi-x}=1.$

（2）$\lim\limits_{x\to 0}\dfrac{1-\cos x}{x^2}=\lim\limits_{x\to 0}\dfrac{2\sin^2\dfrac{x}{2}}{x^2}=\lim\limits_{x\to 0}\dfrac{1}{2}\left(\dfrac{\sin\dfrac{x}{2}}{\dfrac{x}{2}}\right)^2=\dfrac{1}{2}\left(\lim\limits_{\frac{x}{2}\to 0}\dfrac{\sin\dfrac{x}{2}}{\dfrac{x}{2}}\right)^2=\dfrac{1}{2}.$

（3）$\lim\limits_{x\to 0}\dfrac{x-\sin 2x}{x+\sin 2x}=\lim\limits_{x\to 0}\dfrac{1-\dfrac{\sin 2x}{x}}{1+\dfrac{\sin 2x}{x}}=\lim\limits_{2x\to 0}\dfrac{1-2\cdot\dfrac{\sin 2x}{2x}}{1+2\cdot\dfrac{\sin 2x}{2x}}=\dfrac{1-2}{1+2}=-\dfrac{1}{3}.$

（二）$\lim\limits_{x\to\infty}\left(1+\dfrac{1}{x}\right)^x=\mathrm{e}$

首先证明第二个重要极限对应的数列极限 $\lim\limits_{n\to\infty}\left(1+\dfrac{1}{n}\right)^n=\mathrm{e}$.

根据单调有界收敛准则,需证明数列$\left\{\left(1+\dfrac{1}{n}\right)^{n}\right\}$单调增加且有上界. 为此,先建立一个不等式. 设$a>b>0$,则$\forall\,n\in\mathbf{Z}_{+}$,有

$$a^{n+1}-b^{n+1}=(a-b)(a^{n}+a^{n-1}b+\cdots+b^{n})<(n+1)a^{n}(a-b).$$

整理后,得不等式

$$a^{n}[(n+1)b-na]<b^{n+1}.$$

在上述不等式中令$a=1+\dfrac{1}{n},b=1+\dfrac{1}{n+1}$,则

$$\left(1+\frac{1}{n}\right)^{n}<\left(1+\frac{1}{n+1}\right)^{n+1}.$$

这就证明了$\left\{\left(1+\dfrac{1}{n}\right)^{n}\right\}$为单调增加数列.

再令$b=1,a=1+\dfrac{1}{2n}$,则有$\dfrac{1}{2}\left(1+\dfrac{1}{2n}\right)^{n}<1$,即$\left(1+\dfrac{1}{2n}\right)^{n}<2$,故

$$\left(1+\frac{1}{2n}\right)^{2n}<4.$$

又已证$\left\{\left(1+\dfrac{1}{n}\right)^{n}\right\}$单调增加,所以还有

$$\left(1+\frac{1}{2n-1}\right)^{2n-1}<\left(1+\frac{1}{2n}\right)^{2n}<4.$$

从而$\forall\,n\in\mathbf{Z}_{+}$,都有$\left(1+\dfrac{1}{n}\right)^{n}<4$.

于是数列$\left\{\left(1+\dfrac{1}{n}\right)^{n}\right\}$单调增加且有上界,所以数列$\left\{\left(1+\dfrac{1}{n}\right)^{n}\right\}$必有极限,通常把此极限记作e,即

$$\lim_{n\to\infty}\left(1+\frac{1}{n}\right)^{n}=\mathrm{e}.$$

事实上,这个e是一个无理数,它的值为2. 718 281 828 459 045$\cdots$.

再证明$\lim\limits_{x\to+\infty}\left(1+\dfrac{1}{x}\right)^{x}=\mathrm{e}$. 因为$[x]\leqslant x<[x]+1$(这里$[x]$表示取整函数),所以

$$\left(1+\frac{1}{[x]+1}\right)^{[x]}<\left(1+\frac{1}{x}\right)^{x}<\left(1+\frac{1}{[x]}\right)^{[x]+1}.$$

设$n=[x]$,当$x\to+\infty$时有$n\to+\infty$,故

$$\lim_{x\to+\infty}\left(1+\frac{1}{[x]+1}\right)^{[x]}=\lim_{n\to+\infty}\left(1+\frac{1}{n+1}\right)^{n+1}\left(1+\frac{1}{n+1}\right)^{-1}=\mathrm{e},$$

$$\lim_{x\to+\infty}\left(1+\frac{1}{[x]}\right)^{[x]+1}=\lim_{n\to+\infty}\left(1+\frac{1}{n}\right)^{n}\left(1+\frac{1}{n}\right)=\mathrm{e}.$$

利用夹逼准则即得$\lim\limits_{x\to+\infty}\left(1+\dfrac{1}{x}\right)^{x}=\mathrm{e}$.

最后证明 $\lim\limits_{x \to -\infty}\left(1+\dfrac{1}{x}\right)^{x}=\mathrm{e}$. 对极限 $\lim\limits_{x \to +\infty}\left(1+\dfrac{1}{x}\right)^{x}=\mathrm{e}$ 作变量代换 $x=-(t+1)$, 当 $x \to -\infty$ 时 $t \to +\infty$, 即得

$$\lim\limits_{x \to -\infty}\left(1+\dfrac{1}{x}\right)^{x}=\lim\limits_{t \to +\infty}\left(1-\dfrac{1}{t+1}\right)^{-(t+1)}=\lim\limits_{t \to +\infty}\left(1+\dfrac{1}{t}\right)^{t+1}=\mathrm{e}.$$

综上所述, 得

$$\lim\limits_{x \to \infty}\left(1+\dfrac{1}{x}\right)^{x}=\mathrm{e}.$$

例 7　求极限 $\lim\limits_{x \to \infty}\left(1-\dfrac{2}{x}\right)^{x}$.

解　令 $u=-\dfrac{x}{2}$, 则 $x=-2u$, 且当 $x \to \infty$ 时, $u \to \infty$, 则

$$\lim\limits_{x \to \infty}\left(1-\dfrac{2}{x}\right)^{x}=\lim\limits_{u \to \infty}\left(1+\dfrac{1}{u}\right)^{-2u}=\lim\limits_{u \to \infty}\left[\left(1+\dfrac{1}{u}\right)^{u}\right]^{-2}=\mathrm{e}^{-2}.$$

事实上, 对非零常数 k, 有

$$\lim\limits_{x \to \infty}\left(1+\dfrac{k}{x}\right)^{x}\xlongequal{\text{令}\ u=\frac{x}{k}}\lim\limits_{u \to \infty}\left(1+\dfrac{1}{u}\right)^{ku}=\lim\limits_{u \to \infty}\left[\left(1+\dfrac{1}{u}\right)^{u}\right]^{k}=\mathrm{e}^{k}.$$

显然, 利用复合函数的极限运算法则, 第二个重要极限也可写成一般形式:

$$\lim\limits_{v(x) \to \infty}\left(1+\dfrac{1}{v(x)}\right)^{v(x)}=\mathrm{e}.$$

同时, 也可变形为

$$\lim\limits_{u(x) \to 0}\left(1+u(x)\right)^{\frac{1}{u(x)}}=\mathrm{e}\ (u(x) \neq 0).$$

例 8　求下列极限:

(1) $\lim\limits_{x \to -1}(2+x)^{\frac{2}{x+1}}$;　(2) $\lim\limits_{x \to \infty}\left(\dfrac{2x+3}{2x-1}\right)^{x-1}$;　(3) $\lim\limits_{x \to 1}x^{\frac{1}{2-2x}}$.

解　(1) $\lim\limits_{x \to -1}(2+x)^{\frac{2}{x+1}}=\lim\limits_{x \to -1}\left\{\left[1+(x+1)\right]^{\frac{1}{x+1}}\right\}^{2}=\mathrm{e}^{2}$.

(2) $\lim\limits_{x \to \infty}\left(\dfrac{2x+3}{2x-1}\right)^{x-1}=\lim\limits_{x \to \infty}\left(1+\dfrac{4}{2x-1}\right)^{x-\frac{1}{2}-\frac{1}{2}}=\lim\limits_{x \to \infty}\left[\left(1+\dfrac{4}{2x-1}\right)^{\frac{2x-1}{4}}\right]^{2}\left(1+\dfrac{4}{2x-1}\right)^{-\frac{1}{2}}=\mathrm{e}^{2}$.

(3) $\lim\limits_{x \to 1}x^{\frac{1}{2-2x}}=\lim\limits_{x-1 \to 0}\left\{\left[1+(x-1)\right]^{\frac{1}{x-1}}\right\}^{-\frac{1}{2}}=\mathrm{e}^{-\frac{1}{2}}$.

习题

1. 利用夹逼准则求下列极限:

(1) $\lim\limits_{n \to \infty}\sqrt[n]{a}$ ($a>1$ 为常数);

(2) $\lim\limits_{n\to\infty}\sqrt[n]{1^n+2^n+\cdots+k^n}$ $(k\in \mathbf{Z}_+)$;

(3) $\lim\limits_{n\to\infty}\dfrac{a^n}{n!}$ $(a>0$ 为常数$)$.

2. 利用单调有界收敛准则证明下列数列极限存在,并求出极限值:

(1) $a_n=1+\dfrac{1}{2^\alpha}+\dfrac{1}{3^\alpha}+\cdots+\dfrac{1}{n^\alpha}$,$n=1,2,\cdots$,其中实数 $\alpha\geqslant 2$;

(2) $x_1=1,x_{n+1}=\dfrac{x_n}{2}+\dfrac{2}{x_n}(n=1,2,\cdots)$.

3. 求下列极限:

(1) $\lim\limits_{n\to\infty}n\sin\dfrac{x}{n}$;

(2) $\lim\limits_{x\to 0}x\cot 3x$;

(3) $\lim\limits_{x\to \pi}\dfrac{\sin 2x}{x-\pi}$;

(4) $\lim\limits_{x\to 0}\dfrac{2x+\sin x}{x-2\sin x}$;

(5) $\lim\limits_{x\to 1}\dfrac{\sin(x-1)}{1-x^2}$;

(6) $\lim\limits_{x\to 0^-}\dfrac{\sqrt{1-\cos x}}{x}$.

4. 求下列极限:

(1) $\lim\limits_{x\to \infty}\left(\dfrac{2+x}{x}\right)^{3x}$;

(2) $\lim\limits_{x\to \infty}\left(\dfrac{x}{x+1}\right)^{2x+3}$;

(3) $\lim\limits_{x\to \infty}\left(\dfrac{x-a}{x+a}\right)^x$ $(a\neq 0$ 为常数$)$;

(4) $\lim\limits_{x\to 0}(1-2x)^{\frac{1}{2x}}$;

习题参考答案

(5) $\lim\limits_{x\to -1}(-x)^{\frac{2}{x+1}}$;

(6) $\lim\limits_{x\to 0}(1+2\cot x)^{3\tan x}$.

第五节 无穷小与无穷大

一、无穷小与无穷大

(一) 无穷小

定义 1 如果函数 $\alpha(x)$ 在自变量 x 的某个变化过程中以零为极限,那么就称 $\alpha(x)$ 为在自变量 x 的这个变化过程中的无穷小量,简称无穷小.

例如,数列 $\left\{\dfrac{1}{n}\right\}$ 当 $n\to\infty$ 时极限为零,所以数列 $\left\{\dfrac{1}{n}\right\}$ 称为当 $n\to\infty$ 时的无穷小;因为 $\lim\limits_{x\to -\infty}e^x=0$,所以函数 e^x 是当 $x\to -\infty$ 时的无穷小;因为 $\lim\limits_{x\to 1}(x^2-1)=0$,所以函数 x^2-1 是当 $x\to 1$ 时的无穷小.

显然,无穷小是以零为极限的函数,是针对自变量的某个变化过程而言的;任何一个绝对值很小的非零常数都不是无穷小,因为在自变量的任何一个变化过程中,非零常数的极限不可能为零. 事实上,零是可以作为无穷小的唯一常数. 此外,无穷小还具有如下性质.

性质 1 有限个无穷小的代数和是无穷小.

性质2　有限个无穷小的乘积是无穷小.

性质3　常数与无穷小的乘积是无穷小.

性质4　有界函数与无穷小的乘积是无穷小.

这里性质1—3利用极限的四则运算法则易得,性质4的证明留给读者.

例1　求极限 $\lim\limits_{x \to \infty} \dfrac{\sin x}{x}$.

解　因为 $|\sin x| \leqslant 1$,所以 $\sin x$ 是有界函数. 而 $y = \dfrac{1}{x}$ 是当 $x \to \infty$ 时的无穷小,故由无穷小的性质4可得

$$\lim_{x \to \infty} \frac{\sin x}{x} = \lim_{x \to \infty} \left(\frac{1}{x} \cdot \sin x \right) = 0.$$

值得注意的是,无穷小与函数极限之间存在密切的关系.

定理1　在自变量 x 的同一变化过程中,函数 $f(x)$ 以 A 为极限的充要条件是 $f(x)$ 可以表示成 A 与一个无穷小 $\alpha(x)$ 之和.

证　以 $x \to x_0$ 时的情形来证明定理,即证

$$\lim_{x \to x_0} f(x) = A \Leftrightarrow f(x) = A + \alpha(x),$$

其中 $\lim\limits_{x \to x_0} \alpha(x) = 0.$

(必要性)若 $\lim\limits_{x \to x_0} f(x) = A$,记 $\alpha(x) = f(x) - A$,则

$$f(x) = A + \alpha(x), \ \text{且} \ \lim_{x \to x_0} \alpha(x) = \lim_{x \to x_0} [f(x) - A] = 0.$$

(充分性)设 $f(x) = A + \alpha(x)$,其中 $\lim\limits_{x \to x_0} \alpha(x) = 0$,则

$$\lim_{x \to x_0} f(x) = \lim_{x \to x_0} [A + \alpha(x)] = A.$$

证毕.

利用定理1可以将函数的极限运算转化为常数与无穷小的代数运算.

例2　已知极限 $\lim\limits_{x \to 2} \dfrac{f(x) + x^2}{2 - x}$ 存在,求 $\lim\limits_{x \to 2} f(x)$.

解　由已知,可设 $\lim\limits_{x \to 2} \dfrac{f(x) + x^2}{2 - x} = A$($A$ 为常数),则

$$\frac{f(x) + x^2}{2 - x} = A + \alpha(x),$$

其中 $\lim\limits_{x \to 2} \alpha(x) = 0$. 所以 $f(x) = A(2 - x) - x^2 + (2 - x)\alpha(x)$,从而

$$\lim_{x \to 2} f(x) = \lim_{x \to 2} [A(2 - x) - x^2 + (2 - x)\alpha(x)] = -4.$$

(二)无穷大

若在自变量变化过程中,函数的绝对值无限增大,此时从函数极限的定义来说,函数的极限是不存在的,但为了叙述方便,我们常说"函数的极限是无穷大",其定义如下:

定义2　设函数 $f(x)$ 在 x_0 的某去心邻域内有定义. 如果对于任意给定的 $M > 0$(无论它多么

大），总存在 $\delta>0$，使当 $0<|x-x_0|<\delta$ 时，有

$$|f(x)|>M,$$

那么称函数 $f(x)$ 为当 $x\to x_0$ 时的无穷大量，简称无穷大，记作 $\lim\limits_{x\to x_0}f(x)=\infty$.

在上述定义中，若将 $|f(x)|>M$ 改成 $f(x)>M$（或 $f(x)<-M$），则分别称函数 $f(x)$ 为当 $x\to x_0$ 时的正无穷大（或负无穷大），分别记作 $\lim\limits_{x\to x_0}f(x)=+\infty$（或 $\lim\limits_{x\to x_0}f(x)=-\infty$）.

例如，因为 $\lim\limits_{x\to 0}\dfrac{1}{x}=\infty$，所以 $\dfrac{1}{x}$ 是当 $x\to 0$ 时的无穷大；因为 $\lim\limits_{x\to 0^+}e^{\frac{1}{x}}=+\infty$，所以 $e^{\frac{1}{x}}$ 是当 $x\to 0^+$ 时的正无穷大.

无穷大是一个变量，不是某个确定的数，任何一个绝对值很大的常数都不是无穷大. 无穷大不同于无界函数（数列），例如数列 $1,0,2,0,\cdots,n,0,\cdots$ 是无界数列，但不是当 $n\to\infty$ 时的无穷大.

（三）无穷小与无穷大之间的关系

利用定义，容易看出无穷小与无穷大之间具有如下关系.

定理 2 在自变量的同一变化过程中，若 $f(x)$ 为无穷大，则 $\dfrac{1}{f(x)}$ 为无穷小；反之，若 $f(x)$ 为无穷小，且 $f(x)\neq 0$，则 $\dfrac{1}{f(x)}$ 为无穷大.

二、无穷小的比较

根据无穷小的性质，两个无穷小的和、差、积仍是无穷小，但两个无穷小的商则会出现各种不同的情形. 例如，当 $x\to 0$ 时，$x,2x,x^2,\sin x$ 都是无穷小，但

$$\lim_{x\to 0}\frac{x^2}{2x}=0,\quad \lim_{x\to 0}\frac{\sin x}{x}=1,\quad \lim_{x\to 0}\frac{2x}{x}=2,\quad \lim_{x\to 0}\frac{x}{x^2}=\infty.$$

事实上，这恰恰反映了作为分子和分母的两个无穷小趋于零的"快慢"程度不同. 由以上四个极限的结果可知，当 $x\to 0$ 时，$x^2\to 0$ 比 $2x\to 0$ 要"快得多"，$\sin x\to 0$ 与 $x\to 0$"快慢程度相仿"，$2x\to 0$ 与 $x\to 0$"快慢程度大致差不多"，$x\to 0$ 比 $x^2\to 0$ 要"慢得多". 为了精确刻画自变量在同一变化过程中，两个无穷小趋于零的"快慢"程度，引入无穷小的阶的概念.

定义 3 设 $\lim\limits_{x\to x_0}\alpha(x)=0,\lim\limits_{x\to x_0}\beta(x)=0$，且 $\alpha(x)$ 与 $\beta(x)$ 都不为 0.

（1）若 $\lim\limits_{x\to x_0}\dfrac{\alpha(x)}{\beta(x)}=0$，则称当 $x\to x_0$ 时 $\alpha(x)$ 是 $\beta(x)$ 的高阶无穷小，也称当 $x\to x_0$ 时 $\beta(x)$ 是 $\alpha(x)$ 的低阶无穷小，记作 $\alpha(x)=o(\beta(x))(x\to x_0)$；

（2）若 $\lim\limits_{x\to x_0}\dfrac{\alpha(x)}{\beta(x)}=c\neq 0$，则称当 $x\to x_0$ 时 $\alpha(x)$ 与 $\beta(x)$ 是同阶无穷小；特别地，若 $\lim\limits_{x\to x_0}\dfrac{\alpha(x)}{\beta(x)}=1$，则称当 $x\to x_0$ 时 $\alpha(x)$ 与 $\beta(x)$ 是等价无穷小，记作 $\alpha(x)\sim\beta(x)(x\to x_0)$；

（3）若 $\lim\limits_{x\to x_0}\dfrac{\alpha(x)}{[\beta(x)]^k}=c\neq 0,k>0$，则称当 $x\to x_0$ 时 $\alpha(x)$ 是关于 $\beta(x)$ 的 k 阶无穷小.

由上可知，当 $x\to 0$ 时，x^2 是 $2x$ 的高阶无穷小，记作 $x^2=o(2x)(x\to 0)$；$2x$ 与 x 是同阶无穷

小;$\sin x$ 与 x 是等价无穷小,记作 $\sin x \sim x (x \to 0)$. 下面再举两个常见的等价无穷小的例子.

例 3 证明:$e^x - 1 \sim x (x \to 0)$.

证 令 $y = e^x - 1$,则 $x = \ln(1+y)$,且当 $x \to 0$ 时,$y \to 0$. 于是

$$\lim_{x \to 0} \frac{e^x - 1}{x} = \lim_{y \to 0} \frac{y}{\ln(1+y)} = \lim_{y \to 0} \frac{1}{\ln(1+y)^{1/y}} = \frac{1}{\ln e} = 1.$$

即有 $e^x - 1 \sim x (x \to 0)$. 证毕.

事实上,上述证明同时给出了等价关系 $\ln(1+x) \sim x (x \to 0)$.

例 4 证明:对 $\alpha \neq 0$,有 $(1+x)^\alpha - 1 \sim \alpha x (x \to 0)$.

证 注意到 $(1+x)^\alpha - 1 = e^{\alpha \ln(1+x)} - 1$,令 $u = \alpha \ln(1+x)$,则当 $x \to 0$ 时 $u \to 0$,且

$$\lim_{x \to 0} \frac{(1+x)^\alpha - 1}{\alpha \ln(1+x)} = \lim_{u \to 0} \frac{e^u - 1}{u} = 1.$$

于是

$$\lim_{x \to 0} \frac{(1+x)^\alpha - 1}{\alpha x} = \lim_{x \to 0} \frac{(1+x)^\alpha - 1}{\alpha \ln(1+x)} \cdot \lim_{x \to 0} \frac{\alpha \ln(1+x)}{\alpha x} = \lim_{x \to 0} \frac{\ln(1+x)}{x} = 1.$$

因此对 $\alpha \neq 0$,有 $(1+x)^\alpha - 1 \sim \alpha x (x \to 0)$. 证毕.

根据前面所学极限,可归纳出当 $x \to 0$ 时有下列常见的等价无穷小:

$$\sin x \sim x, \quad \tan x \sim x, \quad \arcsin x \sim x, \quad \arctan x \sim x, \quad \ln(1+x) \sim x,$$

$$e^x - 1 \sim x, \quad 1 - \cos x \sim \frac{1}{2}x^2, \quad (1+x)^\alpha - 1 \sim \alpha x (\alpha \neq 0), \quad a^x - 1 \sim x \ln a (a > 0, a \neq 1).$$

定理 3 设 $\alpha(x), \tilde{\alpha}(x), \beta(x), \tilde{\beta}(x)$ 都是当 $x \to x_0$ 时的无穷小,且 $\alpha(x) \sim \tilde{\alpha}(x)$,$\beta(x) \sim \tilde{\beta}(x)$,$\lim\limits_{x \to x_0} \dfrac{\tilde{\alpha}(x)}{\tilde{\beta}(x)}$ 存在,则

$$\lim_{x \to x_0} \frac{\alpha(x)}{\beta(x)} = \lim_{x \to x_0} \frac{\tilde{\alpha}(x)}{\tilde{\beta}(x)}.$$

证

$$\lim_{x \to x_0} \frac{\alpha(x)}{\beta(x)} = \lim_{x \to x_0} \frac{\alpha(x)}{\tilde{\alpha}(x)} \cdot \frac{\tilde{\alpha}(x)}{\tilde{\beta}(x)} \cdot \frac{\tilde{\beta}(x)}{\beta(x)}$$

$$= \lim_{x \to x_0} \frac{\alpha(x)}{\tilde{\alpha}(x)} \cdot \lim_{x \to x_0} \frac{\tilde{\alpha}(x)}{\tilde{\beta}(x)} \cdot \lim_{x \to x_0} \frac{\tilde{\beta}(x)}{\beta(x)}$$

$$= 1 \cdot \lim_{x \to x_0} \frac{\tilde{\alpha}(x)}{\tilde{\beta}(x)} \cdot 1 = \lim_{x \to x_0} \frac{\tilde{\alpha}(x)}{\tilde{\beta}(x)}.$$

定理 3 表明,求两个无穷小之比的极限时,可将其中的分子与分母用等价无穷小代替. 具体使用时,可只代换分子,也可只代换分母,或者分子、分母同时代换. 事实上,若无穷小的代换运用得当,则可简化极限的计算.

例 5 求 $\lim\limits_{x \to 0} \dfrac{\sqrt[3]{1-x^2} - 1}{x \sin x}$.

解　因为当 $x \to 0$ 时, $\sin x \sim x$, $\sqrt[3]{1-x^2}-1 = (1-x^2)^{\frac{1}{3}}-1 \sim -\dfrac{x^2}{3}$, 所以

$$\lim_{x \to 0} \frac{\sqrt[3]{1-x^2}-1}{x \sin x} = \lim_{x \to 0} \frac{-\dfrac{x^2}{3}}{x^2} = -\frac{1}{3}.$$

例 6　求 $\lim\limits_{x \to 0} \dfrac{\tan x - \sin x}{x^3}$.

解　因为当 $x \to 0$ 时, $\tan x \sim x$, $1-\cos x \sim \dfrac{1}{2}x^2$, 所以

$$\lim_{x \to 0} \frac{\tan x - \sin x}{x^3} = \lim_{x \to 0} \frac{\tan x(1-\cos x)}{x^3} = \lim_{x \to 0} \frac{x \cdot \dfrac{1}{2}x^2}{x^3} = \frac{1}{2}.$$

由此可见, 利用等价无穷小代换求极限时, 只可对所求极限式中相乘或相除的因式作等价无穷小代换, 若对极限式中的相加或相减部分作等价无穷小代换, 则可能出错, 如例 6 的错解如下:

因为当 $x \to 0$ 时, $\tan x \sim x$, $\sin x \sim x$, 所以

$$\lim_{x \to 0} \frac{\tan x - \sin x}{x^3} = \lim_{x \to 0} \frac{x-x}{x^3} = 0.$$

在极限的计算过程中, 利用复合函数的极限运算法则, 经常用到等价无穷小的复合形式: 在自变量 x 的某个变化过程中, 如果 $u(x) \to 0$, 那么

$$u(x) \sim \sin u(x) \sim \tan u(x) \sim \arcsin u(x) \sim \arctan u(x) \sim \ln(1+u(x)) \sim \mathrm{e}^{u(x)}-1,$$

$$1-\cos u(x) \sim \frac{1}{2}u^2(x), (1+u(x))^{\alpha}-1 \sim \alpha u(x)(\alpha \neq 0), a^{u(x)}-1 \sim u(x)\ln a(a>0, a \neq 1).$$

例 7　求 $\lim\limits_{x \to 0} \dfrac{\tan 2x}{\sin 5x}$.

解　因为当 $x \to 0$ 时, $\tan 2x \sim 2x$, $\sin 5x \sim 5x$, 所以

$$\lim_{x \to 0} \frac{\tan 2x}{\sin 5x} = \lim_{x \to 0} \frac{2x}{5x} = \frac{2}{5}.$$

例 8　求 $\lim\limits_{x \to 0} \dfrac{(\mathrm{e}^x-1)\sin 2x}{x^2}$.

解　因为当 $x \to 0$ 时, $\sin 2x \sim 2x$, $\mathrm{e}^x-1 \sim x$, 因此

$$\lim_{x \to 0} \frac{(\mathrm{e}^x-1)\sin 2x}{x^2} = \lim_{x \to 0} \frac{2x^2}{x^2} = 2.$$

例 9　求 $\lim\limits_{x \to 0} \dfrac{(1+x^2)^{\frac{1}{3}}-1}{\cos x-1}$.

解　因为当 $x \to 0$ 时，$(1+x^2)^{\frac{1}{3}} - 1 \sim \frac{1}{3}x^2$，$\cos x - 1 \sim -\frac{1}{2}x^2$，所以

$$\lim_{x \to 0} \frac{(1+x^2)^{\frac{1}{3}} - 1}{\cos x - 1} = \lim_{x \to 0} \frac{\frac{1}{3}x^2}{-\frac{1}{2}x^2} = -\frac{2}{3}.$$

例 10　求 $\lim\limits_{x \to 0} \dfrac{(\arcsin 2x)^3}{(e^{x^2}-1)\ln(1-4x)}$.

解　因为当 $x \to 0$ 时，$e^{x^2}-1 \sim x^2$，$\ln(1-4x) \sim -4x$，$\arcsin 2x \sim 2x$，所以

$$\lim_{x \to 0} \frac{(\arcsin 2x)^3}{(e^{x^2}-1)\ln(1-4x)} = \lim_{x \to 0} \frac{(2x)^3}{x^2 \cdot (-4x)} = -2.$$

例 11　求 $\lim\limits_{x \to 0} \dfrac{\tan x - \sin x}{\sqrt{1+2x\sin^2 x} - 1}$.

解　因为 $\tan x - \sin x = \tan x(1-\cos x)$，且当 $x \to 0$ 时，$\sin x \sim x$，$\tan x \sim x$，$1-\cos x \sim \frac{1}{2}x^2$，

$\sqrt{1+2x\sin^2 x} - 1 \sim \frac{1}{2} \cdot 2x\sin^2 x \sim x^3$，所以

$$\lim_{x \to 0} \frac{\tan x - \sin x}{\sqrt{1+2x\sin^2 x} - 1} = \lim_{x \to 0} \frac{\tan x(1-\cos x)}{\sqrt{1+2x\sin^2 x} - 1} = \lim_{x \to 0} \frac{x \cdot \frac{1}{2}x^2}{x^3} = \frac{1}{2}.$$

例 12　求 $\lim\limits_{x \to -1} \dfrac{\sqrt{2} - \sqrt{x+3}}{\sqrt[3]{x-7} + 2}$.

解　因为当 $x \to -1$ 时，

$$\sqrt{2} - \sqrt{x+3} = -\sqrt{2}\left(\sqrt{1+\frac{x+1}{2}} - 1\right) \sim -\sqrt{2} \cdot \frac{1}{2} \cdot \frac{x+1}{2},$$

$$\sqrt[3]{x-7} + 2 = -2\left(\sqrt[3]{1-\frac{x+1}{8}} - 1\right) \sim -2 \cdot \frac{1}{3}\left(-\frac{x+1}{8}\right),$$

所以

$$\lim_{x \to -1} \frac{\sqrt{2} - \sqrt{x+3}}{\sqrt[3]{x-7} + 2} = \lim_{x \to -1} \frac{-\sqrt{2} \cdot \frac{1}{2} \cdot \frac{x+1}{2}}{-2 \cdot \frac{1}{3}\left(-\frac{x+1}{8}\right)} = -3\sqrt{2}.$$

习题

1. 利用无穷小的性质求下列极限：

（1）$\lim\limits_{n\to\infty}\dfrac{2n\sin n}{n^2+1}$;

（2）$\lim\limits_{x\to0}x^2\cos\dfrac{1}{x}$;

（3）$\lim\limits_{x\to\infty}\dfrac{\arctan x}{e^x+e^{-x}}$;

（4）$\lim\limits_{x\to\infty}\dfrac{x^3\cos x-2x^4}{x^4+3x^2+2}$.

2. 已知极限 $\lim\limits_{x\to-1}\dfrac{f(x)}{x+1}$ 存在,求 $\lim\limits_{x\to-1}f(x)$.

3. 下列函数都是当 $x\to0$ 时的无穷小,问它们分别是 x 的几阶无穷小? 说明理由:

（1）$2x-x^2$;　　　（2）$\sin(3\sqrt[3]{x})$;　　　（3）$e^{x^2}-1$;　　　（4）$1-\cos x^2$.

4. 利用等价无穷小代换求下列极限:

（1）$\lim\limits_{x\to0}\dfrac{(e^{2x}-1)\sin x}{\ln(1+x^2)}$;

（2）$\lim\limits_{x\to\infty}\left(\sqrt{1-\dfrac{2}{x}}-1\right)\cot\dfrac{2}{x}$;

（3）$\lim\limits_{x\to1}\dfrac{\arcsin(2-2x)}{\ln x}$;

（4）$\lim\limits_{x\to0}\dfrac{\arctan x}{e^{2x}-e^{-x}}$;

（5）$\lim\limits_{x\to1}\dfrac{1+\cos\pi x}{(x-1)^2}$;

（6）$\lim\limits_{x\to0}\dfrac{\sqrt[3]{1-x\tan x}-1}{x\arcsin 2x}$;

（7）$\lim\limits_{x\to1}\dfrac{1-\sqrt[n]{x}}{1-\sqrt[m]{x}}$;

（8）$\lim\limits_{x\to0}\dfrac{1-\cos(1-\cos x)}{x^4}$.

习题参考答案

5. 已知 $\lim\limits_{x\to0}\dfrac{\sqrt{1+f(x)\sin 3x}-1}{\ln(1-2x)}=1$,求 $\lim\limits_{x\to0}f(x)$.

6. 已知极限 $\lim\limits_{x\to0}(1+ax^2e^x)^{\frac{1}{1-\cos x}}=2\,(a>0\text{ 为常数})$,求 a 的值.

第六节　函数的连续性

函数的连续性是微积分的重要概念之一,本节利用极限方法,定义函数的连续性,讨论函数间断点的类型,介绍连续函数的运算,并给出闭区间上连续函数的重要性质.

一、函数的连续性

（一）函数在一点处连续的定义

在自然界中有许多现象,如气温的变化、河水的流动、植物的生长等都是连续变化的. 例如,就气温而言,当时间变化很微小时,气温的变化也很微小,这种现象在函数关系上的反映,就是函数的连续性. 为了描述函数的连续性,首先引入增量(改变量)的概念.

设函数 $y=f(x)$ 在点 x_0 的某邻域内有定义,当自变量 x 在该邻域内从 x_0 变到 $x_0+\Delta x$ 时,函数值 y 相应地从 $f(x_0)$ 变到 $f(x_0+\Delta x)$,称 Δx 为自变量 x 在 x_0 处的增量,称 $\Delta y=f(x_0+\Delta x)-f(x_0)$ 为函数 $y=f(x)$ 在 x_0 处相应的增量(图 1–41).

注　Δx 和 Δy 可以是正的,也可以是负的. 就 Δy 而言,当 Δy 为正时,变量 y 是增加的;当 Δy 为负时,变量 y 是减少的.

从函数图形(图 1-41(a))来看,函数 $y=f(x)$ 在点 x_0 处连续是指曲线 $y=f(x)$ 在横坐标为 x_0 的点处没有断开,更确切地说,是指当自变量在 x_0 处的增量 Δx 趋于零时,函数对应的增量 Δy 也趋于零,即 $\lim\limits_{\Delta x \to 0} \Delta y = 0$. 而对图 1-41(b)的函数来说,在点 x_0 处不满足这个条件(当 Δx 趋于零时,Δy 不趋于零),因此它在点 x_0 处不连续.下面给出函数在一点处连续的定义.

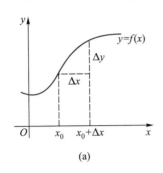
(a)

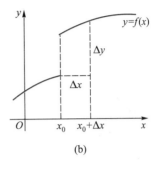
(b)

图 1-41

定义 1 设函数 $y=f(x)$ 在点 x_0 的某邻域内有定义.如果当自变量在 x_0 处的增量 Δx 趋于零时,函数 $y=f(x)$ 对应的增量 Δy 也趋于零,即

$$\lim_{\Delta x \to 0} \Delta y = 0 \quad 或 \quad \lim_{\Delta x \to 0} [f(x_0 + \Delta x) - f(x_0)] = 0,$$

那么称函数 $f(x)$ 在点 x_0 **处连续**,x_0 称为 $f(x)$ 的**连续点**.

若令 $x = x_0 + \Delta x$,则当 $\Delta x \to 0$,即当 $x \to x_0$ 时,有

$$f(x) - f(x_0) = f(x_0 + \Delta x) - f(x_0) \to 0.$$

因此,函数在一点连续的定义又可以叙述为

定义 2 设函数 $y=f(x)$ 在点 x_0 的某邻域内有定义.如果函数 $f(x)$ 当 $x \to x_0$ 时的极限存在,且等于 $f(x_0)$,即 $\lim\limits_{x \to x_0} f(x) = f(x_0)$,那么称函数 $f(x)$ 在点 x_0 **处连续**.

由上述函数在一点连续的定义知,如果函数 $y=f(x)$ 在点 x_0 处连续,那么 $\lim\limits_{x \to x_0} f(x) = f(x_0)$,即函数在连续点处的极限值等于在该点的函数值.

例 1 证明函数

$$f(x) = \begin{cases} \dfrac{\sin x}{x}, & x \neq 0, \\ 1, & x = 0 \end{cases}$$

在 $x=0$ 处连续.

证 因为 $\lim\limits_{x \to 0} \dfrac{\sin x}{x} = 1$,且 $f(0) = 1$,故有 $\lim\limits_{x \to 0} f(x) = f(0)$,所以函数 $f(x)$ 在 $x=0$ 处连续.证毕.

与函数的左极限和右极限类似,有时需要考察函数在某一点的一侧的连续性问题,即单侧连续问题.在定义 2 中,如果 x 仅从 x_0 的一侧趋于 x_0,就有函数在一点左连续与右连续的概念.

定义 3 若函数 $f(x)$ 在 $(a, x_0]$ 内有定义,且

$$\lim_{x \to x_0^-} f(x) = f(x_0),$$

则称函数 $f(x)$ 在点 x_0 处**左连续**.

若函数 $f(x)$ 在 $[x_0, b)$ 内有定义,且

$$\lim_{x \to x_0^+} f(x) = f(x_0),$$

则称函数 $f(x)$ 在点 x_0 处右连续.

根据函数在一点连续和左连续、右连续的概念,以及极限存在的充要条件,可得下面的结论.

定理 1 函数 $f(x)$ 在点 x_0 处连续的充要条件是函数 $f(x)$ 在点 x_0 处既左连续又右连续.

例 2 已知函数

$$f(x) = \begin{cases} x^2 + 1, & x < 0, \\ 2x - b, & x \geqslant 0 \end{cases}$$

在 $x = 0$ 处连续,求 b 的值.

解 因为 $\lim\limits_{x \to 0^-} f(x) = \lim\limits_{x \to 0^-} (x^2 + 1) = 1$,$\lim\limits_{x \to 0^+} f(x) = \lim\limits_{x \to 0^+} (2x - b) = -b$ 且 $f(0) = -b$,所以由函数在 $x = 0$ 处连续可得

$$\lim_{x \to 0^+} f(x) = \lim_{x \to 0^-} f(x) = f(0),$$

即得 $b = -1$.

(二)区间上的连续函数

在区间上每一点都连续的函数,称为该区间上的**连续函数**,或者说函数在该区间上连续. 如果区间包括端点,那么函数在左端点连续是指右连续,在右端点连续是指左连续. 例如,如果函数 $f(x)$ 在开区间 (a, b) 内连续,并且在左端点 $x = a$ 处右连续,在右端点 $x = b$ 处左连续,那么称函数 $f(x)$ 在闭区间 $[a, b]$ 上连续. 若函数 $f(x)$ 在闭区间 I 上连续,则一般记为 $f(x) \in C(I)$.

从几何直观上看,在一个区间上连续的函数图形是一条连续而不间断的曲线.

我们在本章第二节已经指出:任一基本初等函数在定义域内每点处的极限都存在,并且等于函数在该点的函数值. 因此,基本初等函数在定义域内是连续的.

例 3 证明函数 $y = \sin x$ 在 $(-\infty, +\infty)$ 内连续.

证 设 x_0 为 $(-\infty, +\infty)$ 内任意一点,则

$$\Delta y = \sin(x_0 + \Delta x) - \sin x_0 = 2 \sin \frac{\Delta x}{2} \cos\left(x_0 + \frac{\Delta x}{2}\right).$$

根据无穷小乘有界量仍为无穷小得

$$\lim_{\Delta x \to 0} \Delta y = \lim_{\Delta x \to 0} 2 \sin \frac{\Delta x}{2} \cos\left(x_0 + \frac{\Delta x}{2}\right) = 0,$$

于是 $y = \sin x$ 在点 x_0 处连续. 又由 x_0 在 $(-\infty, +\infty)$ 内的任意性可知,$y = \sin x$ 在 $(-\infty, +\infty)$ 内连续. 证毕.

二、函数的间断点

设函数 $f(x)$ 在点 x_0 的某邻域内有定义,如果 $f(x)$ 在点 x_0 处不连续,那么称函数 $f(x)$ 在点 x_0 处间断,并称点 x_0 是函数 $f(x)$ 的间断点. 可见,如果点 x_0 是函数 $f(x)$ 的间断点,那么无非是以下三种情况之一:

(1) $f(x)$ 在点 x_0 处没有定义;

（2）$f(x)$ 在点 x_0 处有定义，但极限 $\lim\limits_{x\to x_0} f(x)$ 不存在；

（3）$f(x)$ 在点 x_0 处有定义，且极限 $\lim\limits_{x\to x_0} f(x)$ 存在，但 $\lim\limits_{x\to x_0} f(x)\neq f(x_0)$．

函数的间断点常分为以下两大类：设点 x_0 是 $f(x)$ 的间断点，如果 $\lim\limits_{x\to x_0^+} f(x)$ 与 $\lim\limits_{x\to x_0^-} f(x)$ 都存在，那么称 x_0 是 $f(x)$ 的第一类间断点；如果 $\lim\limits_{x\to x_0^+} f(x)$ 与 $\lim\limits_{x\to x_0^-} f(x)$ 至少有一个不存在，那么称 x_0 是 $f(x)$ 的第二类间断点．

例 4　讨论函数

$$f(x)=\begin{cases} 2\sqrt{x}, & 0\leqslant x<1, \\ 1, & x=1, \\ 1+x, & x>1 \end{cases}$$

在 $x=1$ 处的连续性．

解　因为

$$\lim\limits_{x\to 1^+} f(x)=\lim\limits_{x\to 1^+}(1+x)=2\neq f(1),$$

$$\lim\limits_{x\to 1^-} f(x)=\lim\limits_{x\to 1^-} 2\sqrt{x}=2\neq f(1),$$

所以 $f(x)$ 在 $x=1$ 处既不左连续，也不右连续，从而 $f(x)$ 在 $x=1$ 处间断．又因为 $\lim\limits_{x\to 1^+} f(x)$ 和 $\lim\limits_{x\to 1^-} f(x)$ 都存在，所以 $x=1$ 为 $f(x)$ 的第一类间断点（图 1-42）．

如果修改例 4 中的 $f(x)$ 在 $x=1$ 处的函数值，令 $f(1)=\lim\limits_{x\to 1} f(x)=2$，那么得到的新函数

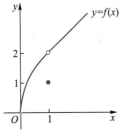

图 1-42

$$f_1(x)=\begin{cases} 2\sqrt{x}, & 0\leqslant x<1, \\ 2, & x=1, \\ 1+x, & x>1 \end{cases}$$

在 $x=1$ 处连续．为此，把 $x=1$ 称为 $f(x)$ 的可去间断点．一般地，如果点 x_0 是函数 $f(x)$ 的间断点，$\lim\limits_{x\to x_0^+} f(x)$ 和 $\lim\limits_{x\to x_0^-} f(x)$ 都存在，且 $\lim\limits_{x\to x_0^+} f(x)=\lim\limits_{x\to x_0^-} f(x)$，即 $\lim\limits_{x\to x_0} f(x)$ 存在，那么称 x_0 是 $f(x)$ 的可去间断点．此时若令 $f(x_0)=\lim\limits_{x\to x_0} f(x)$，则所得的新函数在点 x_0 处连续．

例 5　讨论函数

$$f(x)=\begin{cases} -x, & x\leqslant 0, \\ 1+x, & x>0 \end{cases}$$

在 $x=0$ 处的连续性．

解　因为

$$\lim\limits_{x\to 0^+} f(x)=\lim\limits_{x\to 0^+}(1+x)=1\neq f(0),$$

$$\lim\limits_{x\to 0^-} f(x)=\lim\limits_{x\to 0^-}(-x)=0=f(0),$$

所以函数 $f(x)$ 在 $x=0$ 处左连续但不右连续，从而 $f(x)$ 在 $x=0$ 处间断．又因为 $\lim\limits_{x\to 0^+} f(x)$ 和

$\lim\limits_{x\to 0^-} f(x)$ 都存在,所以 $x=1$ 为 $f(x)$ 的第一类间断点(图 1-43).

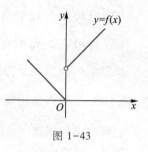

由于例 5 中极限 $\lim\limits_{x\to 0} f(x)$ 不存在,所以我们不能通过修改 $f(x)$ 在 $x=0$ 处的定义,使得函数在 $x=0$ 处连续. 但观察 $f(x)$ 的图形,它在 $x=0$ 处产生了跳跃,故 $x=0$ 又称为 $f(x)$ 的跳跃间断点. 一般地,如果点 x_0 是函数 $f(x)$ 的间断点,$\lim\limits_{x\to x_0^+} f(x)$ 和 $\lim\limits_{x\to x_0^-} f(x)$ 都存在,但 $\lim\limits_{x\to x_0^+} f(x) \neq \lim\limits_{x\to x_0^-} f(x)$,那么称点 x_0 是 $f(x)$ 的跳跃间断点.

图 1-43

由此可见,第一类间断点又可分为可去间断点和跳跃间断点.

例 6 讨论函数

$$f(x)=\begin{cases} \dfrac{1}{x}, & x>0, \\ x, & x\leqslant 0 \end{cases}$$

在 $x=0$ 处的连续性.

解 因为

$$\lim_{x\to 0^+} f(x)=\lim_{x\to 0^+}\frac{1}{x}=+\infty, \quad \lim_{x\to 0^-} f(x)=\lim_{x\to 0^-} x=0,$$

所以函数 $f(x)$ 在 $x=0$ 处间断,且 $x=0$ 为 $f(x)$ 的第二类间断点. 由于 $\lim\limits_{x\to 0^+} f(x)=+\infty$,故也称 $x=0$ 为 $f(x)$ 的**无穷间断点**(图 1-44).

例 7 讨论函数 $f(x)=\sin\dfrac{1}{x}$ 在 $x=0$ 处的连续性.

解 因为 $f(x)$ 在 $x=0$ 处没有定义,且 $\lim\limits_{x\to 0}\sin\dfrac{1}{x}$ 不存在,所以 $x=0$ 为 $f(x)$ 的第二类间断点. 又因为当 $x\to 0$ 时,$y=\sin\dfrac{1}{x}$ 的函数值总在 -1 和 1 之间来回振荡,所以也称 $x=0$ 为 $f(x)$ 的**振荡间断点**(图 1-45).

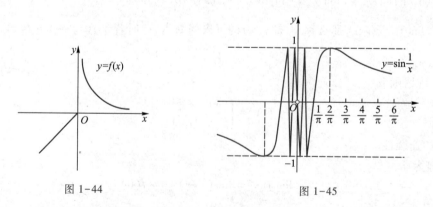

图 1-44　　　　　　　　　　　　图 1-45

三、连续函数的运算与初等函数的连续性

利用极限的运算法则及函数在一点连续的定义,可得下面两个定理.

定理 2　设函数 $f(x)$ 和 $g(x)$ 在点 x_0 处连续,则

$$f(x) \pm g(x), \quad f(x) \cdot g(x), \quad \frac{f(x)}{g(x)} \ (g(x_0) \neq 0)$$

在点 x_0 处也连续.

定理 3　设 $y = f(g(x))$ 由函数 $u = g(x)$ 和 $y = f(u)$ 复合而成,若 $\lim\limits_{x \to x_0} g(x) = u_0$,函数 $y = f(x)$ 在 u_0 处连续,则复合函数 $y = f(g(x))$ 在点 x_0 处连续.

由此可见,求复合函数 $f(g(x))$ 的极限时,极限符号和函数符号 f 可以交换次序,即

$$\lim_{x \to x_0} f(g(x)) = \lim_{u \to u_0} f(u) = f(u_0) = f(\lim_{x \to x_0} g(x)).$$

例 8　求 $\lim\limits_{x \to 0} \dfrac{\ln(1+x)}{x}$.

解　因为 $y = \dfrac{\ln(1+x)}{x} = \ln(1+x)^{\frac{1}{x}}$ 可以看作由 $y = \ln u$ 和 $u = (1+x)^{\frac{1}{x}}$ 复合而成,又 $\lim\limits_{x \to 0} (1+x)^{\frac{1}{x}} = e$,而 $y = \ln u$ 在 $u = e$ 处连续,所以

$$\lim_{x \to 0} \frac{\ln(1+x)}{x} = \lim_{x \to 0} \ln(1+x)^{\frac{1}{x}} = \ln\left[\lim_{x \to 0}(1+x)^{\frac{1}{x}}\right] = \ln e = 1.$$

在极限计算中,若遇到形如 $(u(x))^{v(x)}$ 的函数(称为**幂指函数**),如果 $\lim\limits_{x \to x_0} u(x) = A > 0$,$\lim\limits_{x \to x_0} v(x) = B$,那么由定理 3 可得

$$\lim_{x \to x_0} u(x)^{v(x)} = \lim_{x \to x_0} e^{v(x) \ln u(x)} = e^{\lim\limits_{x \to x_0} v(x) \ln u(x)} = e^{B \ln A} = A^B.$$

例 9　求极限 $\lim\limits_{x \to 0} (1+x)^{\frac{2}{\sin x}}$.

解　因为 $(1+x)^{\frac{2}{\sin x}} = (1+x)^{\frac{1}{x} \cdot \frac{2x}{\sin x}}$,注意到

$$\lim_{x \to 0} (1+x)^{\frac{1}{x}} = e > 0, \quad \lim_{x \to 0} \frac{2x}{\sin x} = 2,$$

所以

$$\lim_{x \to 0} (1+x)^{\frac{2}{\sin x}} = \lim_{x \to 0} \left[(1+x)^{\frac{1}{x}}\right]^{\frac{2x}{\sin x}} = e^2.$$

对于反函数的连续性,有如下定理(证明略).

定理 4　如果函数 $y = f(x)$ 在某区间上单调增加(或单调减少)且连续,那么它的反函数 $x = f^{-1}(y)$ 在相应的区间上单调增加(或单调减少)且连续.

综上所述,可得关于初等函数连续性的结论:**一切初等函数在其定义区间内都是连续的**.所谓定义区间,是指包含在定义域内的区间.

四、闭区间上连续函数的性质

闭区间上的连续函数有几个重要性质,下面以定理的形式叙述它们(定理的证明省略,只说明它们的几何意义).

首先给出函数的最大值与最小值的概念.设函数 $f(x)$ 在区间 I 上有定义,如果存在 $x_0 \in I$,使得 $\forall x \in I$ 都满足

$$f(x) \leqslant f(x_0)(\text{或} f(x) \geqslant f(x_0)),$$

那么称 $f(x_0)$ 是函数 $f(x)$ 在区间 I 上的最大值(或最小值).

定理 5(最大值最小值存在定理) 闭区间上的连续函数在该区间上有界,并且一定有最大值和最小值.

从几何上看,定理 5 的结论是明显的. 如果 $f(x)$ 在闭区间 $[a,b]$ 上连续,那么 $y=f(x)$ 在闭区间 $[a,b]$ 上的图形是一条连续曲线(图 1-46);此段连续曲线必有最高点和最低点(可能不止一个),那么最高点和最低点的纵坐标值就是函数 $f(x)$ 在闭区间 $[a,b]$ 上的最大值和最小值,从而 $f(x)$ 在闭区间 $[a,b]$ 上有界.

值得注意的是,定理中"闭区间上连续"这个条件只是充分条件,如果函数不满足这一条件,那么可能取得最值,也可能不取得最值. 例如,函数 $f(x)=x$ 在开区间 $(0,1)$ 内连续,但它在 $(0,1)$ 内既没有最大值也没有最小值,如图 1-47 所示;函数 $f(x)=\begin{cases} x+1, & -1 \leqslant x<0, \\ x-1, & 0<x \leqslant 1 \end{cases}$,在闭区间 $[-1,1]$ 上不连续,它在 $[-1,1]$ 上既没有最大值也没有最小值,如图 1-48 所示;函数 $f(x)=x\sin x$ 在开区间 $(-2\pi,2\pi)$ 内连续,它有最大值 $\dfrac{\pi}{2}$,最小值 $-\dfrac{3\pi}{2}$,如图 1-49 所示.

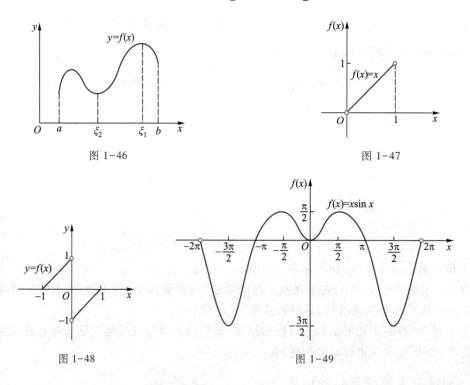

图 1-46

图 1-47

图 1-48

图 1-49

定理 6(零点定理) 设 $f(x)$ 在闭区间 $[a,b]$ 上连续,且 $f(a)$ 与 $f(b)$ 异号,则至少存在一点 $\xi \in (a,b)$,使 $f(\xi)=0$.

零点定理的几何意义很直观,如果 $y=f(x)$ 是闭区间 $[a,b]$ 上的连续曲线,且该曲线的两个端点分别位于 x 轴的上、下两侧,那么这条连续曲线至少与 x 轴有一个交点 ξ,如图 1-50 所示.

与定理 5 一样,定理 6 中"闭区间上连续"这个条件只是充分条件,如果函数不满足这一条件,那么在开区间内可能有零点,也可能没有零点. 例如,函数 $f(x)=\dfrac{1}{x}$ 在闭区间 $[-4,4]$ 上不连续,尽管 $f(-4)\cdot f(4)<0$,但它在 $(-4,4)$ 内没有零点,如图 1-51 所示;函数

$$f(x)=\begin{cases}x-\dfrac{1}{2}, & 0<x\le 1,\\ -1, & x=0\end{cases}$$

在开区间 $(0,1)$ 内连续,且 $f(0)\cdot f(1)<0$,但它在 $(0,1)$ 内有零点,如图 1-52 所示.

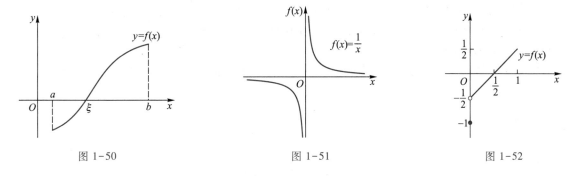

图 1-50　　　　　　图 1-51　　　　　　图 1-52

例 10 证明 $x^5+x-1=0$ 在 $(0,1)$ 内至少有一个根.

证 设 $f(x)=x^5+x-1$,则 $f(x)$ 在 $[0,1]$ 上连续. 又因为

$$f(0)=-1<0,\quad f(1)=1>0,$$

由零点定理知,至少存在一点 $\xi\in(0,1)$,使 $f(\xi)=0$,即

$$\xi^5+\xi-1=0.$$

所以方程 $x^5+x-1=0$ 在区间 $(0,1)$ 内至少有一个根 ξ. 证毕.

例 11 证明关于 x 的方程 $x^3+px^2+qx+r=0(p,q,r$ 为常数) 至少有一个实根.

证 设 $f(x)=x^3+px^2+qx+r$,则

$$f(x)=x^3\left(1+\dfrac{p}{x}+\dfrac{q}{x^2}+\dfrac{r}{x^3}\right).$$

因为 $\lim\limits_{x\to+\infty}f(x)=+\infty$,$\lim\limits_{x\to-\infty}f(x)=-\infty$,由函数极限的保号性知,分别存在 $b>0$ 与 $a<0$,使 $f(b)>0$,$f(a)<0$.

又因为 $f(x)$ 在闭区间 $[a,b]$ 上连续,由零点定理知,至少存在一点 $\xi\in(a,b)$ 使 $f(\xi)=0$,即原方程至少有一个实根. 证毕.

例 12 设 $f(x)$ 在 $[a,b]$ 上连续,且 $a<c<d<b$,证明在 (a,b) 内至少存在一点 ξ,使 $pf(c)+qf(d)=(p+q)f(\xi)$ 成立,其中 p,q 均为任意正常数.

证明 作辅助函数 $F(x)=(p+q)f(x)-pf(c)-qf(d)$,由题设知,$F(x)$ 在 $[c,d]\subset[a,b]$ 上连续. 又

$$F(c)=q[f(c)-f(d)],\quad F(d)=p[f(d)-f(c)],$$

因为 p,q 均为任意正常数,所以

$$F(c)F(d)=-pq[f(d)-f(c)]^2\le 0.$$

当 $f(c)=f(d)$ 时,$F(c)=F(d)=0$,则 ξ 可取 c 或 d.

当 $f(c) \neq f(d)$ 时,$F(c)F(d) < 0$,由零点定理可知,至少存在一点 $\xi \in (c,d) \subset [a,b]$,使 $F(\xi) = 0$,即

$$pf(c) + qf(d) = (p+q)f(\xi).$$

证毕.

定理 7(介值定理) 设 $f(x)$ 在闭区间 $[a,b]$ 上连续,且在这个区间的端点取不同的函数值 $f(a) = A$ 及 $f(b) = B(A \neq B)$,则对介于 A 与 B 的任何实数 C,至少存在一点 $\xi \in (a,b)$,使 $f(\xi) = C$.

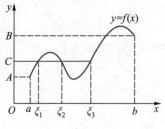

图 1-53

介值定理的几何意义:连续曲线 $y = f(x)$ 与水平直线 $y = C$ 至少相交于一点,如图 1-53 所示.

推论 闭区间上的连续函数必取得介于最大值和最小值的任何值.

习题

1. 证明函数 $f(x) = \begin{cases} x\sin\dfrac{1}{x}, & x \neq 0, \\ 0, & x = 0 \end{cases}$ 在 $x = 0$ 处连续.

2. 利用函数的连续性,求下列极限:

(1) $\lim\limits_{x \to 0} \cos\left(x^2 + \dfrac{\sin \pi x}{2x}\right)$;

(2) $\lim\limits_{x \to +\infty} \sin\pi(\sqrt{x^2+x} - x)$;

(3) $\lim\limits_{x \to 0^+} \{\ln(2\sin 3x) - \ln[\ln(1+2x)]\}$;

(4) $\lim\limits_{x \to \frac{\pi}{2}} (1-\cos x)^{2\tan x}$.

3. 设 $f(x) = \begin{cases} x^2 + (a+1)x - a, & x \geqslant 0, \\ \dfrac{\ln(1-2x)}{x}, & -\dfrac{1}{2} < x < 0, \end{cases}$ 求 a 的值,使 $f(x)$ 在 $x = 0$ 处连续.

4. 设 $f(x) = \begin{cases} x^m\cos\dfrac{1}{x}, & x > 0, \\ ne^x - m, & x \leqslant 0, \end{cases}$ 试根据 m 和 n 的不同情形,讨论 $f(x)$ 在 $x = 0$ 处的连续性.

5. 求下列函数的间断点,并确定其所属的类型:

(1) $f(x) = \dfrac{2x - x^2}{x^2 - 4}$;

(2) $f(x) = \cos\dfrac{x+1}{x^2+x}$;

(3) $f(x) = \dfrac{x}{\tan x}$;

(4) $f(x) = [x]$;

(5) $f(x) = \begin{cases} x^2 + 1, & x < 0, \\ \sin x, & x \geqslant 0; \end{cases}$

(6) $f(x) = \dfrac{1 - 2e^{\frac{1}{x}}}{1 + e^{\frac{1}{x}}}$.

习题参考答案

6. 证明方程 $4x = 2^x$ 在区间 $\left(\dfrac{1}{3}, \dfrac{1}{2}\right)$ 内至少有一个根.

7. 设 $f(x)$ 和 $g(x)$ 在 $[a,b]$ 上连续,且 $f(a) \leqslant g(a)$,$f(b) \geqslant g(b)$,证明至少存在一点 $\xi \in [a,b]$,使 $f(\xi) = g(\xi)$.

8. 设 $f(x)$ 在 $[0,3]$ 上连续,且 $f(0)=f(3)$,证明至少存在一点 $\xi\in[0,3]$,使 $f(\xi)=f(\xi+1)$.

复 习 题 一

一、选择题

1. 已知函数 $f(x)$ 的定义域是 $[-1,1]$,则函数 $\dfrac{f(2x)}{x^2-1}$ 的定义域为( ).

A. $(-1,1)$ B. $[-2,-1)\cup(1,2]$

C. $\left[-\dfrac{1}{2},\dfrac{1}{2}\right]$ D. 以上都不对

2. "数列有极限"是"数列有界"的( ).

A. 充要条件 B. 充分不必要条件
C. 既不充分也不必要条件 D. 必要不充分条件

3. 极限 $\lim\limits_{x\to\infty}\dfrac{e^x+e^{-x}}{e^x-e^{-x}}$( ).

A. 等于 -1 B. 等于 1 C. 等于 0 D. 不存在

4. 极限 $\lim\limits_{x\to-\infty}(\sqrt{4x^2-x}+2x)=$( ).

A. $\dfrac{1}{4}$ B. 0 C. $-\dfrac{1}{4}$ D. ∞

5. 当 $x\to0$ 时, $\sin 2x-2\sin x$ 是 x^3 的( ).

A. 等价无穷小 B. 非等价的同阶无穷小
C. 高阶无穷小 D. 低阶无穷小

6. 已知函数 $f(x)=\dfrac{2+e^{\frac{1}{x}}}{1+e^{\frac{2}{x}}}+\dfrac{\ln(1+x)}{|x|}$,则 $x=0$ 是 $f(x)$ 的( ).

A. 连续点 B. 无穷间断点 C. 可去间断点 D. 跳跃间断点

二、填空题

1. 已知 $f\left(\sin\dfrac{x}{2}\right)=2+\cos x$,则 $f(x)=$ _____ .

2. 极限 $\lim\limits_{n\to\infty}\dfrac{1+3+3^2+\cdots+3^n}{3^n+2^n}=$ _____ .

3. 设 $f(x)=\begin{cases}\cos x+a, & x\geqslant0,\\ 2^{\frac{1}{x}}-1, & x<0,\end{cases}$ 且 $\lim\limits_{x\to0}f(x)$ 存在,则 a 的值是 _____ .

4. 已知 $\lim\limits_{x\to\infty}\left(\dfrac{2x^2}{1+x}+ax+2b\right)=1$,则 $a+b=$ _____ .

5. 极限 $\lim\limits_{x\to1}\dfrac{\sqrt[3]{x}-1}{\sin(x^2-1)}=$ _____ .

6. 设 $f(x) = \dfrac{x}{a + e^{bx}}$ 在 $(-\infty, +\infty)$ 上连续,且 $\lim\limits_{x \to -\infty} f(x) = 0$,则常数 a, b 应满足的条件是 _____ _____.

三、解答题

1. 求函数 $y = \sqrt{\sin x} + \dfrac{1}{\sqrt{64 - x^2}}$ 的定义域.

2. 求函数 $y = \sin x \left(-\dfrac{3\pi}{2} \leqslant x \leqslant -\dfrac{\pi}{2} \right)$ 的反函数.

3. 利用夹逼准则求极限 $\lim\limits_{n \to \infty} \left(\dfrac{2}{3} \cdot \dfrac{5}{6} \cdot \cdots \cdot \dfrac{3n-1}{3n} \right)$.

4. 证明 $\lim\limits_{x \to +\infty} \cos x$ 不存在.

5. 求极限 $\lim\limits_{x \to -1} \left(\dfrac{4}{1 - x^4} - \dfrac{3}{1 + x^3} \right)$.

复习题一
参考答案

6. 求极限 $\lim\limits_{x \to \frac{\pi}{2}} (\sin x)^{\frac{1}{\cos^2 x}}$.

7. 求极限 $\lim\limits_{x \to 0^-} \dfrac{\ln(1 + x + x^2) + \ln(1 - x + x^2)}{(e^x - e^{-x})\sqrt{1 - \cos x}}$.

第二章

一元函数微分学

本章将系统讲述一元函数微分学的基本理论和方法. 首先从两个引例出发, 抽象出导数的概念, 进而建立计算导数和微分的方法, 在此基础上进一步讨论微分学理论, 最后应用导数来研究函数曲线的性态.

第一节 导数的概念

一、引例

17 世纪, 牛顿和莱布尼茨在研究速度问题和切线问题时, 建立了导数的概念, 下面就从这两个典型问题出发来引出导数的概念.

(一) 变速直线运动的瞬时速度

现有一质点做变速直线运动, 设路程 s 与时间 t 的关系为 $s=s(t)$ (也称为位移函数), 求该质点在 t_0 时刻的瞬时速度.

设该质点从时刻 t_0 运动到时刻 t, 记 $\Delta t = t - t_0$, 在 Δt 时段内, 经过的路程为 $\Delta s = s(t) - s(t_0) = s(t_0 + \Delta t) - s(t_0)$, 则 Δt 时段内, 质点的平均速度为

$$\overline{v} = \frac{\Delta s}{\Delta t} = \frac{s(t_0 + \Delta t) - s(t_0)}{\Delta t}.$$

时段 Δt 越小, 平均速度 $\overline{v}$ 越接近时刻 t_0 的瞬时速度. 利用函数极限的思想, 即当 $\Delta t \to 0$ 时, 若上述平均速度的极限存在, 设为 $v(t_0)$, 则该质点在 t_0 时刻的瞬时速度为

$$v(t_0) = \lim_{\Delta t \to 0} \frac{\Delta s}{\Delta t} = \lim_{\Delta t \to 0} \frac{s(t_0 + \Delta t) - s(t_0)}{\Delta t}. \tag{2-1}$$

(二) 曲线上某点处切线的斜率

已知曲线 $C: y = f(x)$, 求曲线 C 上一点 $M(x_0, y_0)$ 处的切线斜率.

设点 $M(x_0, y_0)$ 为曲线 C 上一定点, 在曲线 C 上点 M 附近另取一点 $N(x_0 + \Delta x, y_0 + \Delta y)$, 连接点 M 和 N 得曲线的割线 MN, 设其倾角为 φ (图 2-1), 则割线 MN 的斜率为

$$k_{MN} = \tan \varphi = \frac{\Delta y}{\Delta x} = \frac{f(x_0 + \Delta x) - f(x_0)}{\Delta x}.$$

当点 N 沿曲线 C 无限接近点 M 时,割线 MN 的极限位置就是曲线 C 过点 M 的切线 MT. 利用极限的思想,即当 $\Delta x \to 0$ 时,若割线的极限存在,设为 k,即

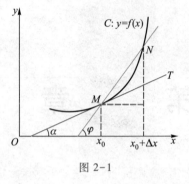

图 2-1

$$k = \lim_{\Delta x \to 0} \frac{\Delta y}{\Delta x} = \lim_{\Delta x \to 0} \frac{f(x_0 + \Delta x) - f(x_0)}{\Delta x} \qquad (2-2)$$

存在,则 k 是割线斜率的极限,也就是切线 MT 的斜率,即 $k = \tan \alpha$.

上面讨论的两个问题:瞬时速度问题和切线斜率问题,虽然实际意义不同,但在计算上,式(2-1)和(2-2)都归结为求函数的增量与自变量的增量之商当自变量增量趋于零时的极限,我们把这种形式的极限定义为函数的导数.

二、导数的定义

(一)函数在一点处的导数

定义　设函数 $y = f(x)$ 在点 x_0 的某邻域内有定义,当自变量 x 在 x_0 处取得增量 Δx(点 $x_0 + \Delta x$ 仍在该邻域内)时,相应的函数 y 取得增量

$$\Delta y = f(x_0 + \Delta x) - f(x_0),$$

如果极限

$$\lim_{\Delta x \to 0} \frac{\Delta y}{\Delta x} = \lim_{\Delta x \to 0} \frac{f(x_0 + \Delta x) - f(x_0)}{\Delta x}$$

存在,那么称函数 $y = f(x)$ 在点 x_0 处可导,并称此极限为函数 $y = f(x)$ 在点 x_0 处的导数,记为 $f'(x_0)$,即

$$f'(x_0) = \lim_{\Delta x \to 0} \frac{\Delta y}{\Delta x} = \lim_{\Delta x \to 0} \frac{f(x_0 + \Delta x) - f(x_0)}{\Delta x}, \qquad (2-3)$$

也可记为 $y'\big|_{x=x_0}$,$\dfrac{dy}{dx}\Big|_{x=x_0}$ 或 $\dfrac{df(x)}{dx}\Big|_{x=x_0}$. 如果 $\lim\limits_{\Delta x \to 0} \dfrac{\Delta y}{\Delta x} = \lim\limits_{\Delta x \to 0} \dfrac{f(x_0 + \Delta x) - f(x_0)}{\Delta x}$ 不存在,那么称函数 $y = f(x)$ 在点 x_0 处不可导.

注 1　如果在定义式(2-3)中设 $x = x_0 + \Delta x$,那么 $\Delta x = x - x_0$,且当 $\Delta x \to 0$ 时 $x \to x_0$. 因此函数 $y = f(x)$ 在点 x_0 处的导数也可以表示为

$$f'(x_0) = \lim_{x \to x_0} \frac{f(x) - f(x_0)}{x - x_0}.$$

同理,函数 $y = f(x)$ 在点 x_0 处的导数也可以表示为

$$f'(x_0) = \lim_{h \to 0} \frac{f(x+h) - f(x_0)}{h}.$$

注 2　表达式 $\dfrac{\Delta y}{\Delta x} = \dfrac{f(x_0 + \Delta x) - f(x_0)}{\Delta x}$ 表示函数的平均变化率,对平均变化率取 $\Delta x \to 0$ 时的极

限,即得函数在点 x_0 处的导数 $f'(x_0)$,表示函数 $y=f(x)$ 在点 x_0 处的变化率,它反映了因变量随自变量的变化而变化的快慢程度.

例 1 求函数 $f(x)=x^2$ 在 $x=1$ 处的导数.

解 由定义得

$$f'(1)=\lim_{x\to 1}\frac{f(x)-f(1)}{x-1}=\lim_{x\to 1}\frac{x^2-1}{x-1}=\lim_{x\to 1}(x+1)=2.$$

例 2 证明函数 $f(x)=\sqrt[3]{x}$ 在 $x=0$ 处不可导.

证 因为

$$f'(0)=\lim_{x\to 0}\frac{f(x)-f(0)}{x-0}=\lim_{x\to 0}\frac{\sqrt[3]{x}}{x}=\lim_{x\to 0}\frac{1}{\sqrt[3]{x^2}}=\infty ,$$

所以函数 $f(x)=\sqrt[3]{x}$ 在 $x=0$ 处不可导. 证毕.

(二) 单侧导数

根据函数 $f(x)$ 在点 x_0 处的导数的定义,导数

$$f'(x_0)=\lim_{\Delta x\to 0}\frac{f(x_0+\Delta x)-f(x_0)}{\Delta x}$$

是一个极限,而极限存在的充要条件是左、右极限都存在且相等,因此 $f'(x_0)$ 存在,即 $f(x)$ 在点 x_0 处可导的充要条件是左极限

$$\lim_{\Delta x\to 0^-}\frac{f(x_0+\Delta x)-f(x_0)}{\Delta x}$$

和右极限

$$\lim_{\Delta x\to 0^+}\frac{f(x_0+\Delta x)-f(x_0)}{\Delta x}$$

都存在且相等,这两个极限分别称为函数 $f(x)$ 在点 x_0 处的**左导数**、**右导数**,记为 $f'_-(x_0)$, $f'_+(x_0)$,即

$$f'_-(x_0)=\lim_{\Delta x\to 0^-}\frac{f(x_0+\Delta x)-f(x_0)}{\Delta x}=\lim_{x\to x_0^-}\frac{f(x)-f(x_0)}{x-x_0},$$

$$f'_+(x_0)=\lim_{\Delta x\to 0^+}\frac{f(x_0+\Delta x)-f(x_0)}{\Delta x}=\lim_{x\to x_0^+}\frac{f(x)-f(x_0)}{x-x_0}.$$

左导数与右导数统称为单侧导数.

如同左、右极限与极限之间的关系,我们可知:函数 $f(x)$ 在点 x_0 处可导的充要条件是函数 $f(x)$ 的左导数 $f'_-(x_0)$ 和右导数 $f'_+(x_0)$ 都存在且相等.

例 3 证明函数 $f(x)=|x|$ 在 $x=0$ 处不可导.

证 $f'(0)=\lim_{\Delta x\to 0}\frac{f(0+\Delta x)-f(0)}{\Delta x}=\lim_{\Delta x\to 0}\frac{|\Delta x|-0}{\Delta x}=\lim_{\Delta x\to 0}\frac{|\Delta x|}{\Delta x}.$

当 $\Delta x<0$ 时,$\frac{|\Delta x|}{\Delta x}=-1$,从而 $\lim_{\Delta x\to 0^-}\frac{|\Delta x|}{\Delta x}=-1.$

当 $\Delta x > 0$ 时, $\dfrac{|\Delta x|}{\Delta x} = 1$, 从而 $\lim\limits_{\Delta x \to 0^+} \dfrac{|\Delta x|}{\Delta x} = 1$.

因此, $\lim\limits_{\Delta x \to 0} \dfrac{f(0+\Delta x) - f(0)}{\Delta x}$ 不存在, 即函数 $f(x) = |x|$ 在 $x = 0$ 处不可导. 证毕.

(三) 导函数以及常见函数的求导举例

若函数 $y = f(x)$ 在区间 I 内的每一点处都可导(对区间端点, 仅考虑相应的单侧导数), 则称函数 $f(x)$ 在区间 I 上可导. 这时对任意 $x \in I$, 都对应着 $f(x)$ 的一个确定的导数值, 从而定义了区间 I 上的一个新的函数, 这个函数称为 $f(x)$ 的导函数, 简称导数, 记作 y', 即

$$y' = \lim_{\Delta x \to 0} \frac{f(x+\Delta x) - f(x)}{\Delta x},$$

也可记作 $f'(x)$, $\dfrac{dy}{dx}$ 或 $\dfrac{df(x)}{dx}$. 显然, $f'(x_0) = f'(x) \big|_{x = x_0}$.

下面根据导数的定义来求一些基本初等函数的导数.

例4 求常值函数 $y = C$ 的导数.

解 $y' = \lim\limits_{\Delta x \to 0} \dfrac{f(x+\Delta x) - f(x)}{\Delta x} = \lim\limits_{\Delta x \to 0} \dfrac{C - C}{\Delta x} = 0$.

也就是说, 常数的导数等于零, 即 $C' = 0$.

例5 求幂函数 $y = x^\mu$ ($\mu \neq 0$, 且 μ 为常数) 的导数.

解 幂函数的定义域与常数 μ 有关, 假定 x 在幂函数 $y = x^\mu$ 的定义域内且 $x \neq 0$, 则

$$y' = \lim_{\Delta x \to 0} \frac{f(x+\Delta x) - f(x)}{\Delta x} = \lim_{\Delta x \to 0} \frac{(x+\Delta x)^\mu - x^\mu}{\Delta x} = \lim_{\Delta x \to 0} x^\mu \cdot \frac{\left(1 + \dfrac{\Delta x}{x}\right)^\mu - 1}{\Delta x}.$$

利用等价无穷小代换: $\left(1 + \dfrac{\Delta x}{x}\right)^\mu - 1 \sim \mu \dfrac{\Delta x}{x}$ ($\Delta x \to 0$), 得

$$y' = \lim_{\Delta x \to 0} x^\mu \cdot \frac{\mu \dfrac{\Delta x}{x}}{\Delta x} = \mu x^{\mu-1},$$

即有幂函数的导数公式

$$(x^\mu)' = \mu x^{\mu-1}.$$

利用幂函数的导数公式, 可以很方便地求解幂函数的导数, 如

$$\left(\frac{1}{x}\right)' = (x^{-1})' = (-1)x^{-2} = -\frac{1}{x^2}, \quad (\sqrt{x})' = (x^{\frac{1}{2}})' = \frac{1}{2}x^{-\frac{1}{2}} = \frac{1}{2\sqrt{x}}.$$

例6 求指数函数 $y = a^x$ ($a > 0, a \neq 1$) 的导数.

解 $y' = \lim\limits_{\Delta x \to 0} \dfrac{\Delta y}{\Delta x} = \lim\limits_{\Delta x \to 0} \dfrac{f(x+\Delta x) - f(x)}{\Delta x} = \lim\limits_{\Delta x \to 0} \dfrac{a^{x+\Delta x} - a^x}{\Delta x} = \lim\limits_{\Delta x \to 0} a^x \cdot \dfrac{a^{\Delta x} - 1}{\Delta x}.$

利用等价无穷小代换: $a^{\Delta x} - 1 \sim \Delta x \ln a$ ($\Delta x \to 0$), 得

$$y' = \lim_{\Delta x \to 0} a^x \cdot \frac{a^{\Delta x} - 1}{\Delta x} = \lim_{\Delta x \to 0} a^x \cdot \frac{\Delta x \ln a}{\Delta x} = a^x \ln a,$$

即有指数函数的导数公式

$$(a^x)' = a^x \ln a.$$

特别地,当 $a = e$ 时,有 $(e^x)' = e^x$.

例 7 求对数函数 $y = \log_a x$ $(a > 0, a \neq 1)$ 的导数.

解 $y' = \lim_{\Delta x \to 0} \frac{f(x + \Delta x) - f(x)}{\Delta x} = \lim_{\Delta x \to 0} \frac{\log_a(x + \Delta x) - \log_a x}{\Delta x}$

$= \lim_{\Delta x \to 0} \frac{\log_a \dfrac{x + \Delta x}{x}}{\Delta x} = \lim_{\Delta x \to 0} \frac{\log_a\left(1 + \dfrac{\Delta x}{x}\right)}{\Delta x}.$

因为

$$\log_a\left(1 + \frac{\Delta x}{x}\right) = \frac{\ln\left(1 + \dfrac{\Delta x}{x}\right)}{\ln a} = \frac{1}{\ln a} \cdot \ln\left(1 + \frac{\Delta x}{x}\right),$$

利用等价无穷小代换:$\ln\left(1 + \dfrac{\Delta x}{x}\right) \sim \dfrac{\Delta x}{x}(\Delta x \to 0)$,所以

$$y' = \lim_{\Delta x \to 0} \frac{\log_a\left(1 + \dfrac{\Delta x}{x}\right)}{\Delta x} = \frac{1}{x \ln a},$$

即有对数函数的导数公式

$$(\log_a x)' = \frac{1}{x \ln a}.$$

特别地,当 $a = e$ 时,$(\ln x)' = \dfrac{1}{x}$.

例 8 求正弦函数 $y = \sin x$ 的导数.

解 $y' = \lim_{\Delta x \to 0} \frac{f(x + \Delta x) - f(x)}{\Delta x} = \lim_{\Delta x \to 0} \frac{\sin(x + \Delta x) - \sin x}{\Delta x}$

$= \lim_{\Delta x \to 0} \frac{2\cos\left(x + \dfrac{\Delta x}{2}\right) \cdot \sin \dfrac{\Delta x}{2}}{\Delta x} = \lim_{\Delta x \to 0} \cos\left(x + \frac{\Delta x}{2}\right) \cdot \lim_{\Delta x \to 0} \frac{\sin \dfrac{\Delta x}{2}}{\dfrac{\Delta x}{2}} = \cos x,$

即

$$(\sin x)' = \cos x.$$

同理可得余弦函数的导数公式

$$(\cos x)' = -\sin x.$$

(四)利用导数的定义求函数极限

我们可以根据定义及其注中所给的导数的定义形式来求解一些极限.

例 9 已知 $f'(x_0) = 2$,求下列极限:

（1）$\lim\limits_{\Delta x\to 0}\dfrac{f(x_0-3\Delta x)-f(x_0)}{\Delta x}$;

（2）$\lim\limits_{\Delta x\to 0}\dfrac{f(x_0+3\Delta x)-f(x_0-2\Delta x)}{\Delta x}$.

解 （1）$\lim\limits_{\Delta x\to 0}\dfrac{f(x_0-3\Delta x)-f(x_0)}{\Delta x}=-3\lim\limits_{-3\Delta x\to 0}\dfrac{f[x_0+(-3\Delta x)]-f(x_0)}{-3\Delta x}=-3f'(x_0)=-6$.

（2）$\lim\limits_{\Delta x\to 0}\dfrac{f(x_0+3\Delta x)-f(x_0-2\Delta x)}{\Delta x}$

$=\lim\limits_{\Delta x\to 0}\dfrac{f(x_0+3\Delta x)-f(x_0)+f(x_0)-f(x_0-2\Delta x)}{\Delta x}$

$=\lim\limits_{\Delta x\to 0}\dfrac{f(x_0+3\Delta x)-f(x_0)}{\Delta x}-\lim\limits_{\Delta x\to 0}\dfrac{f[x_0+(-2\Delta x)]-f(x_0)}{\Delta x}$

$=3\lim\limits_{3\Delta x\to 0}\dfrac{f(x_0+3\Delta x)-f(x_0)}{3\Delta x}+2\lim\limits_{-2\Delta x\to 0}\dfrac{f[x_0+(-2\Delta x)]-f(x_0)}{-2\Delta x}$

$=3f'(x_0)+2f'(x_0)=5f'(x_0)=10$.

例 10 已知 $f(-2)=f'(-2)=-1$，求极限 $\lim\limits_{x\to -2}\dfrac{f(x)+1}{x^2-4}$.

解 因为 $f(-2)=f'(-2)=-1$，根据导数定义，

$$f'(-2)=\lim\limits_{x\to -2}\dfrac{f(x)-f(-2)}{x-(-2)}=\lim\limits_{x\to -2}\dfrac{f(x)+1}{x+2}=-1,$$

所以

$$\lim\limits_{x\to -2}\dfrac{f(x)+1}{x^2-4}=\lim\limits_{x\to -2}\dfrac{f(x)+1}{(x+2)(x-2)}=\lim\limits_{x\to -2}\dfrac{f(x)+1}{x+2}\cdot\lim\limits_{x\to -2}\dfrac{1}{x-2}=\dfrac{1}{4}.$$

三、导数的几何意义

由引例（二）中曲线上某点处切线的斜率问题和导数的定义可知，函数 $y=f(x)$ 在点 x_0 处可导在几何上表示曲线 $y=f(x)$ 在点 $M(x_0,y_0)$ 处具有不垂直于 x 轴的切线，且导数 $f'(x_0)$ 就是该切线的斜率. 因此 $y=f(x)$ 在点 $M(x_0,y_0)$ 处的切线方程为

$$y-y_0=f'(x_0)(x-x_0),$$

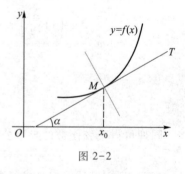

图 2-2

如图 2-2 所示. 当 $f'(x_0)\neq 0$ 时，法线方程为

$$y-y_0=-\dfrac{1}{f'(x_0)}(x-x_0),$$

当 $f'(x_0)=0$ 时，法线方程为 $x=x_0$.

如果 $y=f(x)$ 在点 x_0 处的导数为无穷大，且 $y=f(x)$ 在点 x_0 处连续，那么此时曲线 $y=f(x)$ 的割线以垂直于 x 轴的直线 $x=x_0$ 为极限位置，即曲线 $y=f(x)$ 在点 $M(x_0,y_0)$ 处具有垂直于 x 轴的切线 $x=x_0$，其法线方程为 $y=y_0$.

例 11 求曲线 $y=x^3$ 在点 $(1,1)$ 处的切线方程和法线方程.

解 由导数的几何意义得已知曲线在点 $(1,1)$ 处的切线斜率为

$$k = y' \big|_{x=1} = 3x^2 \big|_{x=1} = 3,$$

故所求的切线方程为 $y-1=3(x-1)$,即

$$3x - y - 2 = 0.$$

法线方程为 $y-1 = -\dfrac{1}{3}(x-1)$,即

$$x + 3y - 4 = 0.$$

四、函数的可导性与连续性的关系

如果函数 $y=f(x)$ 在点 x_0 处可导,即 $\lim\limits_{\Delta x \to 0} \dfrac{\Delta y}{\Delta x} = f'(x_0)$ 存在,那么

$$\lim_{\Delta x \to 0} \Delta y = \lim_{\Delta x \to 0}\left(\frac{\Delta y}{\Delta x} \cdot \Delta x\right) = \lim_{\Delta x \to 0}\frac{\Delta y}{\Delta x} \cdot \lim_{\Delta x \to 0}\Delta x = f'(x_0) \cdot 0 = 0,$$

即 $y=f(x)$ 在点 x_0 处连续. 因此有如下定理.

定理 若函数 $y=f(x)$ 在点 x_0 处可导,则 $y=f(x)$ 在点 x_0 处连续.

注 函数在某点连续,未必在该点处可导,或者说函数在某点处连续是函数在该点处可导的必要条件,但不是充分条件.

例如,从例 3 我们看到函数 $f(x) = |x|$ 在 $x=0$ 处不可导,但

$$\lim_{x \to 0} f(x) = \lim_{x \to 0}|x| = 0 = f(0),$$

即函数 $f(x) = |x|$ 在 $x=0$ 处连续.

例 12 讨论函数

$$f(x) = \begin{cases} x, & x \le 0, \\ \sin x, & 0 < x \le 1, \\ x^2 - 1, & x > 1 \end{cases}$$

在 $x=0$ 处和 $x=1$ 处的连续性与可导性.

解 在 $x=0$ 处,因为

$$f'_-(0) = \lim_{x \to 0^-}\frac{f(x) - f(0)}{x - 0} = \lim_{x \to 0^-}\frac{x - 0}{x} = 1,$$

$$f'_+(0) = \lim_{x \to 0^+}\frac{f(x) - f(0)}{x - 0} = \lim_{x \to 0^+}\frac{\sin x}{x} = 1,$$

即 $f'_-(0) = f'_+(0)$,所以 $f(x)$ 在 $x=0$ 处可导,故 $f(x)$ 也在 $x=0$ 处连续.

在 $x=1$ 处,

$$\lim_{x \to 1^-} f(x) = \lim_{x \to 1^-}\sin x = \sin 1, \quad \lim_{x \to 1^+} f(x) = \lim_{x \to 1^+}(x^2 - 1) = 0,$$

因为 $\lim\limits_{x \to 1^-} f(x) \ne \lim\limits_{x \to 1^+} f(x)$,所以 $f(x)$ 在 $x=1$ 处不连续,故 $f(x)$ 在 $x=1$ 处不可导.

例 13 当 a,b 为何值时,函数

$$f(x) = \begin{cases} e^x, & x \le 1, \\ ax + b, & x > 1 \end{cases}$$

在 $x=1$ 处可导.

解　由已知条件可知,函数 $f(x)$ 在 $x=1$ 处可导,由可导性与连续性的关系可知,$f(x)$ 在 $x=1$ 处连续,有 $\lim\limits_{x\to1^-}f(x)=\lim\limits_{x\to1^+}f(x)=f(1)$,而

$$\lim\limits_{x\to1^-}\mathrm{e}^x=\mathrm{e},\quad \lim\limits_{x\to1^+}(ax+b)=a+b,\quad f(1)=\mathrm{e},$$

可得 $a+b=\mathrm{e}$.

又因为函数 $f(x)$ 在 $x=1$ 处可导,且

$$f'_-(1)=\lim\limits_{x\to1^-}\frac{f(x)-f(1)}{x-1}=\lim\limits_{x\to1^-}\frac{\mathrm{e}^x-\mathrm{e}}{x-1}=\mathrm{e}\lim\limits_{x\to1^-}\frac{\mathrm{e}^{x-1}-1}{x-1}=\mathrm{e}\lim\limits_{x\to1^-}\frac{x-1}{x-1}=\mathrm{e},$$

$$f'_+(1)=\lim\limits_{x\to1^+}\frac{f(x)-f(1)}{x-1}=\lim\limits_{x\to1^+}\frac{(ax+b)-\mathrm{e}}{x-1}=\lim\limits_{x\to1^+}\frac{ax+(b-\mathrm{e})}{x-1}=\lim\limits_{x\to1^+}\frac{ax-a}{x-1}=a,$$

由 $f'_-(1)=f'_+(1)$ 得 $a=\mathrm{e}$. 因此,$b=0$.

从而当 $a=\mathrm{e},b=0$ 时,函数 $f(x)$ 在 $x=1$ 处可导.

习题

1. 利用导数的定义求函数 $y=3\sqrt{x}$ 在 $x=2$ 处的导数.

2. 利用导数的定义证明 $(\cos x)'=-\sin x$.

3. 已知 $f'(x_0)=1$,求下列极限:

(1) $\lim\limits_{\Delta x\to0}\dfrac{f(x_0+2\Delta x)-f(x_0)}{\Delta x}$;

(2) $\lim\limits_{\Delta x\to0}\dfrac{f(x_0-2\Delta x)-f(x_0+\Delta x)}{\Delta x}$.

4. 设 $f(0)=0,f'(0)=-2$,求 $\lim\limits_{x\to0}\dfrac{f(x)}{\ln(1-3x)}$.

5. 求曲线 $y=\sin x$ 上点 $\left(\dfrac{\pi}{6},\dfrac{1}{2}\right)$ 处的切线方程和法线方程.

6. 过点 $(1,-3)$ 作抛物线 $y=x^2$ 的切线,求此切线的方程.

7. 在曲线 $y=x^3$ 上取横坐标为 $x_1=1$ 及 $x_2=4$ 的两点,作过这两点的割线,若这条割线平行于过此曲线上的某点的切线,求该切线的方程.

8. 已知函数 $f(x)=\begin{cases}\mathrm{e}^x-1, & x<0,\\ x^2, & x\geq0,\end{cases}$ 求 $f'_-(0)$ 与 $f'_+(0)$,并说明函数 $f(x)$ 在 $x=0$ 处的可导性.

9. 已知函数 $f(x)=\begin{cases}\sin x, & x<0,\\ x, & x\geq0,\end{cases}$ 求 $f'(x)$.

10. 讨论下列函数在 $x=0$ 处的连续性与可导性:

(1) $f(x)=|\sin x|$;

(2) $f(x)=\begin{cases}\sqrt[3]{x^4}\sin\dfrac{1}{x}, & x\neq0,\\ 0, & x=0.\end{cases}$

习题参考答案

11. 设函数 $f(x)=\begin{cases}\sqrt{x}, & x>1,\\ ax+b, & x\leq1\end{cases}$ 在 $x=1$ 处可导,求常数 a,b 的值.

12. 确定常数 a,b ,使函数 $f(x)=\begin{cases}\sin 3x+1, & x\leq0,\\ a\mathrm{e}^x-b, & x>0\end{cases}$ 在 $x=0$ 处可导.

第二节　求 导 法 则

本节我们将介绍函数的求导法则,借助这些法则,就能比较简便地求解常见函数的导数.

一、函数的四则运算的求导法则

定理 1　若函数 $u(x)$ 和 $v(x)$ 在点 x 处可导,则函数 $u(x) \pm v(x)$, $u(x) \cdot v(x)$ 和 $\dfrac{u(x)}{v(x)}(v(x) \neq 0)$

在点 x 处也可导,且

(1) $[u(x) \pm v(x)]' = u'(x) \pm v'(x)$;

(2) $[u(x)v(x)]' = u'(x)v(x) + u(x)v'(x)$;

特别地,当 C 为常数时,$[Cu(x)]' = Cu'(x)$;

(3) $\left[\dfrac{u(x)}{v(x)}\right]' = \dfrac{u'(x)v(x) - u(x)v'(x)}{v^2(x)}(v(x) \neq 0)$;

特别地,$\left[\dfrac{1}{v(x)}\right]' = -\dfrac{v'(x)}{v^2(x)}(v(x) \neq 0)$.

证　(1) 设 $y = u(x) \pm v(x)$,有

$$\begin{aligned}
\Delta y &= [u(x+\Delta x) \pm v(x+\Delta x)] - [u(x) \pm v(x)] \\
&= [u(x+\Delta x) - u(x)] \pm [v(x+\Delta x) - v(x)] \\
&= \Delta u \pm \Delta v.
\end{aligned}$$

于是

$$\lim_{\Delta x \to 0} \frac{\Delta y}{\Delta x} = \lim_{\Delta x \to 0} \frac{\Delta u \pm \Delta v}{\Delta x} = \lim_{\Delta x \to 0} \frac{\Delta u}{\Delta x} \pm \lim_{\Delta x \to 0} \frac{\Delta v}{\Delta x} = u'(x) \pm v'(x).$$

即函数 $u(x) \pm v(x)$ 在点 x 处可导,且 $[u(x) \pm v(x)]' = u'(x) \pm v'(x)$.

(2) 设 $y = u(x)v(x)$,并记 $\Delta u = u(x+\Delta x) - u(x)$,$\Delta v = v(x+\Delta x) - v(x)$,有

$$\begin{aligned}
\Delta y &= u(x+\Delta x)v(x+\Delta x) - u(x)v(x) \\
&= [u(x) + \Delta u][v(x) + \Delta v] - u(x)v(x) \\
&= \Delta u v(x) + u(x)\Delta v + \Delta u \Delta v.
\end{aligned}$$

由可导必连续知函数 $u(x)$ 在点 x 处连续,即 $\lim\limits_{\Delta x \to 0} \Delta u = 0$,于是

$$\begin{aligned}
\lim_{\Delta x \to 0} \frac{\Delta y}{\Delta x} &= \lim_{\Delta x \to 0} \frac{\Delta u v(x) + u(x)\Delta v + \Delta u \Delta v}{\Delta x} \\
&= \lim_{\Delta x \to 0} \frac{\Delta u}{\Delta x} v(x) + \lim_{\Delta x \to 0} u(x) \frac{\Delta v}{\Delta x} + \lim_{\Delta x \to 0} \Delta u \frac{\Delta v}{\Delta x} \\
&= v(x) \lim_{\Delta x \to 0} \frac{\Delta u}{\Delta x} + u(x) \lim_{\Delta x \to 0} \frac{\Delta v}{\Delta x} + \lim_{\Delta x \to 0} \Delta u \lim_{\Delta x \to 0} \frac{\Delta v}{\Delta x} \\
&= u'(x)v(x) + u(x)v'(x).
\end{aligned}$$

即函数 $u(x)v(x)$ 在点 x 处可导,且 $[u(x)v(x)]' = u'(x)v(x) + u(x)v'(x)$.

（3）设 $y = \dfrac{u(x)}{v(x)}$，并记 $\Delta u = u(x+\Delta x) - u(x)$，$\Delta v = v(x+\Delta x) - v(x)$，有

$$\Delta y = \frac{u(x+\Delta x)}{v(x+\Delta x)} - \frac{u(x)}{v(x)} = \frac{u(x)+\Delta u}{v(x)+\Delta v} - \frac{u(x)}{v(x)} = \frac{\Delta u v(x) - u(x)\Delta v}{[v(x)+\Delta v]v(x)}.$$

由可导必连续知函数 $v(x)$ 在点 x 处连续，即 $\lim\limits_{\Delta x \to 0} \Delta v = 0$，于是

$$\begin{aligned}
\lim_{\Delta x \to 0} \frac{\Delta y}{\Delta x} &= \lim_{\Delta x \to 0} \frac{\Delta u v(x) - u(x)\Delta v}{\Delta x [v(x)+\Delta v]v(x)} = \lim_{\Delta x \to 0} \frac{\dfrac{\Delta u}{\Delta x}v(x) - u(x)\dfrac{\Delta v}{\Delta x}}{[v(x)+\Delta v]v(x)} \\
&= \frac{\lim\limits_{\Delta x \to 0} \dfrac{\Delta u}{\Delta x}v(x) - \lim\limits_{\Delta x \to 0} u(x)\dfrac{\Delta v}{\Delta x}}{\lim\limits_{\Delta x \to 0}[v(x)+\Delta v]v(x)} \\
&= \frac{v(x)\lim\limits_{\Delta x \to 0} \dfrac{\Delta u}{\Delta x} - u(x)\lim\limits_{\Delta x \to 0}\dfrac{\Delta v}{\Delta x}}{[v(x)+\lim\limits_{\Delta x \to 0}\Delta v]v(x)} \\
&= \frac{u'(x)v(x) - u(x)v'(x)}{v^2(x)},
\end{aligned}$$

即函数 $\dfrac{u(x)}{v(x)}$ 在点 x 处可导，且

$$\left[\frac{u(x)}{v(x)}\right]' = \frac{u'(x)v(x) - u(x)v'(x)}{v^2(x)}.$$

证毕.

推论 若有限个函数 $u_1(x), u_2(x), \cdots, u_n(x)$ 在点 x 处可导，则

（1）$[u_1(x) \pm u_2(x) \pm \cdots \pm u_n(x)]' = u_1'(x) \pm u_2'(x) \pm \cdots \pm u_n'(x)$；

（2）$[u_1(x)u_2(x)\cdots u_n(x)]'$

$= u_1'(x)u_2(x)\cdots u_n(x) + u_1(x)u_2'(x)\cdots u_n(x) + \cdots + u_1(x)u_2(x)\cdots u_n'(x)$.

可以利用函数四则运算的求导法则求出其余四个三角函数的导数.

例 1 求下列函数的导数：

（1）$y = \tan x$；　　　　　　　　　　（2）$y = \sec x$.

解 （1）$y' = (\tan x)' = \left(\dfrac{\sin x}{\cos x}\right)' = \dfrac{(\sin x)'\cos x - \sin x(\cos x)'}{\cos^2 x}$

$= \dfrac{\cos^2 x + \sin^2 x}{\cos^2 x} = \dfrac{1}{\cos^2 x} = \sec^2 x,$

即有正切函数的导数公式

$$(\tan x)' = \sec^2 x.$$

（2）$y' = (\sec x)' = \left(\dfrac{1}{\cos x}\right)' = -\dfrac{(\cos x)'}{\cos^2 x} = \dfrac{\sin x}{\cos^2 x} = \tan x \sec x,$

即有正割函数的导数公式

$$(\sec x)' = \tan x \sec x.$$

同理可得余切函数和余割函数的导数公式
$$(\cot x)' = -\csc^2 x,$$
$$(\csc x)' = -\cot x\csc x.$$

二、反函数的求导法则

我们先考察一个特例:已知函数 $y=x^3$,则它的反函数是 $\varphi(y)=\sqrt[3]{y}$,$y=x^3$ 的导数是 $f'(x)=3x^2$,而当 $y\neq0$ 时,$x\neq0$,$\varphi(y)=\sqrt[3]{y}$ 的导数是
$$\varphi'(y)=\frac{1}{3}y^{-\frac{2}{3}}=\frac{1}{3}(x^3)^{-\frac{2}{3}}=\frac{1}{3}x^{-2},$$

即当 $\varphi'(y)\neq0$ 时,$f'(x)=\dfrac{1}{\varphi'(y)}$. 一般地,有如下的反函数求导法则.

定理 2　若函数 $x=\varphi(y)$ 在点 y 的某邻域内严格单调、连续,且在点 y 处可导,$\varphi'(y)\neq0$,则它的反函数 $y=f(x)$ 在点 $x(x=\varphi(y))$ 处可导,并且
$$f'(x)=\frac{1}{\varphi'(y)}\quad\text{或}\quad\frac{\mathrm{d}y}{\mathrm{d}x}=\frac{1}{\dfrac{\mathrm{d}x}{\mathrm{d}y}}.$$

证　因为函数 $x=\varphi(y)$ 在点 y 的某邻域内严格单调、连续,所以函数 $x=\varphi(y)$ 的反函数 $y=f(x)$ 存在,且 $y=f(x)$ 在点 x 的对应邻域内也严格单调、连续.

对于反函数 $y=f(x)$,给 x 以增量 $\Delta x(\Delta x\neq0)$,由 $y=f(x)$ 的严格单调性可知
$$\Delta y=f(x+\Delta x)-f(x)\neq0,$$
于是
$$\frac{\Delta y}{\Delta x}=\frac{1}{\dfrac{\Delta x}{\Delta y}}.$$

由 $y=f(x)$ 的连续性可知,当 $\Delta x\to0$ 时 $\Delta y\to0$,从而
$$\lim_{\Delta x\to0}\frac{\Delta y}{\Delta x}=\lim_{\Delta y\to0}\frac{1}{\dfrac{\Delta x}{\Delta y}}=\frac{1}{\lim\limits_{\Delta y\to0}\dfrac{\Delta x}{\Delta y}}=\frac{1}{\varphi'(y)},$$

即反函数 $y=f(x)$ 在点 x 处可导,并且 $f'(x)=\dfrac{1}{\varphi'(y)}$. 证毕.

下面利用反函数的求导法则求反三角函数的导数.

例 2　求下列函数的导数:

(1) $y=\arcsin x$;　　　　　　　　(2) $y=\arctan x$.

解　(1) 因为 $y=\arcsin x(-1\leqslant x\leqslant1)$ 是 $x=\sin y\left(-\dfrac{\pi}{2}\leqslant y\leqslant\dfrac{\pi}{2}\right)$ 的反函数,而 $x=\sin y$ 在 $\left(-\dfrac{\pi}{2},\dfrac{\pi}{2}\right)$ 内单调、可导,由反函数的求导法则,有
$$y'=(\arcsin x)'=\frac{1}{(\sin y)'}=\frac{1}{\cos y}=\frac{1}{\sqrt{1-\sin^2 y}}=\frac{1}{\sqrt{1-x^2}},$$

即有反正弦函数的导数公式

$$(\arcsin x)' = \frac{1}{\sqrt{1-x^2}}.$$

（2）因为 $y = \arctan x\,(-\infty < x < +\infty)$ 是 $x = \tan y\left(-\frac{\pi}{2} < y < \frac{\pi}{2}\right)$ 的反函数，而 $x = \tan y$ 在 $\left(-\frac{\pi}{2}, \frac{\pi}{2}\right)$ 内单调、可导，由反函数的求导法则，有

$$y' = (\arctan x)' = \frac{1}{(\tan y)'} = \frac{1}{\sec^2 y} = \frac{1}{1+\tan^2 y} = \frac{1}{1+x^2},$$

即有反正切函数的导数公式

$$(\arctan x)' = \frac{1}{1+x^2}.$$

同理可得反余弦函数和反余切函数的导数公式

$$(\arccos x)' = -\frac{1}{\sqrt{1-x^2}},$$

$$(\text{arccot } x)' = -\frac{1}{1+x^2}.$$

三、基本求导公式

为方便查阅和运用，把基本初等函数的求导公式归纳如下，称之为基本求导公式：

（1）$C' = 0\,(C$ 为常数)；　　　　　　　　（2）$(x^\mu)' = \mu x^{\mu-1}\,(\mu \neq 0)$；

（3）$(a^x)' = a^x \ln a\,(a>0, a\neq 1)$；　　　　（4）$(e^x)' = e^x$；

（5）$(\log_a x)' = \frac{1}{x\ln a}\,(a>0, a\neq 1)$；　　（6）$(\ln x)' = \frac{1}{x}$；

（7）$(\sin x)' = \cos x$；　　　　　　　　（8）$(\cos x)' = -\sin x$；

（9）$(\tan x)' = \sec^2 x$；　　　　　　　　（10）$(\cot x)' = -\csc^2 x$；

（11）$(\sec x)' = \tan x \sec x$；　　　　　　（12）$(\csc x)' = -\cot x\csc x$；

（13）$(\arcsin x)' = \frac{1}{\sqrt{1-x^2}}$；　　　　（14）$(\arccos x)' = -\frac{1}{\sqrt{1-x^2}}$；

（15）$(\arctan x)' = \frac{1}{1+x^2}$；　　　　　（16）$(\text{arccot } x)' = -\frac{1}{1+x^2}$.

例3　运用基本求导公式求下列函数的导数：

（1）$y = x\sqrt{x} + 2^{x+1}$；　　　　　　　　（2）$y = x^2 \tan x + \sin\frac{\pi}{3}$；

（3）$y = \frac{1}{1+x^2}$；　　　　　　　　　（4）$y = \frac{\text{arccot } x}{x\ln x}$.

解　（1）$y' = (x^{\frac{3}{2}} + 2\cdot2^x)' = (x^{\frac{3}{2}})' + 2(2^x)' = \frac{3}{2}\sqrt{x} + 2^{x+1}\ln 2$.

（2）$y'=(x^2\tan x)'+\left(\sin\dfrac{\pi}{3}\right)'=(x^2)'\tan x+x^2(\tan x)'+0=2x\tan x+x^2\sec^2 x.$

（3）$y'=\left(\dfrac{1}{1+x^2}\right)'=-\dfrac{2x}{(1+x^2)^2}.$

（4）$y'=\left(\dfrac{\text{arccot }x}{x\ln x}\right)'=\dfrac{(\text{arccot }x)'x\ln x-\text{arccot }x(x\ln x)'}{(x\ln x)^2}$

$\qquad =-\dfrac{x\ln x+(1+x^2)\text{arccot }x(\ln x+1)}{(1+x^2)x^2\ln^2 x}.$

四、复合函数的求导法则

第一章已经学习了复合函数,如 $y=\ln x^3,y=(x+2)^2,y=\mathrm{e}^{\arctan\sqrt{x}}$ 等,如果复合函数可导,如何求它们的导函数?

以函数 $y=(x+2)^2$ 为例,可知函数可改写为 $y=x^2+2x+4$,因此 $y'=2x+2=2(x+1)$. 若从复合函数的角度来分析,$y=(x+2)^2$ 是由 $y=u^2$ 和 $u=x+2$ 复合而成,$y'_u=2u,u'_x=1$,则 $y'_u\cdot u'_x=2u\cdot 1=2(x+1)=y'_x$. 从这个例子可见:由 $y=f(u)$ 和 $u=g(x)$ 复合而成的函数 $y=f(g(x))$ 的导数 y'_x 恰好等于 y 对中间变量 u 的导数 y'_u 与中间变量对自变量 x 的导数 μ'_x 的乘积,这就是复合函数的求导法则. 一般地,对于复合函数的求导,可以用以下法则.

定理 3　若函数 $u=g(x)$ 在点 x 处可导,$y=f(u)$ 在相应点 $u=g(x)$ 处可导,则复合函数 $y=f(g(x))$ 在点 x 处也可导,且

$$\frac{\mathrm{d}y}{\mathrm{d}x}=f'(u)\cdot g'(x)\quad\text{或}\quad\frac{\mathrm{d}y}{\mathrm{d}x}=\frac{\mathrm{d}y}{\mathrm{d}u}\cdot\frac{\mathrm{d}u}{\mathrm{d}x}.$$

证　设自变量在点 x 有增量 $\Delta x(\Delta x\neq 0)$,相应地,函数 $u=g(x)$ 有增量 $\Delta u=g(x+\Delta x)-g(x)$,函数 $y=f(u)$ 有增量 $\Delta y=f(u+\Delta u)-f(u)$.

下面我们在增量 $\Delta u\neq 0$ 的条件下给出证明.

由 $u=g(x)$ 在点 x 处可导可推得它在点 x 处连续,因此当 $\Delta x\to 0$ 时,$\Delta u\to 0$. 于是

$$\lim_{\Delta x\to 0}\frac{\Delta y}{\Delta u}=\lim_{\Delta u\to 0}\frac{\Delta y}{\Delta u}=f'(u).$$

又 $\lim\limits_{\Delta x\to 0}\dfrac{\Delta u}{\Delta x}=g'(x)$,从而

$$\frac{\mathrm{d}y}{\mathrm{d}x}=\lim_{\Delta x\to 0}\frac{\Delta y}{\Delta x}=\lim_{\Delta x\to 0}\left(\frac{\Delta y}{\Delta u}\frac{\Delta u}{\Delta x}\right)=\lim_{\Delta u\to 0}\frac{\Delta y}{\Delta u}\lim_{\Delta x\to 0}\frac{\Delta u}{\Delta x}=f'(u)g'(x).$$

证毕.

定理 3 也称为复合函数求导的**链式法则**,它可以推广到任意多个中间变量的情形. 即设 $y=f(u),u=g(v),v=h(x)$ 均可导,则复合函数 $y=f(g(h(x)))$ 也可导,且

$$\frac{\mathrm{d}y}{\mathrm{d}x}=f'(u)\cdot g'(v)\cdot h'(x)\quad\text{或}\quad\frac{\mathrm{d}y}{\mathrm{d}x}=\frac{\mathrm{d}y}{\mathrm{d}u}\cdot\frac{\mathrm{d}u}{\mathrm{d}v}\cdot\frac{\mathrm{d}v}{\mathrm{d}x}.$$

使用链式法则求导,关键在于弄清函数的复合关系,即会将一个复杂的函数分解为几个简单函数的复合.

例 4 求下列函数的导数：

（1）$y=\ln|x|\,(x\neq 0)$；

（2）$y=\arcsin\dfrac{1}{x}$；

（3）$y=\sqrt{\sin(1-2x)}$；

（4）$y=\arctan\sqrt{1-x^2}$.

解 （1）因 $y=\ln|x|=\ln\sqrt{x^2}=\dfrac{1}{2}\ln x^2$，而 $z=\ln x^2$ 可以分解为 $z=\ln u$ 与 $u=x^2$，故由链式法则得

$$\frac{dy}{dx}=\frac{1}{2}\cdot\frac{dz}{dx}=\frac{1}{2}\cdot\frac{dz}{du}\cdot\frac{du}{dx}=\frac{1}{2}\cdot\frac{1}{u}\cdot 2x=\frac{1}{2}\cdot\frac{1}{x^2}\cdot 2x=\frac{1}{x}.$$

（2）将 $y=\arcsin\dfrac{1}{x}$ 分解为 $y=\arcsin u$ 与 $u=\dfrac{1}{x}$，由链式法则得

$$\frac{dy}{dx}=\frac{dy}{du}\cdot\frac{du}{dx}=\frac{1}{\sqrt{1-u^2}}\cdot\left(-\frac{1}{x^2}\right)=\frac{1}{\sqrt{1-\frac{1}{x^2}}}\cdot\left(-\frac{1}{x^2}\right)=\frac{|x|}{\sqrt{x^2-1}}\cdot\left(-\frac{1}{x^2}\right)=-\frac{1}{|x|\sqrt{x^2-1}}.$$

（3）将 $y=\sqrt{\sin(1-2x)}$ 分解为 $y=\sqrt{u}$，$u=\sin v$ 与 $v=1-2x$，由链式法则得

$$\frac{dy}{dx}=\frac{dy}{du}\cdot\frac{du}{dv}\cdot\frac{dv}{dx}=\frac{1}{2\sqrt{u}}\cdot\cos v\cdot(-2)=-\frac{\cos(1-2x)}{\sqrt{\sin(1-2x)}}.$$

（4）将 $y=\arctan\sqrt{1-x^2}$ 分解为 $y=\arctan u$，$u=\sqrt{v}$ 与 $v=1-x^2$，由链式法则得

$$\frac{dy}{dx}=\frac{dy}{du}\cdot\frac{du}{dv}\cdot\frac{dv}{dx}=\frac{1}{1+u^2}\cdot\frac{1}{2\sqrt{v}}\cdot(-2x)=-\frac{x}{(2-x^2)\sqrt{1-x^2}}.$$

在比较熟练地掌握了复合函数的分解和链式法则后，就不必写出中间变量，只要分清函数的复合层次，然后采用由外向内，逐层求导的方法直接求导.

例 5 求下列函数的导数：

（1）$y=\ln(x+\sqrt{x})$；

（2）$y=e^{\cos\frac{1-2x}{1+2x}}$.

解 （1）$y'=\dfrac{1}{x+\sqrt{x}}(x+\sqrt{x})'=\dfrac{1}{x+\sqrt{x}}\left(1+\dfrac{1}{2\sqrt{x}}\right)=\dfrac{2\sqrt{x}+1}{2\sqrt{x}(x+\sqrt{x})}.$

（2）$y'=e^{\cos\frac{1-2x}{1+2x}}\left(\cos\dfrac{1-2x}{1+2x}\right)'=-e^{\cos\frac{1-2x}{1+2x}}\sin\dfrac{1-2x}{1+2x}\cdot\left(\dfrac{1-2x}{1+2x}\right)'$

$\qquad=-e^{\cos\frac{1-2x}{1+2x}}\sin\dfrac{1-2x}{1+2x}\cdot\dfrac{(1-2x)'(1+2x)-(1-2x)(1+2x)'}{(1+2x)^2}$

$\qquad=\dfrac{4}{(1+2x)^2}e^{\cos\frac{1-2x}{1+2x}}\sin\dfrac{1-2x}{1+2x}.$

试算试练 求双曲函数的导数.

习题

1. 利用函数的商的求导法则证明 $(\cot x)'=-\csc^2 x$.

2. 利用反函数的求导法则证明 $(\arccos x)' = -\dfrac{1}{\sqrt{1-x^2}} \ (-1<x<1)$.

3. 已知 $f(x) = x(x-1)(x-2)\cdots(x-n) \ (n \in \mathbf{Z}_+)$，求 $f'(0)$.

4. 求下列函数的导数：

（1）$y = 2x^3 - 2x\sqrt{x} + x + 3$；

（2）$y = \dfrac{4}{x} - \sqrt{x\sqrt{x}} + \cos\dfrac{\pi}{8}$；

（3）$y = e^{3x} - 2^x + 3\tan x$；

（4）$y = e^x(\sin x + 2\cos x)$；

（5）$y = (x^2+1)\arctan x + \ln 2$；

（6）$y = \arcsin x \ln 2x$；

（7）$y = \dfrac{2 - 3\sin x}{3 + 2\cos x}$；

（8）$y = \dfrac{\csc x}{x\ln x}$.

5. 求下列函数的导数：

（1）$y = \arccos\dfrac{1}{x}$；

（2）$y = \ln \sin^3 x$；

（3）$y = \ln(x + \sqrt{1+x^2})$；

（4）$y = \sqrt{1 + 2(\arctan x)^2}$；

（5）$y = \ln\dfrac{1-\sqrt{x}}{1+\sqrt{x}}$；

（6）$y = \arcsin\sqrt{\dfrac{1-x}{1+x}}$；

（7）$y = e^{\arcsin\sqrt{x}}$；

（8）$y = \dfrac{\arcsin 2x}{\sqrt{1-4x^2}}$.

6. 求曲线 $y = x^3 - \dfrac{1}{x}$ 与 x 轴交点处的切线方程.

7. 求 a, b 的值，使直线 $y = x + a$ 与曲线 $y = b\ln(1+2x)$ 在 $x=1$ 处相切.

8. 设 $f'(x)$ 存在，求下列函数的导数：

（1）$y = f(\cos 2x)$；

（2）$y = \arctan[f(x^2)]$；

（3）$y = f(e^x)e^{f(x)}$；

（4）$y = \dfrac{f^2(x)}{\ln f(x)}$.

习题参考答案

第三节 高阶导数

一、高阶导数的定义

由本章第一节引例（一）可知，做变速直线运动的质点的瞬时速度 $v(t)$ 是位移函数 $s(t)$ 对时间 t 的导数，即 $v(t) = s'(t)$. 而运动学上又把速度 $v(t)$ 对时间 t 的变化率问题称为质点在时刻 t 的瞬时加速度，常用 a 来表示，根据导数的定义，即 $a = v'(t) = (s'(t))'$. 所以直线运动的加速度就是位移函数 $s(t)$ 的导数的导数，这就产生了二阶导数的概念.

定义 如果函数 $y = f(x)$ 的导数 $f'(x)$ 在点 x 处可导，那么称 $f'(x)$ 在点 x 处的导数为函数 $y = f(x)$ 在点 x 处的二阶导数，记作 $f''(x)$，即

$$f''(x) = [f'(x)]' = \lim_{\Delta x \to 0} \frac{f'(x+\Delta x) - f'(x)}{\Delta x},$$

也可记作 y''，$\dfrac{\mathrm{d}^2 y}{\mathrm{d}x^2}$ 或 $\dfrac{\mathrm{d}^2 f(x)}{\mathrm{d}x^2}$.

类似地，如果函数 $y=f(x)$ 的二阶导数 $f''(x)$ 的导数仍然存在，那么称 $f''(x)$ 的导数为函数 $y=f(x)$ 的**三阶导数**，记作 $f'''(x)$，即

$$f'''(x) = [f''(x)]' = \lim_{\Delta x \to 0} \frac{f''(x+\Delta x) - f''(x)}{\Delta x},$$

也可记作 y'''，$\dfrac{\mathrm{d}^3 y}{\mathrm{d}x^3}$ 或 $\dfrac{\mathrm{d}^3 f(x)}{\mathrm{d}x^3}$.

一般地，如果函数 $y=f(x)$ 的 $n-1$ 阶导数 $f^{(n-1)}(x)$ 的导数仍然存在，那么称 $f^{(n-1)}(x)$ 的导数为函数 $y=f(x)$ 的 n **阶导数**，记作 $f^{(n)}(x)$，即

$$f^{(n)}(x) = [f^{(n-1)}(x)]' = \lim_{\Delta x \to 0} \frac{f^{(n-1)}(x+\Delta x) - f^{(n-1)}(x)}{\Delta x},$$

也可记作 $y^{(n)}$，$\dfrac{\mathrm{d}^n y}{\mathrm{d}x^n}$ 或 $\dfrac{\mathrm{d}^n f(x)}{\mathrm{d}x^n}$.

通常把二阶及二阶以上的导数统称为**高阶导数**，把函数 $y=f(x)$ 的导数 $f'(x)$ 称为 $y=f(x)$ 的**一阶导数**. 由此，直线运动的加速度就是位移函数 $s(t)$ 对时间 t 的二阶导数，即 $a = \dfrac{\mathrm{d}^2 s(t)}{\mathrm{d}t^2} = s''(t)$.

由高阶导数的定义可知，求函数的高阶导数，只需运用前面所讨论的导数运算法则及基本求导公式将函数逐次求导就可以.

例 1　求下列函数的二阶导数：

(1) $f(x) = x^2 \ln x + \mathrm{e}^{2x}$；　　　　　　　　(2) $f(x) = (1+x^2) \arctan x$.

解　(1) $f'(x) = 2x\ln x + x + 2\mathrm{e}^{2x}$，

$$f''(x) = [f'(x)]' = (2x\ln x + x + 2\mathrm{e}^{2x})' = 2\ln x + 3 + 4\mathrm{e}^{2x}.$$

(2) $f'(x) = 2x\arctan x + 1$，

$$f''(x) = [f'(x)]' = (2x\arctan x + 1)' = 2\arctan x + \frac{2x}{1+x^2}.$$

二、几个基本初等函数的高阶导数

下面介绍几个基本初等函数的 n 阶导数，这些结论可以作为公式使用.

例 2　求幂函数 $y=x^\mu (\mu \in \mathbf{R})$ 的 n 阶导数.

解　$y' = (x^\mu)' = \mu x^{\mu-1}$，$y'' = (x^\mu)'' = \mu(\mu-1)x^{\mu-2}$，$\cdots$，

$$y^{(n)} = (x^\mu)^{(n)} = \mu(\mu-1)(\mu-2)\cdots(\mu-n+1)x^{\mu-n},$$

即幂函数 $y=x^\mu (\mu \in \mathbf{R})$ 的 n 阶导数

$$(x^\mu)^{(n)} = \mu(\mu-1)(\mu-2)\cdots(\mu-n+1)x^{\mu-n}.$$

特别地，当 $\mu = n \in \mathbf{Z}_+$ 时，$(x^n)^{(n)} = n!$，$(x^n)^{(m)} = 0\ (m>n)$；当 $\mu = -1$ 时，$\left(\dfrac{1}{x}\right)^{(n)} = \dfrac{(-1)^n n!}{x^{n+1}}$.

试算试练　计算 $\left(\dfrac{1}{x-2}\right)'$，$\left(\dfrac{1}{x-2}\right)''$，$\left(\dfrac{1}{x-2}\right)'''$，由此推测 $\left(\dfrac{1}{x-2}\right)^{(n)}$ 的表达式.

例 3　求指数函数 $y=a^x(a>0,a\neq1)$ 的 n 阶导数.

解　$y'=a^x\ln a$，$y''=(y')'=(a^x\ln a)'=a^x\ln^2 a$，$\cdots$，
$$y^{(n)}=(y^{(n-1)})'=(a^x\ln^{n-1}a)'=a^x\ln^n a,$$
即指数函数 $y=a^x(a>0,a\neq1)$ 的 n 阶导数
$$(a^x)^{(n)}=a^x\ln^n a.$$

特别地，当 $a=e$ 时，$(e^x)^{(n)}=e^x$.

例 4　求正弦函数 $y=\sin x$ 的 n 阶导数.

解　$y'=\cos x=\sin\left(x+\dfrac{\pi}{2}\right)$，
$$y''=\cos\left(x+\dfrac{\pi}{2}\right)=\sin\left(x+\dfrac{\pi}{2}+\dfrac{\pi}{2}\right)=\sin\left(x+2\cdot\dfrac{\pi}{2}\right).$$

以此类推，可以得到正弦函数的 n 阶导数
$$(\sin x)^{(n)}=\sin\left(x+n\cdot\dfrac{\pi}{2}\right).$$

特别地，$(\sin kx)^{(n)}=k^n\sin\left(kx+n\cdot\dfrac{\pi}{2}\right)$.

用类似的方法，可以得到余弦函数的 n 阶导数
$$(\cos x)^{(n)}=\cos\left(x+n\cdot\dfrac{\pi}{2}\right).$$

特别地，$(\cos kx)^{(n)}=k^n\cos\left(kx+n\cdot\dfrac{\pi}{2}\right)$.

例 5　求对数函数 $y=\ln(1+x)(x>-1)$ 的 n 阶导数.

解　$y'=\dfrac{1}{1+x}$，$y^{(n)}=(y')^{(n-1)}=\left(\dfrac{1}{1+x}\right)^{(n-1)}$.

利用例 2 的结论可得
$$\left(\dfrac{1}{1+x}\right)^{(n-1)}=\dfrac{(-1)^{n-1}(n-1)!}{(1+x)^n},$$
可以得到
$$y^{(n)}=\dfrac{(-1)^{n-1}(n-1)!}{(1+x)^n},$$
即
$$[\ln(1+x)]^{(n)}=\dfrac{(-1)^{n-1}(n-1)!}{(1+x)^n}\quad(x>-1).$$

注意，因为 $0!=1$，所以上述公式当 $n=1$ 时也成立.

三、莱布尼茨公式

利用高阶导数的定义和一阶导数的和、差与积的运算法则，可以获得函数和、差与积的高阶

导数.

定理　如果函数 $u=u(x)$ 及 $v=v(x)$ 都有 n 阶导数,那么函数 $u\pm v,uv$ 也有 n 阶导数,且

（1）$(u\pm v)^{(n)}=u^{(n)}\pm v^{(n)}$;

（2）$(uv)^{(n)}=\sum\limits_{k=0}^{n}C_n^k u^{(n-k)}v^{(k)}$,其中 $C_n^k=\dfrac{n!}{k!(n-k)!}$,$u^{(0)}=u,v^{(0)}=v$.

证　（1）显然成立,我们只证明（2）.设 $y=uv$,则

$$y'=(uv)'=u'v+uv',$$

$$y''=(u'v+uv')'=u''v+u'v'+u'v'+uv''=u''v+2u'v'+uv'',$$

$$y'''=(u''v+2u'v'+uv'')'=u'''v+u''v'+2u''v'+2u'v''+u'v''+uv'''=u'''v+3u''v'+3u'v''+uv'''.$$

继续这个过程,可以看出,这些式子的各项系数与二项式展开式的对应各项系数一致,由数学归纳法不难得到

$$y^{(n)}=C_n^0 u^{(n)}v+C_n^1 u^{(n-1)}v'+\cdots+C_n^n uv^{(n)},$$

即

$$(uv)^{(n)}=\sum_{k=0}^{n}C_n^k u^{(n-k)}v^{(k)},$$

此求导公式称为**莱布尼茨公式**. 证毕.

特别地,在定理的（2）中,当 $v=C$（C 为常数）时,可得 $(Cu)^{(n)}=Cu^{(n)}$.

例 6　求函数 $y=\dfrac{1}{x^2+x-2}$ 的 n 阶导数.

解　因为 $y=\dfrac{1}{x^2+x-2}=\dfrac{1}{3}\left(\dfrac{1}{x-1}-\dfrac{1}{x+2}\right)$,由例 2 的结论可得

$$y^{(n)}=\dfrac{1}{3}\left[\dfrac{(-1)^n n!}{(x-1)^{n+1}}-\dfrac{(-1)^n n!}{(x+2)^{n+1}}\right]=\dfrac{(-1)^n n!}{3}\left[\dfrac{1}{(x-1)^{n+1}}-\dfrac{1}{(x+2)^{n+1}}\right].$$

例 7　求函数 $y=x^2 e^{2x}$ 的 n 阶导数.

解　设 $u=e^{2x},v=x^2$,则

$$u^{(k)}=2^k e^{2x}\quad(k=1,2,\cdots,n);$$

$$v'=2x,\ v''=2,\ v^{(k)}=0\ (k=3,4,\cdots,n).$$

由莱布尼茨公式得

$$y^{(n)}=C_n^0 u^{(n)}v+C_n^1 u^{(n-1)}v'+C_n^2 u^{(n-2)}v''$$

$$=2^n e^{2x}\cdot x^2+n\cdot 2^{n-1}e^{2x}\cdot 2x+\dfrac{n(n-1)}{2}\cdot 2^{n-2}e^{2x}\cdot 2$$

$$=2^{n-2}e^{2x}[4x^2+4nx+n(n-1)].$$

习题

1. 求下列函数的二阶导数:

（1）$y=e^{2x}\sin 3x$;

（2）$y=(\arctan x)^2$;

（3）$y=\ln(x+\sqrt{1+x^2})$;

（4）$y=(1-x^2)\arcsin x$.

2. 设 $y = \dfrac{\arcsin x}{\sqrt{1-x^2}}$，求 $y''\big|_{x=0}$.

3. 设函数 $f(x)$ 二阶可导，求下列函数的二阶导数 $\dfrac{\mathrm{d}^2 y}{\mathrm{d}x^2}$：

（1）$y = f(\mathrm{e}^{-x^2})$；

（2）$y = f[f(x)]$.

4. 求下列函数的 n 阶导数：

（1）$y = \cos^2 x$；

（2）$y = x^3 \ln x$；

（3）$y = \ln(1-2x)$；

（4）$y = \dfrac{1}{4x^2-1}$.

习题参考答案

第四节　隐函数的导数和由参数方程所确定的函数的导数

一、隐函数的导数

（一）隐函数的概念

我们知道，表示函数关系的常用方法之一是解析法，解析表达式 $y = f(x)$ 表示两个变量 y 与 x 之间的对应关系，例如 $y = \sin x$，$y = \sqrt{1-x^2}$ 等，这种解析表达式的特点是等号左端为因变量 y，右端为含自变量 x 的算式，当 x 在某一数集内取定任何一个值时，由这个算式能确定对应的函数值 y. 用这种解析表达式表示的函数称为**显函数**，即函数 $y = f(x)$ 是显函数. 事实上，还有一些函数，其两个变量 y 与 x 之间的对应关系是由一个关于 y 和 x 的二元方程 $F(x,y) = 0$ 来确定的，即在一定的条件下，当 x 在某一数集内取定任何一个值时，相应地总有满足方程的唯一的 y 值存在，这时方程 $F(x,y) = 0$ 在该数集内确定了一个 y 关于 x 的函数，我们把由二元方程 $F(x,y) = 0$ 所确定的两个变量 y 关于 x 的函数称为**隐函数**. 同时满足方程 $F(x,y) = 0$ 的 x 值和 y 值就是这个隐函数的一组对应值.

例如，方程

$$x^2 - x + y^3 - 2 = 0, \tag{2-4}$$

当变量 x 在 $(-\infty, +\infty)$ 上取定任何一个值时，变量 y 总有唯一确定的值 $y = \sqrt[3]{2+x-x^2}$ 与之对应，因此方程（2-4）在 $(-\infty, +\infty)$ 上确定了一个隐函数 $y = y(x)$. 又如方程

$$x^2 + y^2 = 1, \tag{2-5}$$

如果限定 $y>0$，当 x 在 $(-1,1)$ 内取定任何一个值时，就有唯一确定的值 $y = \sqrt{1-x^2}$ 与之对应，那么方程（2-5）在 $(-1,1)$ 内也确定了一个隐函数；同理，如果限定 $y<0$，那么方程（2-5）在区间 $(-1,1)$ 内也确定了一个隐函数.

试算试练　方程 $x^2 + y^2 + 1 = 0$ 能确定一个隐函数吗？

（二）隐函数的求导方法

如果把 $F(x,y) = 0$ 看成关于未知数 y 的方程，可以通过解方程的方法解出 $y = y(x)$，即隐函数可以化为显函数（这称为**隐函数的显化**）. 例如从方程（2-4）中可以解出 $y = \sqrt[3]{2+x-x^2}$. 又如方

程(2-5),如果限定 $y>0$,那么可解出 $y=\sqrt{1-x^2}$;而如果限定 $y<0$,那么可解出 $y=-\sqrt{1-x^2}$. 这样隐函数的求导问题就可以转化为显函数来解决. 但是,隐函数的显化有时是困难的,甚至是不可能的. 例如方程

$$y^5+3y-x-2x^3=0, \tag{2-6}$$

可以证明它在满足一定条件的某个区间内确定了一个隐函数 $y=y(x)$,但显然这个隐函数是很难显化的. 而在实际问题中,常需要计算这类隐函数的导数,下面我们给出一种方法,无须通过隐函数的显化,直接由方程求出它所确定的隐函数的导数.

方程(2-6)两端对 x 求导,注意到 $y=y(x)$,由复合函数的求导法则得

$$5y^4\frac{dy}{dx}+3\frac{dy}{dx}-1-6x^2=0,$$

解得

$$\frac{dy}{dx}=\frac{1+6x^2}{5y^4+3}.$$

由上可知,一般地,隐函数的求导方法是:方程 $F(x,y)=0$ 两端对 x 求导,由复合函数的求导法则,得到一个关于 $\frac{dy}{dx}$ 或 y' 的一次方程,再从这个一次方程中解出 $\frac{dy}{dx}$ 或 y',即求出了由方程 $F(x,y)=0$ 所确定的隐函数 $y=y(x)$ 的导数.

例 1 求方程 $xy^2+2x^3-3e^y+4=0$ 所确定的隐函数 $y=y(x)$ 的导数.

解 方程两端对 x 求导得

$$1\cdot y^2+x\cdot 2y\frac{dy}{dx}+6x^2-3e^y\frac{dy}{dx}=0,$$

解得

$$\frac{dy}{dx}=\frac{6x^2+y^2}{3e^y-2xy}.$$

例 2 求方程 $\ln\sqrt{x^2+y^2}=\arctan\frac{y}{x}$ 所确定的隐函数 $y=y(x)$ 的导数.

解 因为 $\ln\sqrt{x^2+y^2}=\frac{1}{2}\ln(x^2+y^2)$,原方程可变为

$$\frac{1}{2}\ln(x^2+y^2)=\arctan\frac{y}{x}.$$

上式两端对 x 求导得

$$\frac{1}{2}\cdot\frac{1}{x^2+y^2}\cdot(x^2+y^2)'=\frac{1}{1+\left(\frac{y}{x}\right)^2}\cdot\left(\frac{y}{x}\right)',$$

$$\frac{1}{2(x^2+y^2)}\cdot(2x+2yy')=\frac{x^2}{x^2+y^2}\cdot\frac{xy'-y}{x^2},$$

化简得

$$\frac{x+yy'}{x^2+y^2}=\frac{xy'-y}{x^2+y^2},$$

解得

$$y'=\frac{x+y}{x-y}.$$

例 3 证明过椭圆 $\dfrac{x^2}{a^2}+\dfrac{y^2}{b^2}=1$ 上一点 $M_0(x_0,y_0)(y_0\neq 0)$ 的切线方程为

$$\frac{x_0x}{a^2}+\frac{y_0y}{b^2}=1.$$

证 椭圆方程两端对 x 求导得

$$\frac{2x}{a^2}+\frac{2y}{b^2}y'=0,$$

解得

$$y'=-\frac{b^2x}{a^2y}.$$

于是在点 M_0 处,$y'\big|_{(x_0,y_0)}=-\dfrac{b^2x_0}{a^2y_0}$,所以过点 M_0 的切线方程为

$$y-y_0=-\frac{b^2x_0}{a^2y_0}(x-x_0),$$

即

$$b^2x_0x+a^2y_0y=b^2x_0^2+a^2y_0^2.$$

由于点 $M_0(x_0,y_0)$ 在椭圆上,故 $b^2x_0^2+a^2y_0^2=a^2b^2$,代入上式,整理后可得切线方程为

$$\frac{x_0x}{a^2}+\frac{y_0y}{b^2}=1.$$

下面举例说明隐函数求二阶导数的方法.

例 4 求方程 $y=1+x\sin y$ 所确定的隐函数 $y=y(x)$ 的二阶导数.

解 方程两端对 x 求导得

$$y'=\sin y+x\cos y\cdot y',$$

解得

$$y'=\frac{\sin y}{1-x\cos y}.$$

上式两端再对 x 求导,注意 y 仍是 x 的函数,逐步求导并化简得

$$y''=\frac{(\cos y-x)y'+\sin y\cos y}{(1-x\cos y)^2}.$$

再将 y' 的表达式代入,得

$$y'' = \frac{(\cos y - x) \cdot \dfrac{\sin y}{1 - x\cos y} + \sin y\cos y}{(1 - x\cos y)^2}$$

$$= \frac{\sin y(2\cos y - x - x\cos^2 y)}{(1 - x\cos y)^3}$$

（三）对数求导法

对于形如 $y = [u(x)]^{v(x)}$ $(u(x)>0)$ 的函数,直接使用前面介绍的求导法则不能求出其导数. 对于这类函数,可以先在函数关系式两端取对数,使它成为隐函数,再利用隐函数的求导方法求出它的导数. 我们把这种方法称为**对数求导法**.

例 5 求函数 $y = (x^2+1)^{\sin x}$ 的导数.

解 在题设等式两端取对数,得

$$\ln y = \sin x\ln(x^2+1),$$

上式两端对 x 求导得

$$\frac{y'}{y} = \cos x\ln(x^2+1) + \sin x \cdot \frac{2x}{x^2+1},$$

所以

$$y' = y\left[\cos x\ln(x^2+1) + \sin x \cdot \frac{2x}{x^2+1}\right]$$

$$= (x^2+1)^{\sin x}\left[\cos x\ln(x^2+1) + \sin x \cdot \frac{2x}{x^2+1}\right].$$

此外,对数求导法还常用于求多个函数积与商构成的函数的导数.

试算试练 例 5 还有其他求解方法吗?

例 6 求函数 $y = \dfrac{(x+2)^2\sqrt{x-1}}{\sqrt[3]{x+3}\,\mathrm{e}^{4x}}$ $(x \neq 1)$ 的导数.

解 在题设等式两端取对数,得

$$\ln y = 2\ln(x+2) + \frac{1}{2}\ln(x-1) - \frac{1}{3}\ln(x+3) - 4x,$$

上式两端对 x 求导得

$$\frac{y'}{y} = \frac{2}{x+2} + \frac{1}{2(x-1)} - \frac{1}{3(x+3)} - 4,$$

所以

$$y' = \frac{(x+2)^2\sqrt{x-1}}{\sqrt[3]{x+3}\,\mathrm{e}^{4x}}\left[\frac{2}{x+2} + \frac{1}{2(x-1)} - \frac{1}{3(x+3)} - 4\right].$$

二、由参数方程所确定的函数的导数

在平面解析几何中,有些曲线常用参数方程表示. 例如半径为 r 的圆可表示为参数方程

$$\begin{cases} x = r\cos t, \\ y = r\sin t \end{cases} \quad (0 \leqslant t \leqslant 2\pi). \tag{2-7}$$

在式(2-7)中 x,y 都是 t 的函数,如果把同一个 t 值所对应的 x 与 y 的值看作是变量 x 与变量 y 之间的一种对应,那么参数方程(2-7)就确定了 y 与 x 之间的函数关系.

一般地,由参数方程

$$\begin{cases} x = \varphi(t), \\ y = \psi(t) \end{cases} \quad (t \in I)$$

所确定的 y 与 x 之间的函数关系,称为**由参数方程所确定的函数**. 如果能消去参数 t,得到 y 与 x 之间的关系式,那么无论这种关系式体现为显函数还是隐函数,都可以求出这个函数的导数. 但是通常在参数方程中消去参数 t 很困难,甚至不可能,因此有必要研究由参数方程本身来求它所确定的函数的导数,即有如下的定理.

定理 如果函数 $x = \varphi(t), y = \psi(t)$ 在区间 I 上均可导,$\varphi'(t) \neq 0$,且 $x = \varphi(t)$ 存在反函数 $t = \varphi^{-1}(x)$,那么由参数方程

$$\begin{cases} x = \varphi(t), \\ y = \psi(t) \end{cases} \quad (t \in I)$$

所确定的函数 $y = y(x)$ 可导,且

$$\frac{dy}{dx} = \frac{\dfrac{dy}{dt}}{\dfrac{dx}{dt}} = \frac{\psi'(t)}{\varphi'(t)}.$$

证 把 $t = \varphi^{-1}(x)$ 代入 $y = \psi(t)$ 得到复合函数 $y = \psi[\varphi^{-1}(x)]$,由复合函数及反函数的求导法则知

$$\frac{dy}{dx} = \frac{dy}{dt} \cdot \frac{dt}{dx} = \frac{dy}{dt} \cdot \frac{1}{\dfrac{dx}{dt}} = \frac{\dfrac{dy}{dt}}{\dfrac{dx}{dt}} = \frac{\psi'(t)}{\varphi'(t)}.$$

例 7 求摆线

$$\begin{cases} x = a(t - \sin t), \\ y = a(1 - \cos t) \end{cases}$$

在 $t = \dfrac{\pi}{2}$ 处的切线方程.

解 由参数方程的求导法则知

$$\frac{dy}{dx} = \frac{\dfrac{dy}{dt}}{\dfrac{dx}{dt}} = \frac{a\sin t}{a(1 - \cos t)} = \frac{\sin t}{1 - \cos t}.$$

当 $t = \dfrac{\pi}{2}$ 时,摆线上相应的点为 $M\left(a\left(\dfrac{\pi}{2} - 1\right), a\right)$,摆线在点 M 处的切线斜率为 $\left.\dfrac{dy}{dx}\right|_{t = \frac{\pi}{2}} = 1$,故所求

切线方程为

$$y-a=x-a\left(\frac{\pi}{2}-1\right),$$

即

$$x-y+a\left(2-\frac{\pi}{2}\right)=0.$$

对于参数方程

$$\begin{cases} x=\varphi(t), \\ y=\psi(t) \end{cases} \quad (t\in I),$$

如果 $x=\varphi(t)$，$y=\psi(t)$ 都关于 t 二阶可导，我们也可以求出由参数方程所确定的函数 $y=y(x)$ 的二阶导数. 先求一阶导数 $\dfrac{\mathrm{d}y}{\mathrm{d}x}=\dfrac{\psi'(t)}{\varphi'(t)}$，将上式两端再对 x 求导，注意到右端仍可看成关于 x 的复合函数，中间变量是 $t=\varphi^{-1}(x)$，从而

$$\frac{\mathrm{d}^2 y}{\mathrm{d}x^2}=\frac{\mathrm{d}}{\mathrm{d}x}\left(\frac{\mathrm{d}y}{\mathrm{d}x}\right)=\frac{\mathrm{d}}{\mathrm{d}t}\left(\frac{\mathrm{d}y}{\mathrm{d}x}\right)\cdot\frac{\mathrm{d}t}{\mathrm{d}x}=\frac{\mathrm{d}}{\mathrm{d}t}\left(\frac{\mathrm{d}y}{\mathrm{d}x}\right)\cdot\frac{1}{\dfrac{\mathrm{d}x}{\mathrm{d}t}}=\frac{\mathrm{d}}{\mathrm{d}t}\left(\frac{\psi'(t)}{\varphi'(t)}\right)\cdot\frac{1}{\varphi'(t)}$$

$$=\frac{\psi''(t)\varphi'(t)-\psi'(t)\varphi''(t)}{[\varphi'(t)]^2}\cdot\frac{1}{\varphi'(t)},$$

即

$$\frac{\mathrm{d}^2 y}{\mathrm{d}x^2}=\frac{\psi''(t)\varphi'(t)-\psi'(t)\varphi''(t)}{[\varphi'(t)]^3}. \tag{2-8}$$

式(2-8)可以作为由参数方程所确定的函数 $y=y(x)$ 的二阶导数的计算公式，但此公式比较复杂，我们可以不去记忆它，只需掌握其求导的方法. 例如

$$\frac{\mathrm{d}^2 y}{\mathrm{d}x^2}=\frac{\mathrm{d}}{\mathrm{d}x}\left(\frac{\mathrm{d}y}{\mathrm{d}x}\right)=\frac{\mathrm{d}}{\mathrm{d}t}\left(\frac{\mathrm{d}y}{\mathrm{d}x}\right)\cdot\frac{\mathrm{d}t}{\mathrm{d}x}=\frac{\dfrac{\mathrm{d}}{\mathrm{d}t}\left(\dfrac{\mathrm{d}y}{\mathrm{d}x}\right)}{\dfrac{\mathrm{d}x}{\mathrm{d}t}},$$

$$\frac{\mathrm{d}^3 y}{\mathrm{d}x^3}=\frac{\mathrm{d}}{\mathrm{d}x}\left(\frac{\mathrm{d}^2 y}{\mathrm{d}x^2}\right)=\frac{\mathrm{d}}{\mathrm{d}t}\left(\frac{\mathrm{d}^2 y}{\mathrm{d}x^2}\right)\cdot\frac{\mathrm{d}t}{\mathrm{d}x}=\frac{\dfrac{\mathrm{d}}{\mathrm{d}t}\left(\dfrac{\mathrm{d}^2 y}{\mathrm{d}x^2}\right)}{\dfrac{\mathrm{d}x}{\mathrm{d}t}}.$$

例 8　求由参数方程

$$\begin{cases} x=\ln(1+t^2), \\ y=t-\arctan t \end{cases}$$

所确定的函数 $y=y(x)$ 的二阶导数.

解　方法一　利用公式(2-8)求 $\dfrac{\mathrm{d}^2 y}{\mathrm{d}x^2}$. 因为

$$\varphi'(t) = \frac{2t}{1+t^2}, \quad \varphi''(t) = \frac{2(1+t^2)-2t \cdot 2t}{(1+t^2)^2} = \frac{2(1-t^2)}{(1+t^2)^2},$$

$$\psi'(t) = 1 - \frac{1}{1+t^2} = \frac{t^2}{1+t^2}, \quad \psi''(t) = \frac{2t(1+t^2)-t^2 \cdot 2t}{(1+t^2)^2} = \frac{2t}{(1+t^2)^2},$$

所以

$$\frac{d^2y}{dx^2} = \frac{\psi''(t)\varphi'(t)-\psi'(t)\varphi''(t)}{[\varphi'(t)]^3}$$

$$= \frac{\dfrac{2t}{(1+t^2)^2} \cdot \dfrac{2t}{1+t^2} - \dfrac{t^2}{1+t^2} \cdot \dfrac{2(1-t^2)}{(1+t^2)^2}}{\left(\dfrac{2t}{1+t^2}\right)^3} = \frac{1+t^2}{4t}.$$

方法二 用前面介绍的方法求 $\dfrac{d^2y}{dx^2}$. 因为

$$\frac{dy}{dx} = \frac{\dfrac{dy}{dt}}{\dfrac{dx}{dt}} = \frac{1 - \dfrac{1}{1+t^2}}{\dfrac{2t}{1+t^2}} = \frac{t}{2},$$

所以

$$\frac{d^2y}{dx^2} = \frac{\dfrac{d}{dt}\left(\dfrac{dy}{dx}\right)}{\dfrac{dx}{dt}} = \frac{\dfrac{1}{2}}{\dfrac{2t}{1+t^2}} = \frac{1+t^2}{4t}.$$

三、相关变化率

在实际问题中常常会遇到这样一类问题:在某一变化过程中,变量 x 与 y 都随另一变量 t 而变化,即 $x = x(t)$,$y = y(t)$,且都是 t 的可导函数,而变量 x 与 y 又存在相互依赖关系,因而变化率 $\dfrac{dx}{dt}$ 与 $\dfrac{dy}{dt}$ 之间也存在某种依赖关系,这两个相互依赖的变化率称为相关变化率.相关变化率问题就是研究这两个变化率之间的关系,以便从其中一个变化率求出另一个变化率.

求解相关变化率问题的一般步骤为

(1)建立变量 x 与 y 之间的关系式 $\Phi(x,y) = 0$;

(2)将关系式 $\Phi(x,y) = 0$ 两端对 t 求导(注意到 x 与 y 都是 t 的函数),得变化率 $\dfrac{dx}{dt}$ 与 $\dfrac{dy}{dt}$ 之间的关系式;

(3)将已知数据代入,解出欲求的变化率.

例 9 把水注入深 10 m,上顶直径 4 m 的圆锥形容器中,其速率为 4 m³/min.当水深为 5 m 时,其表面上升的速率为多少?

解 如图 2-3 所示，$R = 2$ m，$H = 10$ m. 设注水 t min 时水深为 h m，注水量为 V m^3，显然有

$$V = \frac{1}{3}\pi r^2 h = \frac{1}{3}\pi\left(\frac{h}{5}\right)^2 h = \frac{1}{75}\pi h^3,$$

这里 V, h 都是 t 的函数. 上式两端对 t 求导得

$$\frac{\mathrm{d}V}{\mathrm{d}t} = \frac{1}{25}\pi h^2 \cdot \frac{\mathrm{d}h}{\mathrm{d}t}.$$

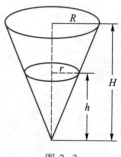

图 2-3

已知 $\dfrac{\mathrm{d}V}{\mathrm{d}t} = 4$ m^3/min，所以当 $h = 5$ m 时，表面上升的速率为

$$\frac{\mathrm{d}h}{\mathrm{d}t} = \frac{25\dfrac{\mathrm{d}V}{\mathrm{d}t}}{\pi h^2} = \frac{25 \times 4}{\pi \times 5^2} = \frac{4}{\pi}\,(\text{m/min}).$$

习题

1. 求由下列方程所确定的隐函数 $y = y(x)$ 的导数 $\dfrac{\mathrm{d}y}{\mathrm{d}x}$：

（1）$x^3 + y^3 - 3xy = 0$；

（2）$x^2 y + xy^2 = \mathrm{e}^{x-y}$；

（3）$x\cos 2y = \sin(3x + y^2)$；

（4）$\ln\sqrt{1+y^2} = \operatorname{arccot} y + \sin x$.

2. 求由下列方程所确定的隐函数 $y = y(x)$ 的二阶导数 $\dfrac{\mathrm{d}^2 y}{\mathrm{d}x^2}$：

（1）$y = \tan(x + y)$；

（2）$\mathrm{e}^{x+y} = xy$.

3. 已知 $xy - \sin(\pi y^2) = 0$，求 $\dfrac{\mathrm{d}^2 y}{\mathrm{d}x^2}\bigg|_{\substack{x=0\\y=1}}$.

4. 利用对数求导法求下列函数的导数 $\dfrac{\mathrm{d}y}{\mathrm{d}x}$：

（1）$y = (\sqrt{x} + 1)^{\cos x}$；

（2）$y = \dfrac{\sqrt[3]{x-1}\,(x+2)^2}{\sqrt{(x+1)\sin x}}$；

（3）$y = x^{\sin x} + x^{\cos x}\ (x > 0)$；

（4）$(x^2 + 1)^y = (y^2 + 1)^x$.

5. 求由下列参数方程所确定的函数的导数 $\dfrac{\mathrm{d}y}{\mathrm{d}x}$：

（1）$\begin{cases} x = 2t^2 \mathrm{e}^t, \\ y = 2t + t^2; \end{cases}$

（2）$\begin{cases} x = \theta\cos\theta, \\ y = \theta(1 - \sin\theta); \end{cases}$

（3）$\begin{cases} x = \mathrm{e}^t(\cos t + \sin t), \\ y = \mathrm{e}^t(\cos t - \sin t); \end{cases}$

（4）$\begin{cases} x = 3t^2 + 2t - 3, \\ \mathrm{e}^y \sin t - y + 1 = 0. \end{cases}$

6. 求曲线 $\begin{cases} x = 1 - t^2, \\ y = t - t^2, \end{cases}$ 在 $t = 2$ 处的切线方程与法线方程.

7. 求由下列参数方程所确定的函数的二阶导数 $\dfrac{\mathrm{d}^2 y}{\mathrm{d}x^2}$：

$(1)\begin{cases}x=2t^2-t,\\y=2t+t^3;\end{cases}$ $\qquad\qquad$ $(2)\begin{cases}x=\theta\sin\theta,\\y=\theta\cos\theta.\end{cases}$

8. 甲船向正南、乙船向正东直线航行,开始时前者恰在后者正北 40 km 处,后来在某一瞬间测得甲船已向南航行了 20 km,此时速率为 15 km/h;乙船已向东航行了 15 km,此时速率为 25 km/h.问这时两船相离的速率是多少?

9. 溶液从深为 15 cm,顶直径为 12 cm 的正圆锥形漏斗漏入一直径为 10 cm 的圆柱形容器中,开始时漏斗中盛满了溶液.已知当溶液在漏斗中深为 12 cm 时,其液面下降的速率为 1 cm/min,问这时圆柱形容器中液面上升的速率是多少?

习题参考答案

第五节　函数的微分

在实际问题中,经常需要研究函数 $y=f(x)$ 在 $x=x_0$ 处有一个微小的增量 Δx(即 $|\Delta x|$ 很小)时,因变量 y 相应的改变量 Δy.这个问题看似很简单,利用 $\Delta y=f(x+\Delta x)-f(x)$ 直接计算即可,但事实上要精确计算 Δy 是非常困难的,而且很多时候我们只需要求出 Δy 满足一定精确度时的近似值.为使得计算既简单又有较好的精确度,下面通过两个引例,引出微分学的另一重要概念——微分.

一、引例

（一）位移的增量

对变速直线运动,设质点从时刻 t_0 运动到时刻 $t_0+\Delta t$,则位移函数 $s=s(t)$ 的增量为

$$\Delta s=s(t_0+\Delta t)-s(t_0),$$

当 Δt 很小时,可以把变速直线运动近似看作速度为 v_0(t_0 时刻的瞬时速度)的匀速直线运动,因此 t_0 邻近的位移大小可近似为

$$\Delta s\approx v_0\Delta t.$$

即函数 $s=s(t)$ 在 t_0 处的增量近似为自变量增量 Δt 的线性函数.

（二）面积的增量

有一个正方形的金属薄片,受到温度的影响,其边长由 x_0 变到 $x_0+\Delta x$,此正方形金属薄片的面积增量为

$$\Delta S=(x_0+\Delta x)^2-x_0^2=2x_0\Delta x+(\Delta x)^2.$$

显然,面积对应的增量 ΔS 包括两个部分(图 2-4),第一部分是图中两个具有浅色阴影的矩形面积之和,大小为 $2x_0\Delta x$,是 Δx 的线性函数;第二部分是图中右上角小正方形的面积,大小为 $(\Delta x)^2$,且 $(\Delta x)^2=o(\Delta x)(\Delta x\to 0)$,即 $(\Delta x)^2$ 比 $2x_0\Delta x$ 小得多,可以忽略.因此当 $|\Delta x|$ 很小时,面积的增量 ΔS 可用第一部分 $2x_0\Delta x$ 近似表示,即

$$\Delta S\approx 2x_0\Delta x.$$

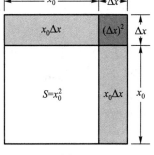

图 2-4

即面积的增量 ΔS 近似为自变量增量 Δx 的线性函数.

上述问题中"局部线性化"是微分学的基本思想方法,实际问题求解中常常会用到,为此引入微分的定义.

二、微分的定义

定义　设函数 $y=f(x)$ 在点 x_0 的某个邻域内有定义,当自变量在点 x_0 处取得增量 Δx（点 $x_0+\Delta x$ 仍在该邻域内）时,若相应的函数增量 $\Delta y=f(x_0+\Delta x)-f(x_0)$ 可表示为

$$\Delta y=A\Delta x+o(\Delta x),$$

其中 A 是与 Δx 无关的常数,则称函数 $y=f(x)$ 在点 x_0 处可微, $A\Delta x$ 称为函数 $y=f(x)$ 在点 x_0 处相应于自变量增量 Δx 的微分,记作 $\mathrm{d}y$,即

$$\mathrm{d}y=A\Delta x.$$

注　函数的微分 $\mathrm{d}y$ 与函数增量 Δy 仅相差一个 $o(\Delta x)$,故当 $A\neq0$ 时, $\mathrm{d}y\approx\Delta y(\Delta x\to0)$. 又 $\mathrm{d}y$ 是 Δx 的线性函数,因此微分 $\mathrm{d}y$ 也称为增量 Δy 的线性主部.

下面讨论函数可微的条件.

定理 1　函数 $y=f(x)$ 在点 x_0 处可微的充要条件是函数 $y=f(x)$ 在点 x_0 处可导,且当 $f(x)$ 在点 x_0 处可微时 $\mathrm{d}y=f'(x_0)\Delta x$.

证　（充分性）设函数 $y=f(x)$ 在点 x_0 处可导,根据可导定义,有

$$\lim_{\Delta x\to0}\frac{\Delta y}{\Delta x}=f'(x_0).$$

当 $\Delta x\to0$ 时,有 $\dfrac{\Delta y}{\Delta x}=f'(x_0)+o(\Delta x)$,从而

$$\Delta y=f'(x_0)\Delta x+o(\Delta x),$$

这里 $f'(x_0)$ 与 Δx 无关,因此函数 $f(x)$ 在点 x_0 处可微,且 $\mathrm{d}y=f'(x_0)\Delta x$.

（必要性）设函数 $y=f(x)$ 在点 x_0 处可微,根据可微的定义,有

$$\Delta y=A\Delta x+o(\Delta x),$$

从而

$$\frac{\Delta y}{\Delta x}=A+\frac{o(\Delta x)}{\Delta x}.$$

当 $\Delta x\to0$ 时,有

$$\lim_{\Delta x\to0}\frac{\Delta y}{\Delta x}=\lim_{\Delta x\to0}\left(A+\frac{o(\Delta x)}{\Delta x}\right)=A.$$

因此函数 $f(x)$ 在点 x_0 处可导,且 $f'(x_0)=A$. 证毕.

例 1　对函数 $y=x^2$,分别计算当 $\Delta x=0.01$ 与 $\Delta x=0.001$ 时在 $x=2$ 处的增量及微分.

解　函数的增量

$$\Delta y=(2+\Delta x)^2-2^2=4\Delta x+(\Delta x)^2,$$

函数的微分

$$\mathrm{d}y=2x\Delta x.$$

当 $x=2,\Delta x=0.01$ 时, $\Delta y=0.0401$, $\mathrm{d}y=0.04$;

当 $x=2$，$\Delta x=0.001$ 时，$\Delta y=0.004\,001$，$\mathrm{d}y=0.004$.

由上可见，当 $\Delta x\to 0$ 时，$\mathrm{d}y\approx\Delta y$（越来越接近）.

若函数 $y=f(x)$ 在区间 I 内每个点都可微，则称函数 $y=f(x)$ 是区间 I 内的**可微函数**，函数 $y=f(x)$ 在区间 I 内任意一点 x 处的微分就称为**函数的微分**，记为 $\mathrm{d}y$，且有 $\mathrm{d}y=f'(x)\Delta x$.

通常把自变量 x 的增量 Δx 称为**自变量的微分**，记为 $\mathrm{d}x$，即 $\mathrm{d}x=\Delta x$. 因此，函数的微分 $\mathrm{d}y$ 又可以表示为函数的导数 $f'(x)$ 乘自变量的微分 $\mathrm{d}x$，即

$$\mathrm{d}y=f'(x)\mathrm{d}x.$$

上式两端同时除以 $\mathrm{d}x$，有

$$\frac{\mathrm{d}y}{\mathrm{d}x}=f'(x).$$

也就是说，函数的微分与自变量的微分之商就等于函数的导数，因此导数又称为**微商**. 在本章第一节中，把 $\dfrac{\mathrm{d}y}{\mathrm{d}x}$ 看作导数的一个整体记号，这一节中由于对 $\mathrm{d}y$ 和 $\mathrm{d}x$ 分别赋予了独立的含义，说明也可以把 $\dfrac{\mathrm{d}y}{\mathrm{d}x}$ 看作分式.

三、微分的运算法则

从函数的微分表达式 $\mathrm{d}y=f(x)\mathrm{d}x$ 可以看出，要计算函数的微分 $\mathrm{d}y$，可先计算函数 $y=f(x)$ 的导数 $f'(x)$，再乘自变量的微分 $\mathrm{d}x$. 因此可得如下的微分公式和微分运算法则.

（一）基本初等函数的微分公式

由基本初等函数的导数公式，可直接得到相应的基本微分公式. 为了便于查阅与对照，列表于下（其中 C 为常数，μ 为非零常数，a 为正常数且 $a\neq 1$）：

导数公式	微分公式
$C'=0$	$\mathrm{d}(C)=0$
$x^{\mu}=\mu x^{\mu-1}$	$\mathrm{d}(x^{\mu})=\mu x^{\mu-1}\mathrm{d}x$
$(a^x)'=a^x\ln a$	$\mathrm{d}(a^x)=a^x\ln a\mathrm{d}x$
$(\mathrm{e}^x)'=\mathrm{e}^x$	$\mathrm{d}(\mathrm{e}^x)=\mathrm{e}^x\mathrm{d}x$
$(\log_a x)'=\dfrac{1}{x\ln a}$	$\mathrm{d}(\log_a x)=\dfrac{1}{x\ln a}\mathrm{d}x$
$(\ln x)'=\dfrac{1}{x}$	$\mathrm{d}(\ln x)=\dfrac{1}{x}\mathrm{d}x$
$(\sin x)'=\cos x$	$\mathrm{d}(\sin x)=\cos x\mathrm{d}x$
$(\cos x)'=-\sin x$	$\mathrm{d}(\cos x)=-\sin x\mathrm{d}x$
$(\tan x)'=\sec^2 x$	$\mathrm{d}(\tan x)=\sec^2 x\mathrm{d}x$
$(\cot x)'=-\csc^2 x$	$\mathrm{d}(\cot x)=-\csc^2 x\mathrm{d}x$
$(\sec x)'=\sec x\tan x$	$\mathrm{d}(\sec x)=\sec x\tan x\mathrm{d}x$

续表

导数公式	微分公式
$(\csc x)' = -\csc x \cot x$	$\mathrm{d}(\csc x) = -\csc x \cot x \mathrm{d}x$
$(\arcsin x)' = \dfrac{1}{\sqrt{1-x^2}}$	$\mathrm{d}(\arcsin x) = \dfrac{1}{\sqrt{1-x^2}}\mathrm{d}x$
$(\arccos x)' = -\dfrac{1}{\sqrt{1-x^2}}$	$\mathrm{d}(\arccos x) = -\dfrac{1}{\sqrt{1-x^2}}\mathrm{d}x$
$(\arctan x)' = \dfrac{1}{1+x^2}$	$\mathrm{d}(\arctan x) = \dfrac{1}{1+x^2}\mathrm{d}x$
$(\mathrm{arccot}\, x)' = -\dfrac{1}{1+x^2}$	$\mathrm{d}(\mathrm{arccot}\, x) = -\dfrac{1}{1+x^2}\mathrm{d}x$

（二）函数的四则运算的微分法则

由函数的四则运算的求导法则, 可推出相应的微分法则. 这里我们不加证明地直接给出函数的四则运算的微分法则（公式中 $u(x)$ 与 $v(x)$ 都可导）.

（1）$\mathrm{d}(u(x) \pm v(x)) = \mathrm{d}(u(x)) \pm \mathrm{d}(v(x))$;

（2）$\mathrm{d}(u(x) \cdot v(x)) = v(x)\mathrm{d}(u(x)) + u(x)\mathrm{d}(v(x))$;

（3）$\mathrm{d}\left(\dfrac{u(x)}{v(x)}\right) = \dfrac{v(x)\mathrm{d}(u(x)) - u(x)\mathrm{d}(v(x))}{v^2(x)}$ $(v(x) \neq 0)$.

（三）复合函数的微分法则

定理 2 设函数 $y = f(u)$ 对变量 u 可微, 函数 $u = g(x)$ 对变量 x 可微, 则复合函数 $y = f(g(x))$ 的微分为

$$\mathrm{d}y = f'(g(x))g'(x)\mathrm{d}x.$$

由于 $f'(g(x)) = f'(u)$, $g'(x)\mathrm{d}x = \mathrm{d}(g(x)) = \mathrm{d}u$, 因此复合函数的微分公式也可写成

$$\mathrm{d}y = f'(u)\mathrm{d}u.$$

由此可见, 不论 u 是自变量还是中间变量, 函数 $y = f(u)$ 的微分保持同一形式 $\mathrm{d}y = f'(u)\mathrm{d}u$, 这一性质称为微分形式不变性.

例 2 已知函数 $y = 2x^3 + \sin x - 1$, 求 $\mathrm{d}y$.

解 方法一 利用微分定义 $\mathrm{d}y = f'(x)\mathrm{d}x$ 计算.

由于 $y' = f'(x) = 6x^2 + \cos x$, 故

$$\mathrm{d}y = (6x^2 + \cos x)\mathrm{d}x.$$

方法二 利用微分法则进行计算:

$$\mathrm{d}y = \mathrm{d}(2x^3 + \sin x - 1) = \mathrm{d}(2x^3) + \mathrm{d}(\sin x) - \mathrm{d}(1) = 6x^2\mathrm{d}x + \cos x\mathrm{d}x,$$

整理即得

$$\mathrm{d}y = (6x^2 + \cos x)\mathrm{d}x.$$

例 3 求函数 $y = \mathrm{e}^x \cos x$ 的微分.

解 方法一 利用微分定义 $\mathrm{d}y = f'(x)\mathrm{d}x$ 计算.

由于 $y' = f'(x) = \mathrm{e}^x \cos x - \mathrm{e}^x \sin x$, 故

$$dy = (\cos x - \sin x)e^x dx.$$

方法二 利用微分法则进行计算:

$$dy = d(e^x \cos x) = \cos x d(e^x) + e^x d(\cos x) = \cos x e^x dx + e^x(-\sin x)dx,$$

整理即得

$$dy = (\cos x - \sin x)e^x dx.$$

例 4 求函数 $y = \ln(\sqrt{x^2+1})$ 的微分.

解 方法一 利用微分定义 $dy = f'(x)dx$ 计算.

由于 $f'(x) = \dfrac{x}{x^2+1}$,故 $dy = \dfrac{x}{x^2+1}dx$.

方法二 利用微分形式不变性进行计算:

$$dy = d(\ln\sqrt{x^2+1}) = \frac{1}{\sqrt{x^2+1}}d(\sqrt{x^2+1})$$

$$= \frac{1}{\sqrt{x^2+1}} \cdot \frac{1}{2\sqrt{x^2+1}}d(x^2+1)$$

$$= \frac{1}{\sqrt{x^2+1}} \cdot \frac{1}{2\sqrt{x^2+1}} \cdot 2x dx,$$

整理即得

$$dy = \frac{x}{x^2+1}dx.$$

例 5 设隐函数 $y = f(x)$ 由方程 $xy - e^x + e^y = 0$ 所确定,求隐函数的微分 dy.

解 方法一 方程两端对 x 求导得

$$y + xy' - e^x + e^y y' = 0,$$

则

$$y' = \frac{e^x - y}{x + e^y},$$

故

$$dy = \frac{e^x - y}{x + e^y}dx.$$

方法二 方程两端求微分得

$$d(xy - e^x + e^y) = 0,$$

于是

$$ydx + xdy - e^x dx + e^y dy = 0,$$

则

$$(y - e^x)dx + (x + e^y)dy = 0,$$

整理即得

$$dy = \frac{e^x - y}{x + e^y}dx.$$

例 6 求由参数方程 $\begin{cases} x = e^t \cos t, \\ y = t\sin 2t \end{cases}$ 所确定的函数 $y = y(x)$ 的微分.

解 方程 $x = e^t \cos t$ 两端求微分得

$$dx = \cos t \, d(e^t) + e^t d(\cos t),$$

整理即得

$$dx = e^t(\cos t - \sin t) \, dt.$$

方程 $y = t\sin 2t$ 两端求微分得

$$dy = \sin 2t \, dt + t \, d(\sin 2t).$$

整理即得

$$dy = (\sin 2t + 2t\cos 2t) \, dt.$$

因此

$$dy = \frac{\sin 2t + 2t\cos 2t}{e^t(\cos t - \sin t)} dx.$$

例 7 在下列等式左端的括号内填入适当的函数,使等式成立:

(1) d( ) = $(3x+1)dx$;   (2) d( ) = $\dfrac{2}{3x-1}dx$.

解 (1) $(3x+1)dx = 3xdx + dx$,因为 $d(x^2) = 2xdx$,所以

$$3xdx = \frac{3}{2} \cdot 2xdx = \frac{3}{2}d(x^2) = d\left(\frac{3}{2}x^2\right),$$

即

$$d\left(\frac{3}{2}x^2\right) = 3xdx.$$

又对任意常数 C,$d(C) = 0$,因此一般地,有

$$d\left(\frac{3}{2}x^2 + x + C\right) = (3x+1)dx.$$

(2) 因为 $d(\ln(3x-1)) = \dfrac{3}{3x-1}dx$,所以

$$\frac{2}{3x-1}dx = \frac{2}{3} \cdot \frac{3}{3x-1}dx = \frac{2}{3}d(\ln(3x-1)) = d\left(\frac{2}{3}\ln(3x-1)\right),$$

即

$$d\left(\frac{2}{3}\ln(3x-1)\right) = \frac{2}{3x-1}dx.$$

又对任意常数 C,$d(C) = 0$,因此一般地,有

$$d\left(\frac{2}{3}\ln(3x-1) + C\right) = \frac{2}{3x-1}dx.$$

四、微分的几何意义及其在近似计算中的应用

为了对微分有比较直观的了解,下面来说明微分的几何意义.

设函数 $y = f(x)$ 在点 x_0 处可微. 如图 2-5 所示,在直角坐标系中,函数 $y = f(x)$ 的图形是一条连续曲线,MT 是曲线 $y = f(x)$ 上某一确定点 $M(x_0, y_0)$ 处的切线,它的倾角为 α. 当横坐标 x_0 有增量 Δx 时,相应地曲线的纵坐标 y_0 有增量 Δy,得曲线上的另一点 $N(x_0 + \Delta x, y_0 + \Delta y)$. 易知 $MQ = \Delta x$,$QN = \Delta y$,则

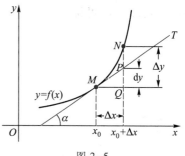

图 2-5

$$QP = MQ \cdot \tan \alpha = f'(x_0) \Delta x = \mathrm{d}y \mid_{x = x_0}.$$

由此可见,对可微函数 $y = f(x)$ 而言,当 Δy 是曲线 $y = f(x)$ 上点的纵坐标的增量时,$\mathrm{d}y$ 是曲线 $y = f(x)$ 的切线上的点的纵坐标的相应增量. 当 $|\Delta x|$ 很小时,$|\Delta y - \mathrm{d}y|$ 比 $|\Delta x|$ 小得多,即 $\Delta y \approx \mathrm{d}y$. 因此,若函数 $y = f(x)$ 在点 x_0 处可导且 $f'(x_0) \neq 0$,当 $|\Delta x|$ 很小时,则

$$\Delta y \approx \mathrm{d}y = f'(x_0) \Delta x.$$

也可以写成

$$\Delta y = f(x_0 + \Delta x) - f(x_0) \approx f'(x_0) \Delta x \tag{2-9}$$

或

$$f(x_0 + \Delta x) \approx f(x_0) + f'(x_0) \Delta x. \tag{2-10}$$

令 $x_0 + \Delta x = x$,则

$$f(x) \approx f(x_0) + f'(x_0)(x - x_0). \tag{2-11}$$

由 (2-11) 可知,如果 $f(x_0)$ 与 $f'(x_0)$ 都容易算得,当 $|\Delta x|$ 很小,即 $|x - x_0|$ 很小时,函数 $f(x)$ 就可用关于 x 的线性函数 $f(x_0) + f'(x_0)(x - x_0)$ 来近似代替. 这种近似计算的实质就是在局部范围内用线性函数代替非线性函数,在几何上就是用切线段来局部近似代替曲线段,这就是非线性函数的局部线性化. 这种方法在自然科学中经常使用,特别是遇到一些复杂的计算时,利用这种近似计算往往可以将其简单化.

例 8　计算 $\arctan 1.01$ 的近似值.

解　令 $f(x) = \arctan x$,则 $f'(x) = \dfrac{1}{1 + x^2}$. 取 $x_0 = 1$,$\Delta x = 0.01$,根据近似公式 (2-10),有

$$\arctan 1.01 = \arctan(1 + 0.01) \approx \arctan 1 + \frac{1}{1 + 1^2} \times 0.01 = \frac{\pi}{4} + \frac{0.01}{2} \approx 0.79.$$

在利用公式 (2-10) 进行近似计算时,关键是选取函数 $f(x)$ 的形式及正确选取 x_0,Δx. 一般要求 $f(x_0)$,$f'(x_0)$ 便于计算,Δx 比 x_0 要尽可能小. $|\Delta x|$ 越小,计算出的函数的近似值与精确值越接近.

例 9　证明:$\ln(1 + x) \approx x$.

证　令 $f(x) = \ln(1 + x)$,则 $f'(x) = \dfrac{1}{1 + x}$.

取 $x_0 = 0$,则

$$f(x_0) = f(0) = \ln(1 + 0) = 0, \quad f'(x_0) = f'(0) = \frac{1}{1 + 0} = 1.$$

利用公式(2-11)可得

$$f(x) \approx f(0) + f'(0)(x-0),$$

即

$$\ln(1+x) \approx x,$$

证毕.

在式(2-11)中取 $x_0 = 0$,得

$$f(x) \approx f(0) + f'(0)x,$$

当 $|x|$ 比较小时,可得下面一些常用的近似公式:

(1) $(1+x)^\alpha \approx 1 + \alpha x \ (\alpha \in \mathbf{R})$;

(2) $e^x \approx 1 + x$;

(3) $\ln(1+x) \approx x$;

(4) $\sin x \approx x$(x 用弧度作单位来表达);

(5) $\tan x \approx x$(x 用弧度作单位来表达).

例 10 在一颗半径为 10 mm 的球形药物表面包裹上一层厚度为 0.01 mm 的药用胶囊,估计要用多少胶囊(胶囊的密度为 1.2 mg/mm³).

解 包裹层的体积等于两个同心球体的体积之差,也就是球体体积 $V = \dfrac{4}{3}\pi r^3$ 在 $r_0 = 10$ 处当 r 取得增量 $\Delta r = 0.01$ 时的增量 ΔV. 根据式(2-9),

$$\Delta V \approx dV = V'(r_0)\Delta r = 4\pi r_0^2 \Delta r = 4 \times 3.14 \times 10^2 \times 0.01 = 12.56 \ (\text{mm}^3),$$

故要用的胶囊约为

$$12.56 \times 1.2 \approx 15.07 (\text{mg}).$$

习题

1. 求下列函数的微分:

(1) $y = 2x^3 - \sqrt{x\sqrt[3]{x}} + e^{x+1}$;

(2) $y = (x+1)\ln\sqrt{x+1} + \sin e$;

(3) $y = \dfrac{x^2 - 3\sqrt{x} + 2x^{-1}}{x\sqrt{x}}$;

(4) $y = \arcsin\sqrt{1-x^2}$;

(5) $y = \sqrt{1+4x^2}\arctan 2x$;

(6) $y = \dfrac{e^{2x}\sin 3x}{\arccos x}$;

(7) $y = \dfrac{(x^2+1)\sqrt{2x+3}}{\sqrt{(x-2)(3x+2)^3}}$;

(8) $y = \sqrt{x-1}(x-1)^{\sin x} + (\cos x)^x$.

2. 求由下列方程所确定的隐函数 $y = y(x)$ 的微分 dy:

(1) $xye^{x+y} = 1$;

(2) $2x + y^3 = \sin(x^3 + 2y)$;

(3) $\ln\sqrt{x^2 - y^2} = \arcsin\dfrac{y}{x}$ $(x > 0)$;

(4) $e^{x+y} = (\sin x)^y + (\cos y)^x$.

3. 求由下列参数方程所确定的函数的微分 dy:

$$(1)\begin{cases}x=\dfrac{3t}{1+t^3},\\[2mm]y=\dfrac{3t^2}{1+t^3};\end{cases}\qquad\qquad(2)\begin{cases}x=t\tan t,\\y=t^2(\sec t-1).\end{cases}$$

4. 求下列函数在指定点处的一次近似值:

$$(1)\ y=e^{4x-\pi}\sin x,x=\frac{\pi}{4};\qquad\qquad(2)\ y=x\arccos\frac{1}{x},x=-2.$$

5. 求 $\sqrt[4]{0.995}\,e^{0.995}$ 的近似值.

6. 一只无盖的圆柱形水桶的外半径为 25 cm,高为 60 cm,现要在水桶表面涂上一层厚为 0.1 cm 的油漆,估计要用多少油漆(油漆的密度为 1.32 g/cm³).

习题参考答案

第六节　微分中值定理

前面几节内容中,我们从分析实际问题中因变量相对于自变量的变化快慢程度出发,引出了导数的概念,并讨论了函数的求导方法.导数反映了函数的局部性质,说明了函数在某一点处的变化情况.本节给出微分中值定理和泰勒(Taylor)公式,把导数与函数在区间上的变化联系起来,为后面利用导数来研究函数以及曲线在区间上的整体性态奠定理论基础.

一、罗尔定理

我们先观察图 2-6,函数 $y=f(x)$ $(x\in[a,b])$ 在直角坐标系中的图形为一条连续的曲线弧 $\widehat{AB}$,除端点外处处有不垂直于 x 轴的切线,且两个端点的纵坐标相等,即 $f(a)=f(b)$.由图可以看出在曲线弧的最高点 C 处或最低点 D 处,曲线有水平切线.若点 C 的横坐标记为 ξ,则 $f'(\xi)=0$.用数学语言把这个几何现象描述出来,即为罗尔定理.为了给出一般性的结论,先介绍一个引理.

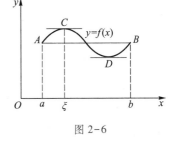

图 2-6

引理(费马(Fermat)引理)　设函数 $y=f(x)$ 在点 x_0 的某个邻域 $U(x_0)$ 内有定义,且函数在点 x_0 处可导,如果对任意的 $x\in U(x_0)$,有

$$f(x)\leqslant f(x_0)\ (\text{或}f(x)\geqslant f(x_0)),$$

那么 $f'(x_0)=0$.

证　设 $x\in U(x_0)$,且 $f(x)\leqslant f(x_0)(f(x)\geqslant f(x_0)$ 可类似证明).于是对任意的 $x_0+\Delta x\in U(x_0)$,都有

$$f(x_0+\Delta x)-f(x_0)\leqslant 0.$$

从而当 $\Delta x<0$ 时,

$$\frac{f(x_0+\Delta x)-f(x_0)}{\Delta x}\geqslant 0;$$

而当 $\Delta x>0$ 时,

$$\frac{f(x_0+\Delta x)-f(x_0)}{\Delta x}\leqslant 0.$$

根据函数 $y=f(x)$ 在点 x_0 处可导的条件,并利用极限的保号性,可得

$$f'(x_0)=f'_-(x_0)=\lim_{\Delta x\to 0^-}\frac{f(x_0+\Delta x)-f(x_0)}{\Delta x}\geqslant 0,$$

$$f'(x_0)=f'_+(x_0)=\lim_{\Delta x\to 0^+}\frac{f(x_0+\Delta x)-f(x_0)}{\Delta x}\leqslant 0.$$

于是有 $f'(x_0)=0$. 证毕.

通常称导数等于零的点为函数的驻点(或稳定点、临界点).

定理 1(罗尔(Rolle)定理)　如果函数 $y=f(x)$ 在闭区间 $[a,b]$ 上连续,在开区间 (a,b) 内可导,且 $f(a)=f(b)$,那么在 (a,b) 内至少存在一点 ξ,使 $f'(\xi)=0$.

证　由函数 $y=f(x)$ 在闭区间 $[a,b]$ 上连续可知,$y=f(x)$ 在 $[a,b]$ 上必有最大值 M 与最小值 m.

若 $M=m$,则函数 $y=f(x)$ 在 $[a,b]$ 上为常值函数.那么对任意 $x\in(a,b)$,都有 $f'(x)=0$,即对 (a,b) 内的任意一点 ξ,都有 $f'(\xi)=0$.

若 $M>m$,因 $f(a)=f(b)$,则 m 与 M 中至少有一点不等于 $f(a)$. 为确定起见,假设 $M\neq f(a)$ (如果设 $m\neq f(a)$,证法完全一致),由 $f(a)=f(b)$ 知 $M\neq f(b)$,那么在开区间 (a,b) 内必存在一点 ξ,使 $f(\xi)=M$. 因此对任意 $x\in[a,b]$,有 $f(x)\leqslant M$,从而由费马引理可知 $f'(\xi)=0$. 证毕.

罗尔定理是微分学中重要的结论之一,其几何意义为:闭区间上的一段连续曲线弧,如果起点和终点等高,且除端点外区间上每一点的切线斜率都存在,那么在这些切线中,至少有一条切线平行于 x 轴(图 2-6).

例 1　验证函数 $f(x)=x\sqrt{4-x^2}$ 在区间 $[0,2]$ 上满足罗尔定理的条件,并求出满足 $f'(\xi)=0$ 的 ξ 值.

解　易知函数 $f(x)$ 在 $[0,2]$ 上连续,又 $f'(x)=\sqrt{4-x^2}-\dfrac{x^2}{\sqrt{4-x^2}}$,即 $f(x)$ 在 $(0,2)$ 内可导,且显然有 $f(0)=f(2)=0$,因此 $f(x)$ 在 $[0,2]$ 上满足罗尔定理的条件.令 $f'(x)=0$,得 $x=\pm\sqrt{2}$,故取 $\xi=\sqrt{2}\in(0,2)$,就有 $f'(\xi)=0$.

例 2　设函数 $f(x)$ 在 $[0,1]$ 上连续,在 $(0,1)$ 内可导,证明:至少存在一点 $\xi\in(0,1)$,使 $f(1)=2\xi f(\xi)+\xi^2 f'(\xi)$.

分析　对这类问题,通常要构造一个与 $f(x)$ 有关的函数 $F(x)$(称为**辅助函数**),使 $F(x)$ 满足罗尔定理的条件,从而利用定理 1 来证明.注意,本题所要证明的是 $f(1)-[2xf(x)+x^2f'(x)]$ 有零点,从算式联想到 $[f(1)x]'-[x^2f(x)]'$,不难想到辅助函数是 $F(x)=f(1)x-x^2f(x)$.

证　令 $F(x)=f(1)x-x^2f(x)$,由已知得 $F(x)$ 在 $[0,1]$ 上连续,在 $(0,1)$ 内可导,且 $F(0)=F(1)=0$. 由罗尔定理知,至少存在一点 $\xi\in(0,1)$,使 $F'(\xi)=0$,即

$$f(1)=2\xi f(\xi)+\xi^2 f'(\xi).$$

二、拉格朗日中值定理

定理 2（拉格朗日（Lagrange）中值定理）　如果函数 $y=f(x)$ 在闭区间 $[a,b]$ 上连续,在开区间 (a,b) 内可导,那么在 (a,b) 内至少存在一点 ξ,使

$$f(b)-f(a)=(b-a)f'(\xi). \tag{2-12}$$

注　当 $f(b)=f(a)$ 时,定理 2 就转化成了定理 1,因此罗尔定理是拉格朗日中值定理的特殊情形.

如果把定理结论改写成 $\dfrac{f(b)-f(a)}{b-a}=f'(\xi)$,由图 2-7 可看出,$\dfrac{f(b)-f(a)}{b-a}$ 为弦 AB 的斜率,$f'(\xi)$ 为曲线在点 C 处的切线的斜率,那么定理表示曲线在点 C 处的切线平行于弦 AB. 因此定理的几何意义是:闭区间上的一段连续曲线弧,除端点外的所有点的切线中,至少有一条切线平行于两端点的连线.

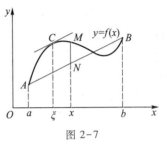

图 2-7

现利用构造辅助函数的方法（例 2 的证明方法）来证明拉格朗日中值定理. 如图 2-7 所示,注意到弦 AB 的方程为

$$y=\frac{f(b)-f(a)}{b-a}(x-a)+f(a),$$

且曲线 $y=f(x)$ 上的点与弦 AB 上的点重合于两个端点 A,B,因此构造的辅助函数为曲线 $y=f(x)$ 与弦 AB 上相应的纵坐标之差,即

$$f(x)-\left[\frac{f(b)-f(a)}{b-a}(x-a)+f(a)\right].$$

显然,这个函数满足罗尔定理的条件.

定理 2 的证明　引进辅助函数

$$F(x)=f(x)-\left[\frac{f(b)-f(a)}{b-a}(x-a)+f(a)\right].$$

容易验证函数 $F(x)$ 满足罗尔定理的条件:$F(x)$ 在 $[a,b]$ 上连续,在 (a,b) 内可导,且 $F(a)=F(b)=0$,由罗尔定理可知在区间 (a,b) 内至少存在一点 ξ,使 $F'(\xi)=0$,即

$$F'(\xi)=f'(\xi)-\frac{f(b)-f(a)}{b-a}=0,$$

从而

$$f'(\xi)=\frac{f(b)-f(a)}{b-a},$$

或写成

$$f(b)-f(a)=f'(\xi)(b-a).$$

证毕.

通常把公式（2-12）称为拉格朗日中值公式. 显然,该公式对于 $b<a$ 也成立.

如果函数 $y=f(x)$ 在以 x_0 和 $x_0+\Delta x$ 为端点的区间上满足拉格朗日中值定理的条件,那么拉

格朗日中值公式也可改写为

$$f(x_0+\Delta x)-f(x_0)=f'(x_0+\theta\Delta x)\Delta x, \qquad (2-13)$$

或写成

$$\Delta y=f'(x_0+\theta\Delta x)\Delta x,$$

其中 $0<\theta<1$.

由前面的知识可知,函数的微分 $dy=f'(x)\Delta x$ 是函数的增量 Δy 的近似表达,一般用 dy 近似代替 Δy 时,所产生的误差只有当 $\Delta x\to 0$ 时才趋于 0;而改写后的拉格朗日中值公式(2-13)却给出了自变量取得有限增量 Δx($|\Delta x|$ 不一定很小)时,函数增量 Δy 的准确表达式.因此定理 2 也叫作有限增量定理,式(2-13)称为有限增量公式.拉格朗日中值定理在微分学中占有重要地位,它建立了可导函数在 $[a,b]$ 上的整体平均变化率与在 (a,b) 内某点 ξ 处函数的局部变化率之间的关系,从而为我们用导数去研究函数在区间上的性态提供了极大的方便.

通过前面的学习已经知道,如果在某个区间 I 内函数 $f(x)=C$,那么在区间 I 内 $f'(x)=0$.事实上,它的逆命题也成立,即有如下推论.

推论 1 如果函数 $f(x)$ 在区间 I 上连续,在 I 内可导且导数恒为零,那么 $f(x)$ 在区间 I 上是一个常数.

证 在区间 I 上任取两点 $x_1,x_2(x_1<x_2)$,应用拉格朗日中值定理,可得

$$f(x_2)-f(x_1)=f'(\xi)(x_2-x_1)\ (x_1<\xi<x_2).$$

由条件可知 $f'(\xi)=0$,因此 $f(x_2)-f(x_1)=0$,即

$$f(x_2)=f(x_1).$$

因为 x_1,x_2 是 I 上任意两点,所以 $f(x)$ 在 I 上的函数值总是相等的,也就是说,$f(x)$ 在区间 I 上是一个常数.证毕.

推论 2 如果对区间 I 内任意一个 x,都有 $f'(x)=g'(x)$,那么在区间 I 上 $f(x)$ 与 $g(x)$ 之间只相差一个常数,即 $f(x)-g(x)=C$(C 为常数).

证 令 $F(x)=f(x)-g(x)$,对区间 I 内任意一个 x,有

$$F'(x)=f'(x)-g'(x)=0.$$

由推论 1 知,$F(x)$ 在区间 I 上恒为常数 C,即 $f(x)-g(x)=C$.证毕.

例 3 证明:当 $x>0$ 时,$\dfrac{x}{1+x}<\ln(1+x)<x$.

证 设 $f(x)=\ln(1+x)$,显然 $f(x)$ 在区间 $[0,x]$ 上满足拉格朗日中值定理的条件,根据定理 2,有

$$f(x)-f(0)=f'(\xi)(x-0)\ (0<\xi<x).$$

而 $f(0)=0$,$f'(x)=\dfrac{1}{1+x}$,因此上式可写为

$$\ln(1+x)=\frac{x}{1+\xi}.$$

又由 $0<\xi<x$,有 $\dfrac{x}{1+x}<\dfrac{x}{1+\xi}<x$,即

$$\frac{x}{1+x}<\ln(1+x)<x.$$

证毕.

例 4　证明：$\arcsin x+\arccos x=\dfrac{\pi}{2}$ $(-1\leqslant x\leqslant 1)$.

证　设函数 $f(x)=\arcsin x+\arccos x$，当 $-1\leqslant x\leqslant 1$ 时，有

$$f'(x)=\frac{1}{\sqrt{1-x^2}}-\frac{1}{\sqrt{1-x^2}}=0.$$

由推论 1 可知，函数 $f(x)=\arcsin x+\arccos x$ 在区间 $(-1,1)$ 内为常数 C，即

$$\arcsin x+\arccos x=C.$$

不妨取 $x=0$，得到

$$f(0)=\arcsin 0+\arccos 0=\frac{\pi}{2},$$

所以当 $-1<x<1$ 时，$f(x)\equiv\dfrac{\pi}{2}$，即

$$\arcsin x+\arccos x=\frac{\pi}{2}.$$

对于 $x=\pm 1$，等式亦成立. 因此

$$\arcsin x+\arccos x=\frac{\pi}{2}\quad(-1\leqslant x\leqslant 1).$$

证毕.

三、柯西中值定理

接下来把拉格朗日中值定理推广到两个函数的情形.

在拉格朗日中值定理中已经指出，如果连续曲线弧 $\overset{\frown}{AB}$ 上除端点外没有垂直于 x 轴的切线，那么在这段弧上至少有一点 C，使曲线在点 C 处的切线平行于弦 AB.

假设曲线弧 $\overset{\frown}{AB}$（图 2-8）由参数方程

$$\begin{cases}X=g(x),\\Y=f(x)\end{cases}\quad(a\leqslant x\leqslant b)$$

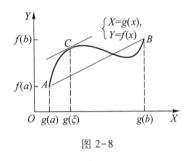

图 2-8

确定，其中 x 为参数. 如果点 C 对应于参数 $x=\xi$，那么根据参数方程的求导公式，点 C 处的切线平行于弦 AB 可表示为

$$\frac{f(b)-f(a)}{g(b)-g(a)}=\frac{f'(\xi)}{g'(\xi)}.$$

这实际就是柯西中值定理.

定理 3（柯西（Cauchy）中值定理）　如果函数 $f(x)$，$g(x)$ 在闭区间 $[a,b]$ 上连续，在开区间 (a,b) 内可导，且 $g'(x)\neq 0$，那么在 (a,b) 内至少存在一点 ξ，使

$$\frac{f(b)-f(a)}{g(b)-g(a)}=\frac{f'(\xi)}{g'(\xi)}.\tag{2-14}$$

证 根据拉格朗日中值定理,有

$$g(b)-g(a)=g'(\eta)(b-a) \quad (a<\eta<b).$$

因为对任一 $x\in(a,b)$,有 $g'(x)\neq0$,则 $g'(\eta)\neq0$. 又 $b-a\neq0$,所以

$$g(b)-g(a)\neq0.$$

同拉格朗日中值定理的证明相似,构造一个辅助函数

$$\varphi(x)=f(x)-f(a)-\frac{f(b)-f(a)}{g(b)-g(a)}(g(x)-g(a)).$$

容易验证,函数 $\varphi(x)$ 满足罗尔定理的条件:$\varphi(x)$ 在 $[a,b]$ 上连续,在 (a,b) 内可导,且 $\varphi(a)=\varphi(b)=0$. 根据罗尔定理,至少存在一点 $\xi\in(a,b)$,使

$$\varphi'(\xi)=f'(\xi)-\frac{f(b)-f(a)}{g(b)-g(a)}g'(\xi)=0,$$

即

$$\frac{f(b)-f(a)}{g(b)-g(a)}=\frac{f'(\xi)}{g'(\xi)}.$$

证毕.

注 在柯西中值定理中,如果取 $g(x)=x$,那么 $g(b)-g(a)=b-a,g'(x)=1$,公式 $(2-14)$ 就变成了拉格朗日中值公式 $(2-12)$. 所以柯西中值定理是拉格朗日中值定理的推广,又称为广义中值定理.

试算试练 设 $f(x)=x^2,g(x)=x^3$,问是否存在 $\xi\in(0,1)$,使

$$f(1)-f(0)=f'(\xi),$$
$$g(1)-g(0)=g'(\xi),$$
$$\frac{f(1)-f(0)}{g(1)-g(0)}=\frac{f'(\xi)}{g'(\xi)}$$

同时成立?

四、泰勒公式

在第五节中已经知道,对函数 $y=f(x)$,若 $f'(x_0)\neq0$,则当 $\Delta x\to0$ 时,有近似等式

$$f(x)\approx f(x_0)+f'(x_0)(x-x_0).$$

上式是用一次多项式来近似表达一个函数. 这种近似表达虽然形式简单、计算方便,但其精确度不高,不能具体估计出误差的大小. 为了提高精确度,自然想到用高次多项式来近似表达函数,并给出误差估计公式. 于是提出如下问题:设函数 $y=f(x)$ 在含有 x_0 的开区间内具有 $n+1$ 阶导数,试找出一个关于 $x-x_0$ 的 n 次多项式

$$P_n(x)=a_0+a_1(x-x_0)+a_2(x-x_0)^2+\cdots+a_n(x-x_0)^n \tag{2-15}$$

来近似表达 $f(x)$,要求 $|f(x)-P_n(x)|$ 是 $(x-x_0)^n$ 的高阶无穷小,且能估计出误差 $|f(x)-P_n(x)|$ 的大小.

注意到,在近似表达式 $f(x)\approx f(x_0)+f'(x_0)(x-x_0)$ 中,右端是一次多项式,当 $x=x_0$ 时,这个一次多项式及其一阶导数的值分别等于函数 $f(x)$ 及其导数的相应值. 类似地,为使多项式 $P_n(x)$ 与函数 $f(x)$ 在数值与性质方面能较好地吻合,要求 $P_n(x)$ 在 x_0 处的函数值以及它的直到 n 阶导数在 x_0

处的值与 $f(x_0)$, $f'(x_0)$, $f''(x_0)$, $\cdots$, $f^{(n)}(x_0)$ 分别相等, 即
$$P_n(x_0) = f(x_0), P'_n(x_0) = f'(x_0), P''_n(x_0) = f''(x_0), \cdots, P_n^{(n)}(x_0) = f^{(n)}(x_0).$$

为此, 对多项式(2-15)求直到 n 阶的导数, 然后代入上式, 可得
$$a_0 = f(x_0), 1 \cdot a_1 = f'(x_0), 2! a_2 = f''(x_0), \cdots, n! a_n = f^{(n)}(x_0),$$
即
$$a_0 = f(x_0), a_1 = f'(x_0), a_2 = \frac{f''(x_0)}{2!}, \cdots, a_n = \frac{f^{(n)}(x_0)}{n!}.$$

将所求得的系数代入(2-15)中, 有
$$P_n(x) = f(x_0) + f'(x_0)(x - x_0) + \frac{f''(x_0)}{2!}(x - x_0)^2 + \cdots + \frac{f^{(n)}(x_0)}{n!}(x - x_0)^n. \tag{2-16}$$

我们称式(2-16)中的 $P_n(x)$ 为函数 $f(x)$ 在 $x = x_0$ 处的 n 阶泰勒多项式.

定理 4（泰勒定理） 如果函数 $y = f(x)$ 在点 x_0 的某个邻域 $U(x_0)$ 内具有 $(n+1)$ 阶导数, 那么对任意 $x \in U(x_0)$ ($x \neq x_0$) 有
$$f(x) = f(x_0) + f'(x_0)(x - x_0) + \frac{f''(x_0)}{2!}(x - x_0)^2 + \cdots + \frac{f^{(n)}(x_0)}{n!}(x - x_0)^n + R_n(x), \tag{2-17}$$

其中
$$R_n(x) = \frac{f^{(n+1)}(\xi)}{(n+1)!}(x - x_0)^{n+1}, \tag{2-18}$$

这里 ξ 是介于 x_0 与 x 的某个值. 公式(2-17)称为 $f(x)$ 在 $x = x_0$ 处的 n 阶泰勒公式, $R_n(x)$ 称为拉格朗日余项.

证 只需证明
$$R_n(x) = f(x) - P_n(x) = \frac{f^{(n+1)}(\xi)}{(n+1)!}(x - x_0)^{n+1} \quad (\xi \text{ 在 } x_0 \text{ 与 } x \text{ 之间}).$$

由条件可知, $R_n(x)$ 在区间 (a, b) 内具有 $(n+1)$ 阶导数, 且
$$R_n(x_0) = R'_n(x_0) = R''_n(x_0) = \cdots = R_n^{(n)}(x_0) = 0.$$

对函数 $R_n(x)$ 与函数 $(x - x_0)^{n+1}$ 在 x_0 与 x 为端点的区间上应用柯西中值定理(两个函数均满足柯西中值定理条件), 可得
$$\frac{R_n(x)}{(x - x_0)^{n+1}} = \frac{R_n(x) - R_n(x_0)}{(x - x_0)^{n+1} - 0} = \frac{R'_n(\xi_1)}{(n+1)(\xi_1 - x_0)^n} \quad (\xi_1 \text{ 在 } x_0 \text{ 与 } x \text{ 之间}).$$

对函数 $R'_n(x)$ 与函数 $(n+1)(x - x_0)^n$ 在 x_0 与 ξ_1 为端点的区间上应用柯西中值定理(两个函数均满足柯西中值定理条件), 可得
$$\frac{R'_n(\xi_1)}{(n+1)(\xi_1 - x_0)^n} = \frac{R'_n(\xi_1) - R'_n(x_0)}{(n+1)(\xi_1 - x_0)^n - 0} = \frac{R''_n(\xi_2)}{(n+1) \cdot n(\xi_2 - x_0)^{n-1}} \quad (\xi_2 \text{ 在 } x_0 \text{ 与 } \xi_1 \text{ 之间}).$$

重复此方法, 直到 $(n+1)$ 次后, 可得
$$\frac{R_n(x)}{(x - x_0)^{n+1}} = \frac{R_n^{(n+1)}(\xi)}{(n+1)!} \quad (\xi \text{ 在 } x_0 \text{ 与 } \xi_n \text{ 之间, 因而也在 } x_0 \text{ 与 } x \text{ 之间}).$$

注意到 $R_n^{(n+1)}(x) = f^{(n+1)}(x)$ (因为 $P_n^{(n+1)}(x) = 0$), 得

$$R_n(x) = \frac{f^{(n+1)}(\xi)}{(n+1)!}(x-x_0)^{n+1}.$$

证毕.

注1　当 $n=0$ 时,公式(2-17)变成 $f(x)=f(x_0)+f'(\xi)(x-x_0)$($\xi$ 在 x_0 与 x 之间),即泰勒定理是拉格朗日中值定理的推广.

注2　如果对于某个固定的 n,当 $x \in U(x_0)$ 时,$|f^{(n+1)}(x)| \leqslant M$,那么余项(2-18)可估计如下:

$$|R_n(x)| = \left| \frac{f^{(n+1)}(\xi)}{(n+1)!}(x-x_0)^{n+1} \right| \leqslant \frac{M}{(n+1)!}|x-x_0|^{n+1},$$

从而 $\lim\limits_{x \to x_0} \dfrac{R_n(x)}{(x-x_0)^n} = 0.$ 由此可知当 $x \to x_0$ 时,有

$$R_n(x) = o(x-x_0)^n,$$

上式称为佩亚诺(**Peano**)余项. 在不需要余项 $R_n(x)$ 的精确表达式时,n 阶泰勒公式也可写成

$$f(x) = f(x_0) + f'(x_0)(x-x_0) + \frac{f''(x_0)}{2!}(x-x_0)^2 + \cdots + \frac{f^{(n)}(x_0)}{n!}(x-x_0)^n + o(x-x_0)^n. \quad (2\text{-}19)$$

公式(2-19)称为 $f(x)$ 在 $x=x_0$ 处带有佩亚诺余项的 n 阶泰勒公式.

在泰勒公式(2-17)中,如果取 $x_0=0$,则 ξ 在 0 与 x 之间. 记 $\xi = \theta x (0<\theta<1)$,从而泰勒公式(2-17)变成较为简单的形式,称为带有拉格朗日余项的麦克劳林(**Maclaurin**)公式,即

$$f(x) = f(0) + f'(0)x + \frac{f''(0)}{2!}x^2 + \cdots + \frac{f^{(n)}(0)}{n!}x^n + \frac{f^{(n+1)}(\theta x)}{(n+1)!}x^{n+1} \quad (0<\theta<1) \quad (2\text{-}20)$$

同样,在(2-19)中,若取 $x_0=0$,则得带有佩亚诺余项的麦克劳林公式

$$f(x) = f(0) + f'(0)x + \frac{f''(0)}{2!}x^2 + \cdots + \frac{f^{(n)}(0)}{n!}x^n + o(x^n). \quad (2\text{-}21)$$

例5　写出函数 $f(x)=x^5$ 在 $x=1$ 处的三阶泰勒公式.

解　对函数逐阶求导,得

$$f'(x) = 5x^4,\ f''(x)=20x^3,\ f'''(x)=60x^2,\ f^{(4)}(x)=120x,$$

故 $f'(1)=5$,$f''(1)=20$,$f'''(1)=60$. 又 $f(1)=1$,因此函数 $f(x)=x^5$ 在 $x=1$ 处的三阶泰勒公式为

$$f(x) = f(1) + f'(1)(x-1) + \frac{f''(1)}{2!}(x-1)^2 + \frac{f'''(1)}{3!}(x-1)^3 + \frac{f^{(4)}(\xi)}{4!}(x-1)^4$$

$$= 1 + 5(x-1) + 10(x-1)^2 + 10(x-1)^3 + 5\xi(x-1)^4 \quad (\xi \text{ 在 } 1 \text{ 与 } x \text{ 之间}).$$

例6　试写出函数 $f(x)=e^x$ 在 $x=0$ 处的带有拉格朗日余项的 n 阶麦克劳林公式.

解　因为函数 $f(x)=e^x$,则

$$f(x) = f'(x) = f''(x) = \cdots = f^{(n)}(x) = e^x,$$

所以当 $x=0$ 时,

$$f(0) = f'(0) = f''(0) = \cdots = f^{(n)}(0) = 1,\ f^{(n+1)}(\theta x) = e^{\theta x}(0<\theta<1).$$

于是得到函数 $f(x)=e^x$ 的带有拉格朗日余项的 n 阶麦克劳林公式为

$$e^x = 1 + x + \frac{1}{2!}x^2 + \frac{1}{3!}x^3 + \cdots + \frac{1}{n!}x^n + \frac{e^{\theta x}}{(n+1)!}x^{n+1} \quad (0 < \theta < 1).$$

与例 6 类似,可以得到几个常见函数的带有佩亚诺余项的麦克劳林公式:

$$e^x = 1 + x + \frac{x^2}{2!} + \cdots + \frac{x^n}{n!} + o(x^n).$$

$$\sin x = x - \frac{1}{3!}x^3 + \frac{1}{5!}x^5 - \cdots + \frac{(-1)^{n-1}}{(2n-1)!}x^{2n-1} + o(x^{2n}).$$

$$\cos x = 1 - \frac{1}{2!}x^2 + \frac{1}{4!}x^4 - \cdots + \frac{(-1)^n}{(2n)!}x^{2n} + o(x^{2n+1}).$$

$$\ln(1+x) = x - \frac{1}{2}x^2 + \frac{1}{3}x^3 - \cdots + \frac{(-1)^{n-1}}{n}x^n + o(x^n).$$

$$(1+x)^\alpha = 1 + \alpha x + \frac{\alpha(\alpha-1)}{2!}x^2 + \cdots + \frac{\alpha(\alpha-1)\cdots(\alpha-n+1)}{n!}x^n + o(x^n).$$

$$\frac{1}{1-x} = 1 + x + x^2 + \cdots + x^n + o(x^n).$$

试算试练　利用上述麦克劳林公式写出函数 e^{2x} 和 $\sin(3x^2)$ 的带有佩亚诺余项的麦克劳林公式.

例 7　利用带有佩亚诺余项的麦克劳林公式,求极限 $\lim\limits_{x\to 0} \dfrac{\sin x - x\cos x}{\tan^3 x}$.

解　由于分母中 $\tan^3 x \sim x^3 (x\to 0)$,只需将分子中的 $\sin x$ 和 $\cos x$ 分别用带有佩亚诺余项的三阶麦克劳林公式表示,即

$$\sin x = x - \frac{1}{3!}x^3 + o(x^4), \quad x\cos x = x - \frac{1}{2!}x^3 + o(x^4).$$

于是

$$\sin x - x\cos x = \left[x - \frac{1}{3!}x^3 + o(x^4)\right] - \left[x - \frac{1}{2!}x^3 + o(x^4)\right] = \frac{1}{3}x^3 + o(x^4) = \frac{1}{3}x^3 + o(x^3).$$

注意,对上式进行运算时,两个 $o(x^4)$ 的代数和仍记为 $o(x^4)$. 故

$$\lim_{x\to 0} \frac{\sin x - x\cos x}{\tan^3 x} = \lim_{x\to 0} \frac{\frac{1}{3}x^3 + o(x^3)}{x^3} = \frac{1}{3}.$$

例 8　求极限 $\lim\limits_{x\to 0} \dfrac{\sqrt{1+x} + \sqrt{1-x} - 2}{x - \ln(1+x)}$.

解　根据带有佩亚诺余项的麦克劳林公式,得

$$x - \ln(1+x) = x - \left(x - \frac{1}{2}x^2 + o(x^2)\right) = \frac{1}{2}x^2 + o(x^2),$$

$$\sqrt{1+x} = 1 + \frac{1}{2}x + \frac{\frac{1}{2}\left(\frac{1}{2}-1\right)}{2!}x^2 + o(x^2) = 1 + \frac{1}{2}x - \frac{1}{8}x^2 + o(x^2),$$

$$\sqrt{1-x} = 1 - \frac{1}{2}x + \frac{\frac{1}{2}\left(\frac{1}{2}-1\right)}{2!}x^2 + o(x^2) = 1 - \frac{1}{2}x - \frac{1}{8}x^2 + o(x^2).$$

所以

$$\lim_{x\to 0}\frac{\sqrt{1+x}+\sqrt{1-x}-2}{x-\ln(1+x)} = \lim_{x\to 0}\frac{-\frac{1}{4}x^2+o(x^2)}{\frac{1}{2}x^2+o(x^2)} = -\frac{1}{2}.$$

注意,例 8 也可用本章下一节提到的洛必达(L'Hospital)法则求解.

习题

1. 已知 $f(x)=(x+3)(x+1)(x-2)(x-4)$,试说明方程 $f'(x)=0$ 有几个实根,并指出它们所在的区间.

2. 若方程 $a_0x^n+a_1x^{n-1}+\cdots+a_{n-1}x=0$ 有一个负根 $x=x_0$,证明:方程

$$a_0nx^{n-1}+a_1(n-1)x^{n-2}+\cdots+a_{n-1}=0$$

必有一个大于 x_0 的负根.

3. 设 $f(x)$ 在 $[0,1]$ 上具有二阶导数,且 $f(0)=f(1)=0$. 若 $F(x)=xf(x)$,证明:至少存在一点 $\xi\in(0,1)$,使 $F''(\xi)=0$.

4. 设 $f(x)$ 在 $[0,a]$ 上连续,在 $(0,a)$ 内可导,且 $f(a)=0$,证明:至少存在一点 $\xi\in(0,a)$,使 $f(\xi)+\xi f'(\xi)=0$.

5. 证明:当 $x\geqslant 1$ 时,$\arctan x-\frac{1}{2}\arccos\frac{2x}{1+x^2}=\frac{\pi}{4}$.

6. 证明:$nb^{n-1}(a-b)<a^n-b^n<na^{n-1}(a-b)$ $(n>1,a>b>0)$.

7. 证明:当 $0<x<\pi$ 时,$x\cos x<\sin x<x$.

8. 证明:当 $x>0$ 时,$x<(x+1)\ln(x+1)<x^2+x$.

9. 设函数 $f(x)$ 在 $[0,2]$ 上具有二阶导数,且 $f(0)=f(2)<f(1)$,证明:存在 $\xi\in(0,2)$,使 $f''(\xi)<0$.

10. 写出函数 $f(x)=\frac{1}{x}$ 在 $x_0=1$ 处带有拉格朗日余项的 n 阶泰勒公式.

11. 写出下列函数带有佩亚诺余项的 n 阶麦克劳林公式:

(1) $f(x)=\ln(2+x)$;
(2) $f(x)=\sqrt{1+x}$.

12. 利用带有佩亚诺余项的麦克劳林公式求下列极限:

(1) $\lim\limits_{x\to 0}\dfrac{\sin x-e^x-1-\dfrac{x^2}{2}}{x\ln(1+x^2)}$;
(2) $\lim\limits_{x\to 0}\dfrac{\cos x\ln(1+x^2)-x^2}{x^2(1-e^{-x^2})}$.

13. 设 $f(x)$ 在 $[a,b]$ 上二阶可导,$f'(a)=f'(b)=0$,证明:在 (a,b) 内至少存在一点 ξ,使 $(b-a)^2|f''(\xi)|\geqslant|f(b)-f(a)|$.

习题参考答案

第七节　洛必达法则

若当 $x \to x_0$ 时，两个函数 $f(x)$ 与 $g(x)$ 都趋于零或都趋于无穷大，则极限 $\lim\limits_{x \to x_0} \dfrac{f(x)}{g(x)}$ 可能存在，也可能不存在. 通常把这种类型的极限叫作未定式，分别记作 $\dfrac{0}{0}$ 型或 $\dfrac{\infty}{\infty}$ 型. 例如 $\lim\limits_{x \to 0} \dfrac{\sin x}{x}$ 是 $\dfrac{0}{0}$ 型未定式，$\lim\limits_{x \to \infty} \dfrac{x^2}{2x^3+1}$ 是 $\dfrac{\infty}{\infty}$ 型未定式. 易知这类极限不能直接使用"商的极限等于极限的商"这一运算法则计算. 本节将给出求这一类极限的简便而重要的方法，进而较好地解决常见未定式的极限计算问题.

一、$\dfrac{0}{0}$ 型未定式

定理 1　如果函数 $f(x)$ 和 $g(x)$ 在点 x_0 的某个去心 δ 邻域 $\mathring{U}(x_0,\delta)$ 内可导，$g'(x) \neq 0$，且满足以下条件：

（1）$\lim\limits_{x \to x_0} f(x) = 0$，$\lim\limits_{x \to x_0} g(x) = 0$；

（2）$\lim\limits_{x \to x_0} \dfrac{f'(x)}{g'(x)} = A$（或为无穷大），

那么

$$\lim_{x \to x_0} \frac{f(x)}{g(x)} = \lim_{x \to x_0} \frac{f'(x)}{g'(x)} = A（或为无穷大）.$$

证　因为求 $\lim\limits_{x \to x_0} \dfrac{f(x)}{g(x)}$ 与 $f(x_0)$ 及 $g(x_0)$ 无关，所以补充定义 $f(x_0) = g(x_0) = 0$. 根据定理条件可知，$f(x)$ 与 $g(x)$ 在点 x_0 的去心邻域 $\mathring{U}(x_0,\delta)$ 内连续，则对任一 $x \in \mathring{U}(x_0,\delta)$，在以 x 及 x_0 为端点的区间上，可用柯西中值定理，有

$$\frac{f(x)}{g(x)} = \frac{f(x)-f(x_0)}{g(x)-g(x_0)} = \frac{f'(\xi)}{g'(\xi)} \quad (\xi \text{ 在 } x \text{ 与 } x_0 \text{ 之间}).$$

当 $x \to x_0$ 时，$\xi \to x_0$，故

$$\lim_{x \to x_0} \frac{f(x)}{g(x)} = \lim_{x \to x_0} \frac{f'(\xi)}{g'(\xi)} = \lim_{\xi \to x_0} \frac{f'(\xi)}{g'(\xi)} = \lim_{x \to x_0} \frac{f'(x)}{g'(x)} = A.$$

证毕.

注　利用定理 1，在一定条件下通过对分子、分母分别求导来确定未定式的值的方法称为**洛必达**（L'Hospital）**法则**. 在使用洛必达法则时，如果 $\lim\limits_{x \to x_0} \dfrac{f'(x)}{g'(x)}$ 仍是 $\dfrac{0}{0}$ 型未定式，且 $f'(x)$ 与 $g'(x)$ 能满足定理中 $f(x)$ 与 $g(x)$ 所要满足的条件，那么可以使用洛必达法则先确定 $\lim\limits_{x \to x_0} \dfrac{f'(x)}{g'(x)}$，从而确定 $\lim\limits_{x \to x_0} \dfrac{f(x)}{g(x)}$，即

$$\lim_{x\to 0}\frac{f(x)}{g(x)}=\lim_{x\to 0}\frac{f'(x)}{g'(x)}=\lim_{x\to 0}\frac{f''(x)}{g''(x)}.$$

例 1 计算 $\lim\limits_{x\to 0}\dfrac{1+x-\mathrm{e}^x}{x^2}$.

解 方法一 $\lim\limits_{x\to 0}\dfrac{1+x-\mathrm{e}^x}{x^2}=\lim\limits_{x\to 0}\dfrac{1-\mathrm{e}^x}{2x}=-\dfrac{1}{2}\lim\limits_{x\to 0}\dfrac{\mathrm{e}^x-1}{x}=-\dfrac{1}{2}$ $(\mathrm{e}^x-1\sim x,x\to 0)$.

方法二 $\lim\limits_{x\to 0}\dfrac{1+x-\mathrm{e}^x}{x^2}=\lim\limits_{x\to 0}\dfrac{1-\mathrm{e}^x}{2x}=\lim\limits_{x\to 0}\dfrac{-\mathrm{e}^x}{2}=-\dfrac{1}{2}$.

例 2 计算 $\lim\limits_{x\to a}\dfrac{\sin x-\sin a}{\sin(x-a)}$.

解 $\lim\limits_{x\to a}\dfrac{\sin x-\sin a}{\sin(x-a)}=\lim\limits_{x\to a}\dfrac{\sin x-\sin a}{x-a}=\lim\limits_{x\to a}\dfrac{\cos x}{1}=\cos a$.

例 3 计算 $\lim\limits_{x\to 0}\dfrac{2-\sqrt{1-x}-\sqrt{1+x}}{\ln(1+3x)\cdot\arcsin x}$.

解
$$\lim_{x\to 0}\frac{2-\sqrt{1-x}-\sqrt{1+x}}{\ln(1+3x)\cdot\arcsin x}=\lim_{x\to 0}\frac{2-\sqrt{1-x}-\sqrt{1+x}}{3x\cdot x}$$

$$=\lim_{x\to 0}\frac{\dfrac{1}{2}(1-x)^{-\frac{1}{2}}-\dfrac{1}{2}(1+x)^{-\frac{1}{2}}}{6x}$$

$$=\frac{1}{12}\lim_{x\to 0}\frac{(1-x)^{-\frac{1}{2}}-(1+x)^{-\frac{1}{2}}}{x}$$

$$=\frac{1}{12}\lim_{x\to 0}\frac{\dfrac{1}{2}(1-x)^{-\frac{3}{2}}+\dfrac{1}{2}(1+x)^{-\frac{3}{2}}}{1}$$

$$=\frac{1}{12}.$$

注意,例 3 与本章上一节的例 8 较为相似,但解法却并不相同,这进一步说明求极限方法的多样化.

例 4 计算 $\lim\limits_{x\to 0}\dfrac{x\cot x-1}{x^2}$.

解 $\lim\limits_{x\to 0}\dfrac{x\cot x-1}{x^2}=\lim\limits_{x\to 0}\dfrac{x\cos x-\sin x}{x^2\sin x}=\lim\limits_{x\to 0}\dfrac{x\cos x-\sin x}{x^3}$

$$=\lim_{x\to 0}\frac{\cos x-x\sin x-\cos x}{3x^2}=-\frac{1}{3}\lim_{x\to 0}\frac{\sin x}{x}=-\frac{1}{3}.$$

现利用洛必达法则给出上一节中带有佩亚诺余项的 n 阶泰勒公式.

例 5 证明:如果函数 $f(x)$ 在点 x_0 的某个邻域 $U(x_0)$ 内具有 n 阶导数,那么对于任一 $x\in U(x_0)\ (x\ne x_0)$,有

$$f(x) = f(x_0) + f'(x_0)(x-x_0) + \frac{f''(x_0)}{2!}(x-x_0)^2 + \cdots + \frac{f^{(n)}(x_0)}{n!}(x-x_0)^n + o(x-x_0)^n.$$

证　由于泰勒多项式

$$P_n(x) = f(x_0) + f'(x_0)(x-x_0) + \frac{f''(x_0)}{2!}(x-x_0)^2 + \cdots + \frac{f^{(n)}(x_0)}{n!}(x-x_0)^n$$

在 $x=x_0$ 处满足

$$P_n^{(k)}(x_0) = f^{(k)}(x_0) \quad (k=0,1,\cdots,n).$$

故余项 $R_n(x) = f(x) - P_n(x)$ 在 $x=x_0$ 处满足

$$R_n^{(k)}(x_0) = 0 \quad (k=0,1,\cdots,n).$$

从而 $\lim\limits_{x\to x_0} \dfrac{R_n(x)}{(x-x_0)^n}$ 是 $\dfrac{0}{0}$ 型未定式. 利用洛必达法则, 得

$$\lim_{x\to x_0} \frac{R_n(x)}{(x-x_0)^n} = \lim_{x\to x_0} \frac{R_n'(x)}{n(x-x_0)^{n-1}}.$$

可以发现只要 $n>1$, 上式右端仍为 $\dfrac{0}{0}$ 型未定式. 反复使用洛必达法则, 得

$$\lim_{x\to x_0} \frac{R_n(x)}{(x-x_0)^n} = \lim_{x\to x_0} \frac{R_n'(x)}{n(x-x_0)^{n-1}} = \lim_{x\to x_0} \frac{R_n''(x)}{n(n-1)(x-x_0)^{n-2}} = \cdots = \lim_{x\to x_0} \frac{R_n^{(n-1)}(x)}{n(n-1)\cdots2(x-x_0)}.$$

由于 $R_n^{(n-1)}(x_0) = 0$, 故由导数的定义可知

$$\lim_{x\to x_0} \frac{R_n^{(n-1)}(x)}{x-x_0} = \lim_{x\to x_0} \frac{R_n^{(n-1)}(x) - R_n^{(n-1)}(x_0)}{x-x_0} = R_n^{(n)}(x_0) = 0,$$

即 $\lim\limits_{x\to x_0} \dfrac{R_n(x)}{(x-x_0)^n} = 0$, 亦即 $R_n(x) = o\left[(x-x_0)^n\right]$. 因此

$$f(x) = f(x_0) + f'(x_0)(x-x_0) + \frac{f''(x_0)}{2!}(x-x_0)^2 + \cdots + \frac{f^{(n)}(x_0)}{n!}(x-x_0)^n + o(x-x_0)^n.$$

二、$\dfrac{\infty}{\infty}$ 型未定式

定理 2　如果函数 $f(x)$ 和 $g(x)$ 在点 x_0 的某个去心 δ 邻域 $\overset{\circ}{U}(x_0,\delta)$ 内可导, $g'(x) \neq 0$, 且满足以下条件:

(1) $\lim\limits_{x\to x_0} f(x) = \infty$, $\lim\limits_{x\to x_0} g(x) = \infty$;

(2) $\lim\limits_{x\to x_0} \dfrac{f'(x)}{g'(x)} = A$ (或为无穷大),

那么

$$\lim_{x\to x_0} \frac{f(x)}{g(x)} = \lim_{x\to x_0} \frac{f'(x)}{g'(x)} = A(或为无穷大).$$

证明略.

例 6　计算 $\lim\limits_{x\to 0^+} \dfrac{\ln \sin x}{\ln x}$.

解 $\lim\limits_{x \to 0^+} \dfrac{\ln \sin x}{\ln x} = \lim\limits_{x \to 0^+} \dfrac{\dfrac{\cos x}{\sin x}}{\dfrac{1}{x}} = \lim\limits_{x \to 0^+} \dfrac{x\cos x}{\sin x} = 1.$

例 7 计算 $\lim\limits_{x \to +\infty} \dfrac{x^a}{e^x}$ $(a>0).$

解 显然这是一个 $\dfrac{\infty}{\infty}$ 型未定式,对 $n<a \leqslant n+1$ $(n \in \mathbf{N})$,使用 $n+1$ 次洛必达法则,可得

$$\lim_{x \to +\infty} \frac{x^a}{e^x} = \lim_{x \to +\infty} \frac{ax^{a-1}}{e^x} = \lim_{x \to +\infty} \frac{a(a-1)x^{a-2}}{e^x} = \cdots = \lim_{x \to +\infty} \frac{a(a-1)\cdots(a-n)x^{a-n-1}}{e^x} = 0.$$

例 8 计算 $\lim\limits_{x \to +\infty} \dfrac{\ln x}{x^a}$ $(a>0).$

解 $\lim\limits_{x \to +\infty} \dfrac{\ln x}{x^a} = \lim\limits_{x \to +\infty} \dfrac{\dfrac{1}{x}}{ax^{a-1}} = \lim\limits_{x \to +\infty} \dfrac{1}{ax^a} = 0.$

显然,当 $x \to +\infty$ 时,对数函数 $\ln x$、幂函数 $x^a(a>0)$ 和指数函数 e^x 均趋于正无穷大,但从例 7 和例 8 可以看出,这三个函数增大的"速度"不一样,幂函数增大的"速度"比对数函数快得多,而指数函数增大的"速度"比幂函数快得多.

注意,洛必达法则对解决 $\dfrac{0}{0}$ 型或 $\dfrac{\infty}{\infty}$ 型两种未定式提供了一种简便且重要的方法,但在使用过程中还应注意以下几点:

(1) 洛必达法则在同一个求极限中可以反复使用,但每次使用法则前,都必须检验极限是否属于 $\dfrac{0}{0}$ 型或 $\dfrac{\infty}{\infty}$ 型两种未定式,如果不是就不能使用;

(2) 如果函数中有可约因子,或有非零极限的乘积因子,那么可先约去或提取;

(3) 在使用洛必达法则时可与其他求极限的方法结合使用,如等价无穷小代换或泰勒公式等,以简化演算步骤,效果会更好,使用起来更加有效.

例 9 计算 $\lim\limits_{x \to 0} \dfrac{2\cos x - 2 + x^2}{x\ln(1+x^3)}.$

解 方法一 显然这是 $\dfrac{0}{0}$ 型未定式,由于 $\ln(1+x^3) \sim x^3(x \to 0)$,故先用等价无穷小代换进行化简,再利用洛必达法则,得

$$\lim_{x \to 0} \frac{2\cos x - 2 + x^2}{x\ln(1+x^3)} = \lim_{x \to 0} \frac{2\cos x - 2 + x^2}{x^4} = \lim_{x \to 0} \frac{-2\sin x + 2x}{4x^3}$$

$$= \lim_{x \to 0} \frac{-2\cos x + 2}{12x^2} = \lim_{x \to 0} \frac{2\sin x}{24x} = \frac{1}{12}.$$

方法二 根据带有佩亚诺余项的麦克劳林公式和等价无穷小代换,得

$$\lim_{x \to 0} \frac{2\cos x - 2 + x^2}{x\ln(1 + x^3)} = \lim_{x \to 0} \frac{2\left(1 - \dfrac{x^2}{2!} + \dfrac{x^4}{4!} + o(x^4)\right) - 2 + x^2}{x^4} = \frac{1}{12}.$$

例 10 计算 $\displaystyle\lim_{x \to \frac{\pi}{2}} \frac{\tan x}{\tan 3x}$.

解 显然这是 $\dfrac{\infty}{\infty}$ 型未定式,直接使用洛必达法则比较麻烦. 先变形再用洛必达法则,得

$$\lim_{x \to \frac{\pi}{2}} \frac{\tan x}{\tan 3x} = \lim_{x \to \frac{\pi}{2}} \frac{\sin x}{\sin 3x} \cdot \frac{\cos 3x}{\cos x} = \lim_{x \to \frac{\pi}{2}} \frac{\sin x}{\sin 3x} \cdot \lim_{x \to \frac{\pi}{2}} \frac{\cos 3x}{\cos x}$$

$$= -\lim_{x \to \frac{\pi}{2}} \frac{\cos 3x}{\cos x} = -\lim_{x \to \frac{\pi}{2}} \frac{-3\sin 3x}{-\sin x} = 3.$$

三、其他类型未定式

还有一些其他类型的未定式,如 $0 \cdot \infty$ 型、$\infty - \infty$ 型、∞^0 型、0^0 型、1^∞ 型,通过适当的变形可转化为 $\dfrac{0}{0}$ 型或 $\dfrac{\infty}{\infty}$ 型未定式,从而利用洛必达法则来计算.

(一) $0 \cdot \infty$ 型未定式

若 $\displaystyle\lim_{x \to x_0} f(x) = 0$,$\displaystyle\lim_{x \to x_0} g(x) = \infty$,则通过恒等变形

$$\lim_{x \to x_0} f(x) g(x) = \lim_{x \to x_0} \frac{f(x)}{\dfrac{1}{g(x)}} \quad 或 \quad \lim_{x \to x_0} f(x) g(x) = \lim_{x \to x_0} \frac{g(x)}{\dfrac{1}{f(x)}}$$

可将极限化为 $\dfrac{0}{0}$ 型或 $\dfrac{\infty}{\infty}$ 型未定式.

例 11 计算 $\displaystyle\lim_{x \to 0^+} x^2 \ln x$.

解 这是 $0 \cdot \infty$ 型未定式. 首先进行恒等变形,再利用洛必达法则进行求解,得

$$\lim_{x \to 0^+} \frac{\ln x}{\dfrac{1}{x^2}} = \lim_{x \to 0^+} \frac{\dfrac{1}{x}}{\dfrac{-2}{x^3}} = \lim_{x \to 0^+} \frac{x^2}{-2} = 0.$$

注意,对 $0 \cdot \infty$ 型未定式进行恒等变形时,可根据 $f(x)$ 与 $g(x)$ 的特点进行选择,目的就是变形后容易求解.

(二) $\infty - \infty$ 型未定式

若 $\displaystyle\lim_{x \to x_0} f(x) = \infty$,$\displaystyle\lim_{x \to x_0} g(x) = \infty$,则通过恒等变形

$$\lim_{x \to x_0} (f(x) - g(x)) = \lim_{x \to x_0} \left(\frac{1}{\dfrac{1}{f(x)}} - \frac{1}{\dfrac{1}{g(x)}}\right) = \lim_{x \to x_0} \frac{\dfrac{1}{g(x)} - \dfrac{1}{f(x)}}{\dfrac{1}{f(x)} \cdot \dfrac{1}{g(x)}}$$

可将极限化为 $\dfrac{0}{0}$ 型未定式.

例 12 计算 $\lim\limits_{x\to 0}\left(\dfrac{1}{x\tan x}-\dfrac{1}{x^2}\right)$.

解 显然这是 $\infty-\infty$ 型未定式. 首先进行通分, 再利用洛必达法则进行求解, 得

$$\lim_{x\to 0}\left(\frac{1}{x\tan x}-\frac{1}{x^2}\right)=\lim_{x\to 0}\frac{x-\tan x}{x^2\tan x}=\lim_{x\to 0}\frac{x-\tan x}{x^2\cdot x}=\lim_{x\to 0}\frac{1-\sec^2 x}{3x^2}$$

$$=\lim_{x\to 0}\frac{1}{\cos^2 x}\cdot\frac{\cos^2 x-1}{3x^2}=\lim_{x\to 0}\frac{\cos^2 x-1}{3x^2}$$

$$=\lim_{x\to 0}\frac{-2\cos x\cdot\sin x}{6x}=-\frac{1}{3}\lim_{x\to 0}\left(\cos x\cdot\frac{\sin x}{x}\right)$$

$$=-\frac{1}{3}.$$

(三) ∞^0, 0^0, 1^∞ 型未定式

对 ∞^0 型、0^0 型和 1^∞ 型这三类未定式, 用一个通项 $\lim\limits_{x\to x_0}f(x)^{g(x)}$ 来表示, 并对其进行恒等变形:

$$\lim_{x\to x_0}f(x)^{g(x)}=\lim_{x\to x_0}\mathrm{e}^{g(x)\ln f(x)}=\mathrm{e}^{\lim\limits_{x\to x_0}g(x)\ln f(x)},$$

进而将其转化为 $0\cdot\infty$ 型未定式.

例 13 计算 $\lim\limits_{x\to 1}x^{\frac{1}{1-x}}$.

解 $\lim\limits_{x\to 1}x^{\frac{1}{1-x}}=\lim\limits_{x\to 1}\mathrm{e}^{\frac{1}{1-x}\cdot\ln x}=\mathrm{e}^{\lim\limits_{x\to 1}\frac{\ln x}{1-x}}=\mathrm{e}^{\lim\limits_{x\to 1}\frac{1/x}{-1}}=\mathrm{e}^{-1}.$

洛必达法则给出的是 $\dfrac{0}{0}$ 型或 $\dfrac{\infty}{\infty}$ 型未定式求极限的方法. 当定理条件满足时, 所求极限存在 (或为 ∞); 但当定理条件不满足时, 并不能断定 $\lim\limits_{x\to x_0}\dfrac{f(x)}{g(x)}$ 不存在, 此时应使用其他方法求极限. 总之, 洛必达法则不是万能的, 对一些特殊情况也无法运用.

例 14 求 $\lim\limits_{x\to\infty}\dfrac{2x+\sin x}{3x-\cos x}$.

解 显然这是 $\dfrac{\infty}{\infty}$ 型未定式. 如果直接使用洛必达法则, 虽然分子、分母均可导且分母的导数不为 0, 但分子、分母分别求导后的极限不存在, 即所给极限不能应用洛必达法则求解. 事实上,

$$\lim_{x\to\infty}\frac{2x+\sin x}{3x-\cos x}=\lim_{x\to\infty}\frac{2+\dfrac{\sin x}{x}}{3-\dfrac{\cos x}{x}}=\frac{\lim\limits_{x\to\infty}\left(2+\dfrac{\sin x}{x}\right)}{\lim\limits_{x\to\infty}\left(3-\dfrac{\cos x}{x}\right)}=\frac{2}{3}.$$

习题

1. 用洛必达法则求下列极限：

（1）$\lim\limits_{x \to \pi} \dfrac{\sin 3x - \sin x}{\tan 5x}$；

（2）$\lim\limits_{x \to 0^+} \dfrac{\ln \tan x}{\ln \sin 3x}$；

（3）$\lim\limits_{x \to -1} \dfrac{x^3 - 3x - 2}{x^3 + x^2 - x - 1}$；

（4）$\lim\limits_{x \to 0} \dfrac{x - \tan x}{x^2 \sin x}$；

（5）$\lim\limits_{x \to +\infty} \dfrac{x^2 \ln x}{e^x}$；

（6）$\lim\limits_{x \to +\infty} x\left(\dfrac{\pi}{2} - \arctan x\right)$；

（7）$\lim\limits_{x \to 0}\left(\dfrac{1}{2x} - \dfrac{1}{e^x - e^{-x}}\right)$；

（8）$\lim\limits_{x \to 1^-}\left(\tan \dfrac{\pi}{2} x\right)^{x-1}$；

（9）$\lim\limits_{x \to 1^-}(2 - x)^{\tan \frac{\pi}{2} x}$；

（10）$\lim\limits_{x \to +\infty}\left(\dfrac{\pi}{2} - \arctan x\right)^{\frac{1}{\ln x}}$；

（11）$\lim\limits_{x \to \pi} \dfrac{1 + \cos x}{\tan^2 x}$；

（12）$\lim\limits_{x \to -1} \dfrac{\ln(-x)}{(x+1)^2}$；

（13）$\lim\limits_{x \to 0} \dfrac{e^{2x} - e^{-2x} - 4x}{\sin x - x}$；

（14）$\lim\limits_{x \to 0} \dfrac{\cos \sqrt{2}\, x - e^{-x^2}}{x \sin^2 x \ln(1+x)}$；

（15）$\lim\limits_{x \to \pi} \dfrac{\cot x}{\cot 3x}$；

（16）$\lim\limits_{x \to +\infty} \dfrac{x^\alpha}{e^{\lambda x}}$ $(\alpha > 0, \lambda > 0)$；

（17）$\lim\limits_{x \to -\infty} x(\pi - \operatorname{arccot} x)$；

（18）$\lim\limits_{x \to 1}\left(\dfrac{x^2}{1-x} + \dfrac{1}{\ln x}\right)$；

（19）$\lim\limits_{x \to 0^+}(\cot x)^{\frac{1}{\ln x}}$；

（20）$\lim\limits_{x \to 0}\left[\dfrac{(1+x)^{\frac{1}{x}}}{e}\right]^{\frac{1}{x}}$．

2. 证明极限 $\lim\limits_{x \to \infty} \dfrac{2x}{\sin x - 3x}$ 存在，但不能用洛必达法则求出．

习题参考答案

第八节　曲线的性态

本节将利用中值定理，通过导数的性质讨论函数的单调性、极值、最值以及曲线的凹凸性．

一、函数的单调性

在第一章已经介绍了函数单调性的概念，如果用定义来判断函数 $y = f(x)$ 在区间 I 上的单调性并不容易，那么就亟需一个简便而有效的方法来判断函数在某个区间上的单调性．

如果函数 $y = f(x)$ 在区间 $[a, b]$ 上单调增加（或单调减少），如图 2-9（或图 2-10）所示，函数图形是沿 x 轴正向上升（或下降）的曲线．这时，过曲线上任意一点作曲线的切线，则切线斜率是非负的（或非正的）．由此可见，函数的单调性与导数的符号有着密切的关系．那么，能否用导数的符号来判定函数的单调性呢？下面利用拉格朗日中值定理来讨论.

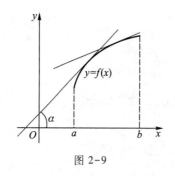

图 2-9

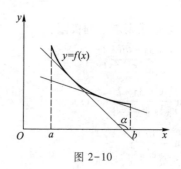

图 2-10

设函数 $y=f(x)$ 在 $[a,b]$ 上连续,在 (a,b) 内可导,在区间上 $[a,b]$ 任取两点 $x_1,x_2(x_1<x_2)$,应用拉格朗日中值定理,有

$$f(x_2)-f(x_1)=f'(\xi)(x_2-x_1)\quad(x_1<\xi<x_2).$$

因为 $x_1<x_2$,所以 $x_2-x_1>0$. 因此对于上式,如果在 (a,b) 内导数 $f'(x)>0$,那么 $f'(\xi)>0$,于是

$$f(x_2)-f(x_1)=f'(\xi)(x_2-x_1)>0,$$

即

$$f(x_1)<f(x_2),$$

表明函数 $y=f(x)$ 在 $[a,b]$ 上单调增加. 如果在 (a,b) 内导数 $f'(x)<0$,那么 $f'(\xi)<0$,于是 $f(x_2)-f(x_1)<0$,即 $f(x_1)>f(x_2)$,表明函数 $y=f(x)$ 在 $[a,b]$ 上单调减少. 归纳以上结论,即得

定理 1（函数单调性的判定定理）　设函数 $y=f(x)$ 在 $[a,b]$ 上连续,在 (a,b) 内可导.

（1）如果在 (a,b) 内 $f'(x)\geqslant0$,且等号仅在有限多个点处成立,那么函数 $y=f(x)$ 在 $[a,b]$ 上单调增加;

（2）如果在 (a,b) 内 $f'(x)\leqslant0$,且等号仅在有限多个点处成立,那么函数 $y=f(x)$ 在 $[a,b]$ 上单调减少.

注　上述判定定理中的闭区间 $[a,b]$ 换成其他各种区间（包括无穷区间）,结论依然成立.

例 1　讨论函数 $y=x^2+1$ 在 $[1,5]$ 上的单调性.

解　在 $(1,5)$ 内

$$y'=2x>0,$$

由定理 1 可知,函数 $y=x^2+1$ 在 $[1,5]$ 上单调增加.

例 2　讨论函数 $y=e^x-x+1$ 的单调性.

解　函数 $y=e^x-x+1$ 的定义域为 $(-\infty,+\infty)$,并且

$$y'=e^x-1.$$

在 $(-\infty,0)$ 内 $y'<0$,因此函数 $y=e^x-x+1$ 在 $(-\infty,0]$ 上单调减少;在 $(0,+\infty)$ 内 $y'>0$,因此函数 $y=e^x-x+1$ 在 $[0,+\infty)$ 上单调增加.

例 3　讨论函数 $y=\sqrt[3]{x^2}$ 的单调性.

解　函数 $y=\sqrt[3]{x^2}$ 的定义域为 $(-\infty,+\infty)$,且在 $(-\infty,+\infty)$ 上连续（图 2-11）. 当 $x\neq0$ 时,导数为

$$y' = \frac{2}{3\sqrt[3]{x}},$$

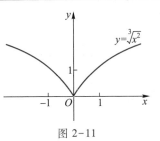

图 2-11

当 $x=0$ 时,函数 $y=\sqrt[3]{x^2}$ 的导数不存在. 在 $(-\infty,0)$ 内 $y'<0$,因此函数 $y=\sqrt[3]{x^2}$ 在 $(-\infty,0]$ 上单调减少;在 $(0,+\infty)$ 内 $y'>0$,因此函数 $y=\sqrt[3]{x^2}$ 在 $[0,+\infty)$ 上单调增加.

单调性是函数的一个重要性质,如果函数在整个区间上不是单调的,我们也常常需要弄清楚函数的单调区间,即函数在哪些部分区间上单调增加,哪些部分区间上单调减少. 例如,例 2 中的函数 $y=e^x-x+1$ 的单调减少区间是 $(-\infty,0]$,单调增加区间是 $[0,+\infty)$,在这两个单调区间的分界点 $x=0$ 处有 $y'\big|_{x=0}=0$;例 3 中的函数 $y=\sqrt[3]{x^2}$ 的单调减少区间是 $(-\infty,0]$,单调增加区间是 $[0,+\infty)$,在这两个单调区间的分界点 $x=0$ 处函数的导数不存在. 一般地,如果函数在定义区间上连续,除去有限个导数不存在的点外函数的导数存在且连续,那么只要用 $f'(x)=0$ 的点(驻点)及 $f'(x)$ 不存在的点(不可导点)来划分函数 $f(x)$ 的定义区间,就能保证 $f'(x)$ 在各个部分区间内保持固定符号,即函数 $f(x)$ 必定在各个部分区间上单调,从而求得函数的单调区间.

例 4 求函数 $f(x)=x^3-3x^2-9x+14$ 的单调区间.

解 函数 $f(x)=x^3-3x^2-9x+14$ 的定义域为 $(-\infty,+\infty)$,在 $(-\infty,+\infty)$ 内连续、可导,且
$$f'(x)=3x^2-6x-9=3(x+1)(x-3).$$

令 $f'(x)=0$,得两个驻点 $x_1=-1,x_2=3$. 这两个驻点将定义域 $(-\infty,+\infty)$ 划分为三个部分区间:$(-\infty,-1],[-1,3],[3,+\infty)$. 为方便讨论,列表如下:

x	$(-\infty,-1)$	-1	$(-1,3)$	3	$(3,+\infty)$
$f'(x)$	+	0	-	0	+
$f(x)$	增		减		增

故函数 $f(x)=x^3-3x^2-9x+14$ 的单调增加区间是 $(-\infty,-1]$ 和 $[3,+\infty)$,单调减少区间是 $[-1,3]$.

例 5 讨论函数 $f(x)=x+\cos x$ 在 $(-\infty,+\infty)$ 上的单调性.

解 函数 $f(x)=x+\cos x$ 在 $(-\infty,+\infty)$ 内连续、可导,且
$$f'(x)=1-\sin x\geq 0,$$

其中等号仅在 $x=2k\pi+\dfrac{\pi}{2}(k\in\mathbf{Z})$ 处成立,故 $f(x)$ 在 $(-\infty,+\infty)$ 上单调增加.

例 6 证明当 $x>0$ 时,$\ln(1+x)<x$.

证 令 $f(x)=x-\ln(1+x)$,则 $f(x)$ 在 $(0,+\infty)$ 内连续、可导,且在 $(0,+\infty)$ 内
$$f'(x)=1-\frac{1}{1+x}>0.$$

由定理 1 可知,$f(x)$ 在 $[0,+\infty)$ 上单调增加. 当 $x>0$ 时,有 $f(x)>f(0)=0$,即
$$x-\ln(1+x)>0,$$

所以当 $x>0$ 时,有 $x>\ln(1+x)$. 证毕.

二、函数的极值

由例 4 可知,$x=-1$ 及 $x=3$ 是函数 $f(x)=x^3-3x^2-9x+14$ 的单调区间的分界点. 在点 $x=-1$ 的左侧邻近,函数 $f(x)$ 是单调增加的,在点 $x=-1$ 的右侧邻近,函数 $f(x)$ 是单调减少的. 因此,存在点 $x=-1$ 的一个去心邻域,对于这个邻域内的任意一点 x,$f(x)<f(1)$ 均成立. 类似地,对于 $x=3$,也存在一个去心邻域,对于这个去心邻域内的任意一点 x,$f(x)>f(3)$ 均成立. 具有这种性质的函数在实际应用中有重要的意义,下面对此做出一般性的讨论.

定义 1 设函数 $f(x)$ 在点 x_0 的某个邻域 $U(x_0)$ 内有定义,如果对任意 $x\in \overset{\circ}{U}(x_0)$ 有
$$f(x)<f(x_0)\ (或 f(x)>f(x_0)),$$
就称 $f(x_0)$ 是函数 $f(x)$ 的一个**极大值**(或**极小值**). 函数的极大值与极小值统称为函数的**极值**. 若函数 $f(x)$ 在点 x_0 处取得极值,则称点 x_0 为函数 $f(x)$ 的**极值点**.

由极值的定义可知,函数的极大值和极小值概念是局部性的. 如果 $f(x_0)$ 是函数 $f(x)$ 的一个极大值,那么只是对 x_0 附近的一个局部范围来说,并不代表 $f(x_0)$ 是函数 $f(x)$ 整个定义域的最大的一个值. 关于极小值也类似.

由费马引理已经知道,如果函数 $f(x)$ 在点 x_0 处可导,并且 $f(x_0)$ 是函数的局部最小值或最大值,那么 $f'(x_0)=0$. 这就得到下面极值存在的必要条件.

定理 2(极值存在的必要条件) 设函数 $f(x)$ 在点 x_0 处可导,且在 x_0 处取得极值,那么这函数在点 x_0 处的导数为零,即 $f'(x_0)=0$.

证 假定 $f(x_0)$ 是极大值. 根据极大值的定义,在点 x_0 的某个去心邻域 $\overset{\circ}{U}(x_0)$ 内,当 $x\in \overset{\circ}{U}(x_0)$ 时,$f(x)<f(x_0)$ 均成立.

当 $x<x_0$ 时,$\dfrac{f(x)-f(x_0)}{x-x_0}>0$,因此 $f'_-(x_0)=\lim\limits_{x\to x_0^-}\dfrac{f(x)-f(x_0)}{x-x_0}\geqslant 0$;

当 $x>x_0$ 时,$\dfrac{f(x)-f(x_0)}{x-x_0}<0$,因此 $f'_+(x_0)=\lim\limits_{x\to x_0^+}\dfrac{f(x)-f(x_0)}{x-x_0}\leqslant 0$.

从而得到 $f'(x_0)=0$. 相应地,极小值情形可类似地证明. 证毕.

定理 2 给出了函数 $f(x)$ 可导情况下 x_0 是函数 $f(x)$ 的极值点的必要条件,即可导函数 $f(x)$ 的极值点必定是它的驻点. 但反过来,函数的驻点却不一定是极值点,例如,$f(x)=x^3$ 的导数 $f'(x)=3x^2$,令 $f'(x)=0$,得驻点 $x=0$,显然 $x=0$ 并不是函数 $f(x)=x^3$ 的极值点. 所以函数的驻点只是可能的极值点. 另外,函数在它的导数不存在的点处也可能取得极值. 例如,已经知道函数 $f(x)=|x|$ 在 $x=0$ 处不可导,但函数 $f(x)=|x|$ 在 $x=0$ 处取得极值.

如图 2-12 所示,在函数取得极值处,曲线上的切线是水平的. 但曲线上有水平切线的地方,函数不一定取得极值. 例如,$x=x_3$ 处有水平的切线,但 $f(x_3)$ 明显

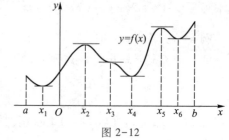

图 2-12

不是极值.

如何判断函数在驻点或不可导点处究竟是否取得极值? 如果取得极值,是极大值还是极小值? 下面给出两个极值判定的充分条件.

定理 3(极值判定的第一充分条件)　设函数 $f(x)$ 在点 x_0 处连续,且在点 x_0 的某个去心邻域 $\overset{\circ}{U}(x_0,\delta)$ 内可导.

(1) 如果当 $x \in (x_0-\delta, x_0)$ 时,$f'(x) > 0$,而当 $x \in (x_0, x_0+\delta)$ 时,$f'(x) < 0$,那么函数 $f(x)$ 在 x_0 处取得极大值;

(2) 如果当 $x \in (x_0-\delta, x_0)$ 时,$f'(x) < 0$,当 $x \in (x_0, x_0+\delta)$ 时,$f'(x) > 0$,那么函数 $f(x)$ 在 x_0 处取得极小值;

(3) 如果在点 x_0 的去心邻域 $\overset{\circ}{U}(x_0,\delta)$ 内,$f'(x)$ 符号不变,那么函数 $f(x)$ 在 x_0 处没有极值.

这也就是说,当 x 在点 x_0 的邻近渐增地经过 x_0 时,如果 $f'(x)$ 的符号由正变负,那么 $f(x)$ 在 x_0 处取得极大值;如果 $f'(x)$ 的符号由负变正,那么 $f(x)$ 在 x_0 处取得极小值;如果 $f'(x)$ 的符号不改变,那么 $f(x)$ 在 x_0 处没有极值.

根据极值判定的第一充分条件和极值存在的必要条件,如果函数 $f(x)$ 在所讨论的区间内连续,且除个别点外处处可导,那么就可按下列步骤来求函数在该区间内的极值点及相应的极值:

(1) 求出导数 $f'(x)$;

(2) 令 $f'(x) = 0$,求出 $f(x)$ 的全部驻点与不可导点;

(3) 根据 $f'(x)$ 在每个驻点和不可导点的左、右邻近的符号变化情况,判断该点是否为极值点;如果是极值点,进一步确定是极大值点还是极小值点;

(4) 确定函数的所有极值点和极值.

例 7　求函数 $f(x) = x^3 - 3x + 4$ 的单调性与极值.

解　函数的定义域为 $(-\infty, +\infty)$,函数 $f(x) = x^3 - 3x + 4$ 在 $(-\infty, +\infty)$ 内连续、可导,且
$$f'(x) = 3x^2 - 3.$$
令 $f'(x) = 0$,驻点为 $x_1 = -1, x_2 = 1$. 点 $x_1 = -1, x_2 = 1$ 将定义域 $(-\infty, +\infty)$ 划分为 $(-\infty, -1], [-1, 1]$ 和 $[1, +\infty)$ 三个部分区间. 为方便讨论,列表如下:

x	$(-\infty, -1)$	-1	$(-1, 1)$	1	$(1, +\infty)$
$f'(x)$	+	0	−	0	+
$f(x)$	增		减		增

由上表可知,函数 $f(x)$ 的单调减少区间为 $[-1, 1]$,单调增加区间为 $(-\infty, -1]$ 和 $[1, +\infty)$. 因此,函数在 $x_1 = -1$ 处取得极大值 $f(-1) = 6$,在 $x_2 = 1$ 处取得极小值 $f(1) = 2$.

例 8　求函数 $f(x) = 2 - (x-1)^{\frac{2}{3}}$ 的极值.

解　函数 $f(x)$ 的定义域为 $(-\infty, +\infty)$,在 $(-\infty, +\infty)$ 上连续,且
$$f'(x) = -\frac{2}{3\sqrt[3]{x-1}} \quad (x \neq 1).$$
当 $x = 1$ 时,$f'(x)$ 不存在. 所以 $x = 1$ 为 $f(x)$ 的可能极值点.

在 $(-\infty,1)$ 内，$f'(x)>0$，在 $(1,+\infty)$ 内，$f'(x)<0$. 故在 $x=1$ 处，函数取得极大值 $f'(1)=2$.

定理 4(极值判定的第二充分条件) 设函数 $f(x)$ 在点 x_0 处具有二阶导数且 $f'(x_0)=0$，$f''(x_0)\neq 0$，那么

(1) 当 $f''(x_0)<0$ 时，函数 $f(x)$ 在 x_0 处取得极大值；

(2) 当 $f''(x_0)>0$ 时，函数 $f(x)$ 在 x_0 处取得极小值.

注 对于不可导点及二阶导数为零的驻点，其极值的判别不能运用定理 4，而应改用定理 3.

例 9 求函数 $f(x)=(x^2-1)^3+1$ 的极值.

解 显然

$$f'(x)=6x(x^2-1)^2, \quad f''(x)=6(x^2-1)(5x^2-1).$$

令 $f'(x)=0$，求得驻点 $x_1=-1$，$x_2=0$，$x_3=1$.

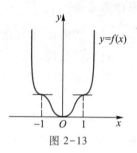

图 2-13

因为 $f''(0)=6>0$，所以 $f(x)$ 在 $x=0$ 处取得极小值，极小值为 $f(0)=0$.

因为 $f''(-1)=f''(1)=0$，所以无法用定理 4 判定，需判定 $f'(x)$ 在 $x_1=-1$ 和 $x_3=1$ 左、右邻近的符号：在 $x=-1$ 的左、右邻近，均有 $f'(x)<0$，说明函数 $f(x)$ 在 $x=-1$ 处没有极值. 同理，函数 $f(x)$ 在 $x=1$ 处也没有极值(函数图形如图 2-13 所示).

三、函数的最值

在实际应用中，常需要解决在一定条件下的函数最值问题. 从第一章内容学习中已经知道：若函数 $f(x)$ 在闭区间 $[a,b]$ 上连续，由闭区间上连续函数的性质可知，函数 $f(x)$ 在 $[a,b]$ 上一定存在最小值和最大值. 下面就来讨论函数的最小值与最大值问题.

与极值点的讨论相仿，设函数 $f(x)$ 在闭区间 $[a,b]$ 上连续，如果最小值(或最大值)在开区间 (a,b) 内某一点取得，那么该点必定是函数 $f(x)$ 的驻点或不可导点，此外函数 $f(x)$ 的最小值(或最大值)还可能在区间端点处取得. 因此，若函数 $f(x)$ 在闭区间 $[a,b]$ 上连续，且在开区间 (a,b) 内除有限个点外处处可导，可用下列步骤求得函数 $f(x)$ 在 $[a,b]$ 上的最小值和最大值：

(1) 求出 $f(x)$ 在开区间 (a,b) 内的所有驻点及不可导点；

(2) 计算 $f(x)$ 在驻点、不可导点、区间端点处的函数值；

(3) 比较这些函数值的大小，其中最大者即为函数的最大值，最小者即为函数的最小值.

例 10 求函数 $f(x)=(x-1)^{\frac{2}{5}}(2x+5)$ 在区间 $[-1,2]$ 上的最大值与最小值.

解 函数 $f(x)=(x-1)^{\frac{2}{5}}(2x+5)$ 在 $[-1,2]$ 上连续，其导数

$$f'(x)=\frac{2}{5}(x-1)^{-\frac{3}{5}}(2x+5)+2(x-1)^{\frac{2}{5}}=\frac{14x}{5(x-1)^{\frac{3}{5}}}.$$

令 $f'(x)=0$，可得唯一的驻点 $x=0$；而当 $x=1$ 时，导数不存在. 由于 $f(-1)=3\sqrt[5]{4}$，$f(0)=5$，$f(1)=0$，$f(2)=9$，比较可得 $f(x)$ 在 $x=1$ 处取得最小值 $f(1)=0$，在 $x=2$ 处取得最大值 $f(2)=9$.

例 11 函数 $f(x)=\dfrac{x}{x^2+1}$ 在 $(0,+\infty)$ 上是否存在最大值和最小值？如果存在，求出它的值.

解　函数 $f(x) = \dfrac{x}{x^2+1}$ 在 $(0, +\infty)$ 内可导,且

$$f'(x) = \frac{-x^2+1}{(x^2+1)^2}.$$

令 $f'(x)=0$,解得唯一驻点 $x=1$. 当 $x \in (0,1)$ 时 $f'(x)>0$,故 $f(x)$ 在 $[0,1]$ 上单调增加;当 $x \in (1, +\infty)$ 时 $f'(x)<0$,故 $f(x)$ 在 $[1, +\infty)$ 上单调减少. 因此,函数 $f(x) = \dfrac{x}{x^2+1}$ 在 $x=1$ 处取得最大值 $f(1) = \dfrac{1}{2}$,无最小值.

在讨论函数的最值问题时,常会遇到唯一驻点情形,此时如果函数 $f(x)$ 在区间 I 内可导且存在唯一驻点 x_0,并且 x_0 是函数 $f(x)$ 的极大值点(或极小值点),那么 x_0 必定是函数 $f(x)$ 在区间 I 上的最大值点(或最小值点). 具有唯一驻点特性的函数 $f(x)$ 在区间 I 上的图形只有一个"峰"(图 2-14)或一个"谷"(图 2-15).

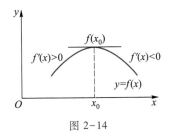

图 2-14

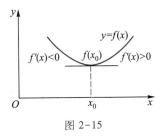

图 2-15

例 12　一条边长为 a 的正方形薄片,从四角各截去一个小方块,然后折成一个无盖的方盒,问截取的小方块的边长等于多少时,方盒的容量最大?

解　设截取的小方块的边长为 $x\left(0<x<\dfrac{a}{2}\right)$,则方盒的容积为

$$V(x) = x(a-2x)^2.$$

求导得

$$V'(x) = a^2 - 8ax + 12x^2.$$

令 $V'(x) = 0$,得驻点

$$x_1 = \frac{a}{6}, \quad x_2 = \frac{a}{2}(不合题意,舍去).$$

由于在 $\left(0, \dfrac{a}{2}\right)$ 内只有一个驻点,由实际意义可知,无盖方盒的容积一定有最大值,即当 $x = \dfrac{a}{6}$ 时 $V(x)$ 取得最大值.

因此,当正方形薄片四角各截去一个边长为 $\dfrac{a}{6}$ 的小方块后,折成的无盖方盒的容积最大.

四、曲线的凹凸性

前面已经讨论了函数的一个重要性质——单调性,它反映在图形上,就是曲线的上升或下

降. 在实际问题中, 有时还需关心曲线弯曲的方向. 如图 2-16 中两条曲线弧, 显然它们都是上升的, 但两个曲线弧的弯曲方向明显不同,

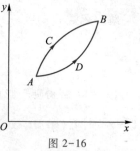

$\overparen{ACB}$ 是向上凸的曲线弧, $\overparen{ADB}$ 是向上凹的曲线弧, 它们的凹凸性不同, 下面就来讨论曲线的凹凸性及其判定方法.

图 2-16

从几何上看出, 有的曲线弧, 如果在曲线上任取两点, 连接这两点间的弦总是位于这两点间的弧段上方, 而有的曲线弧, 则正好相反. 曲线的这种性质就是曲线的凹凸性 (图 2-17). 因此, 曲线的凹凸性可以用连接曲线弧上任意两点的弦上的一点与曲线弧上相应点 (即具有相同横坐标的点) 的位置关系来描述. 为了讨论方便, 取两点的中点, 给出曲线凹凸性的定义.

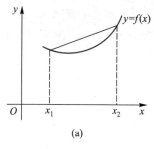 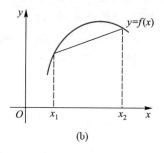

(a)   (b)

图 2-17

定义 2 设函数 $f(x)$ 在区间 I 上连续, 如果对 I 上任意两点 x_1, x_2, 恒有

$$f\left(\frac{x_1+x_2}{2}\right) < \frac{f(x_1)+f(x_2)}{2},$$

那么称 $f(x)$ 在区间 I 上的图形是 (向上) 凹的 (或凹弧) (图 2-18(a)); 如果恒有

$$f\left(\frac{x_1+x_2}{2}\right) > \frac{f(x_1)+f(x_2)}{2},$$

那么称 $f(x)$ 在区间 I 上的图形是 (向上) 凸的 (或凸弧) (图 2-18(b)).

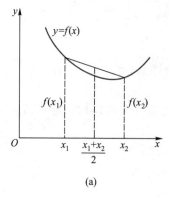 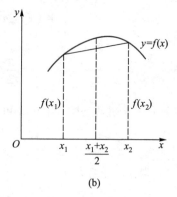

(a)   (b)

图 2-18

如果函数 $f(x)$ 在区间 I 内可导, 那么可以利用导数的单调性来判定 $f(x)$ 的凹凸性.

定理 5(凹凸性的判定方法 1)　设 $f(x)$ 在 $[a,b]$ 上连续,在 (a,b) 内可导,且导数 $f'(x)$ 在 (a,b) 内单调增加(或单调减少),那么曲线 $y=f(x)$ 在 $[a,b]$ 上是凹的(或凸的).

由于 $f'(x)$ 的单调性可利用 $f''(x)$ 的符号来判别,故可得到如下的判别法(其中 $[a,b]$ 也可换成其他各种类型的区间).

定理 6(凹凸性的判定方法 2)　设函数 $f(x)$ 在 $[a,b]$ 上连续,在 (a,b) 内具有一阶和二阶导数.

(1) 若在 (a,b) 内 $f''(x)>0$,则 $f(x)$ 在 $[a,b]$ 上的图形是凹的;

(2) 若在 (a,b) 内 $f''(x)<0$,则 $f(x)$ 在 $[a,b]$ 上的图形是凸的.

证　设 x_1 和 x_2 为 $[a,b]$ 内任意两点,且 $x_1<x_2$,记 $x_0=\dfrac{x_1+x_2}{2}$,并记 $x_2-x_0=x_0-x_1=\lambda$,则 $x_1=x_0-\lambda$,$x_2=x_0+\lambda$,由拉格朗日中值定理可得

$$f(x_0+\lambda)-f(x_0)=f'(x_0+\theta_1\lambda)\lambda \quad (0<\theta_1<1),$$
$$f(x_0)-f(x_0-\lambda)=f'(x_0-\theta_2\lambda)\lambda \quad (0<\theta_2<1).$$

两式相减即得

$$f(x_0+\lambda)+f(x_0-\lambda)-2f(x_0)=[f'(x_0+\theta_1\lambda)-f'(x_0-\theta_2\lambda)]\lambda.$$

对 $f'(x)$ 在区间 $[x_0-\theta_2\lambda,x_0+\theta_1\lambda]$ 上再利用拉格朗日中值定理,可得

$$[f'(x_0+\theta_1\lambda)-f'(x_0-\theta_2\lambda)]\lambda=f''(\xi)(\theta_1+\theta_2)\lambda^2 \quad (x_0-\theta_2\lambda<\xi<x_0+\theta_1\lambda).$$

(1) 若在 (a,b) 内 $f''(x)>0$,则 $f''(\xi)>0$,故

$$f(x_0+\lambda)+f(x_0-\lambda)-2f(x_0)>0,$$

即

$$\frac{f(x_0+\lambda)+f(x_0-\lambda)}{2}>f(x_0),$$

亦即

$$\frac{f(x_1)+f(x_2)}{2}>f\left(\frac{x_1+x_2}{2}\right).$$

根据凹凸性的定义,$f(x)$ 在 $[a,b]$ 上的图形是凹的.

(2) 若在 (a,b) 内 $f''(x)<0$,则 $f''(\xi)<0$,故

$$f(x_0+\lambda)+f(x_0-\lambda)-2f(x_0)<0.$$

即得

$$\frac{f(x_1)+f(x_2)}{2}<f\left(\frac{x_1+x_2}{2}\right).$$

根据凹凸性的定义,$f(x)$ 在 $[a,b]$ 上的图形是凸的.　证毕.

例 13　判定曲线 $y=\ln x$ 的凹凸性.

解　函数 $y=\ln x$ 的定义域为 $(0,+\infty)$,$y=\ln x$ 在 $(0,+\infty)$ 内连续,且

$$y'=\frac{1}{x},\quad y''=-\frac{1}{x^2}.$$

在 $(0,+\infty)$ 内，$y''<0$，所以曲线 $y=\ln x$ 是凸的.

例 14 判定曲线 $f(x)=x^3-x^2$ 的凹凸性.

解 函数 $f(x)=x^3-x^2$ 的定义域为 $(-\infty,+\infty)$，且
$$f'(x)=3x^2-2x,\quad f''(x)=6x-2.$$

当 $x<\dfrac{1}{3}$ 时，$f''(x)<0$，所以曲线在 $\left(-\infty,\dfrac{1}{3}\right]$ 内为凸的；当 $x>\dfrac{1}{3}$ 时，$f''(x)>0$，所以曲线在 $\left[\dfrac{1}{3},+\infty\right)$ 内为凹的.

设 $y=f(x)$ 在区间 I 上连续，x_0 是区间 I 内的一点，如果曲线 $y=f(x)$ 在经过点 $(x_0,f(x_0))$ 时，曲线的凹凸性发生改变，那么就称点 $(x_0,f(x_0))$ 为曲线 $y=f(x)$ 的**拐点**. 因此，例 14 中 $\left(\dfrac{1}{3},-\dfrac{2}{27}\right)$ 为函数 $f(x)=x^3-x^2$ 的拐点.

如果曲线在整个区间上既不是凹弧也不是凸弧，常常需要弄清这条曲线的凹凸区间，即在哪个区间内曲线是凹的，在哪个区间内曲线是凸的. 一般地，对于区间 I 上的连续曲线 $y=f(x)$，如果下列两类点只有有限多个：(1) 二阶导数 $f''(x)=0$ 的点；(2) 二阶导数不存在的点，那么这两类点将区间 I 划分成若干个部分区间，这部分区间即是曲线 $y=f(x)$ 的凹凸区间.

因此，确定曲线 $y=f(x)$ 的凹凸区间和拐点的具体步骤如下：

(1) 确定函数 $y=f(x)$ 的定义域；

(2) 求出二阶导数 $f''(x)$；

(3) 求出使二阶导数为零的点和使二阶导数不存在的点；

(4) 对于(3)中求出的点，检查 $f''(x)$ 在各点左、右两侧邻近的符号，确定曲线的凹凸区间和拐点.

例 15 讨论曲线 $f(x)=3x^4-2x^3+x+6$ 的凹凸性，并求出拐点.

解 函数 $f(x)=3x^4-2x^3+x+6$ 在 $(-\infty,+\infty)$ 上连续，且一阶导数和二阶导数都存在，分别为
$$f'(x)=12x^3-6x^2+1,\quad f''(x)=36x^2-12x=12x(3x-1).$$

令 $f''(x)=0$，得 $x_1=0$，$x_2=\dfrac{1}{3}$，因此 $x_1=0$，$x_2=\dfrac{1}{3}$ 把整个定义域划分成三个部分区间：$(-\infty,0]$，$\left[0,\dfrac{1}{3}\right]$，$\left[\dfrac{1}{3},+\infty\right)$. 为了方便讨论每个部分区间上二阶导数的符号，列表讨论如下：

x	$(-\infty,0)$	0	$\left(0,\dfrac{1}{3}\right)$	$\dfrac{1}{3}$	$\left(\dfrac{1}{3},+\infty\right)$
$f''(x)$	+	0	−	0	+
凹凸性	凹		凸		凹

因此，曲线 $f(x)=3x^4-2x^3+x+6$ 在 $(-\infty,0]$ 和 $\left[\dfrac{1}{3},+\infty\right)$ 上是凹的，在 $\left[0,\dfrac{1}{3}\right]$ 上是凸的. 当 $x_1=0$ 时，$f(0)=6$；当 $x_2=\dfrac{1}{3}$ 时，$f\left(\dfrac{1}{3}\right)=\dfrac{170}{27}$.

所以,$(0,6)$ 和 $\left(\dfrac{1}{3},\dfrac{170}{27}\right)$ 都是曲线 $f(x)=3x^4-2x^3+x+6$ 的拐点.

习题

1. 证明函数 $y=\left(1+\dfrac{1}{x}\right)^x$ 在区间 $(0,+\infty)$ 内是严格单调增加的.

2. 求下列函数的单调区间:

(1) $y=2\sin x-x,x\in[0,2\pi]$;　　(2) $y=\dfrac{x}{4+x^2}$;

(3) $y=x^2-\ln(x^2-1)$;　　(4) $y=(2x-5)\sqrt[3]{x^2}$.

3. 证明下列不等式:

(1) $1+x\ln\left(x+\sqrt{1+x^2}\right)>\sqrt{1+x^2}\ \ (x>0)$;

(2) $\sin x+\tan x>2x\ \ \left(2<x<\dfrac{\pi}{2}\right)$;

(3) $\dfrac{\sin x}{x}>\dfrac{2}{\pi}\ \left(0<x<\dfrac{\pi}{2}\right)$.

4. 求下列函数的极值:

(1) $y=4x^3-3x^2-6x+2$;　　(2) $y=x^2\mathrm{e}^{-x^2}$;

(3) $y=(x-4)\sqrt[3]{(x+1)^2}$;　　(4) $y=|x|\mathrm{e}^{-|x-1|}$.

5. 设 $f(x)=a\ln x+bx^2+x$ 在 $x_1=1,x_2=2$ 处取得极值,求 a,b 的值,此时 $f(x)$ 在 x_1 与 x_2 处取极大值还是极小值?

6. 如果函数 $f(x)=ax^3+bx^2+cx+d$ 没有极值,求 a,b,c,d 应满足的条件.

7. 求下列函数在给定区间上的最大值与最小值:

(1) $y=x^4-\dfrac{8}{3}x^3-2x^2+8x,[-2,3]$;

(2) $y=|x|\mathrm{e}^x,[-2,1]$;

(3) $y=2\cos^2 x+x,[0,2\pi]$.

8. 求函数 $y=x+\dfrac{8}{x^4}$ 在 $(0,+\infty)$ 内的最大值和最小值.

9. 用铁皮制作一个容积为 V 的两底密封的圆柱形容器,应如何选择底和高,才能使所用材料最少?

10. 由曲线 $y=x^2,y=0,x=a(a>0)$ 围成一曲边三角形 OAB(其中点 A 在 x 轴上),在曲线弧 OB 上求一点,使得过此点所作曲线 $y=x^2$ 的切线与 OA,AB 围成的三角形面积最大.

11. 作半径为 R 的球的外切圆锥,问此圆锥的高为多少时,其体积最小?并求此最小体积.

习题参考答案

复习题二

一、选择题

1. 已知 $f(x) = |\sin 2x|$，则 $f'(0)$（　　）.

A. 等于 2　　　　B. 等于 -2　　　　C. 等于 2 或 -2　　　　D. 不存在

2. 设 $y = y(x)$ 是由方程 $e^y + xy = e$ 所确定的隐函数，则 $y''(0) =$（　　）.

A. e^{-2}　　　　B. $-e^{-2}$　　　　C. e^{-1}　　　　D. $-e^{-1}$

3. 当 $-1 < x < 0$ 时，函数 $y = \arcsin\sqrt{1-x^2}$ 的微分 $\mathrm{d}y =$（　　）.

A. $-\dfrac{1}{\sqrt{x^2-1}}\mathrm{d}x$　　B. $\dfrac{1}{\sqrt{x^2-1}}\mathrm{d}x$　　C. $-\dfrac{1}{\sqrt{1-x^2}}\mathrm{d}x$　　D. $\dfrac{1}{\sqrt{1-x^2}}\mathrm{d}x$

4. 函数 $f(x) = \sqrt{4-x}$ 在区间 $[0,3]$ 上符合拉格朗日中值定理条件的 ξ 的值为（　　）.

A. $\dfrac{5}{4}$　　　　B. $\dfrac{3}{2}$　　　　C. $\dfrac{7}{4}$　　　　D. 2

5. 函数 $y = f(x)$ 在 $x = x_0$ 处取得极值，则（　　）.

A. x_0 必为 $f(x)$ 的驻点　　　　　　B. 必有 $f''(x_0) < 0$

C. $f'(x_0) = 0$ 且 $f''(x_0) < 0$　　　　D. $f'(x_0) = 0$ 或 $f'(x_0)$ 不存在

二、填空题

1. 过点 $(-1,0)$ 作抛物线 $y^2 = x$ 的切线，则切线方程为 _____.

2. 设 $y = y(x)$ 是由方程组 $\begin{cases} x = t^2, \\ y^2 + ty = 2 \end{cases}$ 所确定的函数，则 $\dfrac{\mathrm{d}y}{\mathrm{d}x}\Big|_{t=1} =$ _____.

3. $\sqrt[5]{0.995} \times \ln 1.005$ 的近似值是 _____.

4. 函数 $f(x) = \dfrac{1}{\sqrt{1+2x}}$ 的麦克劳林公式中的 x^5 项是 _____.

5. 极限 $\lim\limits_{x \to 0} \dfrac{\ln(1+x) - e^x - 1}{1 - \cos x} =$ _____.

三、解答题

1. 求函数 $y = \sqrt{x^2+1}\ln(x + \sqrt{x^2+1})$ 的导数.

2. 求由方程 $x^{\sin y} = y^{\cos x}$ 所确定的隐函数 $y = y(x)$ 的导数.

3. 已知 $f(1-2x) = x^2 e^{-2x}$，求 $f''(x)$.

4. 求函数 $y = 2x\cos^2 x$ 的 n 阶导数.

5. 求极限 $\lim\limits_{x \to 0}\left(\dfrac{1-x}{2x} - \dfrac{1}{e^{2x}-1} \right)$.

6. 求函数 $f(x) = 2x - 3x^{\frac{2}{3}} - 12x^{\frac{1}{3}}$ 的单调区间与极值.

7. 求曲线 $f(x) = \ln(1 - \sqrt[3]{x^2})$ 的凹凸区间与拐点.

8. 做一个上端开口的圆柱形容器,它的净容积为 V,壁厚为 a(V 和 a 是正常数),问容器内壁半径为多少,才能使所用的材料最省?

9. 设 $f(x)$ 在 $[0,1]$ 上连续,在 $(0,1)$ 内可导,且 $f(0)=f(1)=0$,证明在 $(0,1)$ 内至少存在一点 ξ,使 $2\xi f(\xi)+f'(\xi)=0$.

复习题二
参考答案

10. 已知 $x>0$,证明:$\ln(1+x)>x-\dfrac{x^2}{2}+\dfrac{x^3}{3}-\dfrac{x^4}{4}$.

第三章

三

一元函数积分学

本章主要讨论一元函数积分学,包括不定积分、定积分和定积分的应用. 其中不定积分是导数的逆运算,定积分是研究微小量的无限累加问题. 在积分学中,牛顿-莱布尼茨公式为定积分计算提供了一个有效的方法,在理论上把定积分与不定积分联系了起来.

第一节　不定积分的概念与性质

一、原函数与不定积分的概念

定义 1　在区间 I 上,设可导函数 $F(x)$ 的导函数为 $f(x)$,即 $\forall x \in I$,都有
$$F'(x) = f(x),$$
则称函数 $F(x)$ 为 $f(x)$ 在区间 I 上的一个原函数.

例如,因为 $(x^2)' = 2x, x \in (-\infty, +\infty)$,所以 x^2 是 $2x$ 在 $(-\infty, +\infty)$ 上的一个原函数. 因为 $(\sin x)' = \cos x, x \in (-\infty, +\infty)$,所以 $\sin x$ 是 $\cos x$ 在 $(-\infty, +\infty)$ 上的一个原函数. 又如,$\forall x \in (-\infty, +\infty)$,有

$$\left[x\arctan x - \frac{1}{2}\ln(1+x^2) \right]' = \arctan x + \frac{x}{1+x^2} - \frac{1}{2} \cdot \frac{2x}{1+x^2} = \arctan x,$$

所以 $F(x) = x\arctan x - \frac{1}{2}\ln(1+x^2)$ 在 $(-\infty, +\infty)$ 上是 $\arctan x$ 的一个原函数.

关于原函数,先给出它的存在条件(其证明将在本章第六节给出).

定理 1(原函数存在定理)　如果函数 $f(x)$ 在区间 I 上连续,那么在区间 I 上存在可导函数 $F(x)$,使对任一 $x \in I$,都有

$$F'(x) = f(x).$$

即连续函数一定存在原函数.

需要指出的是,一切初等函数在其定义区间上都是连续的,因此初等函数在其定义区间上都有原函数,但是初等函数的原函数不一定仍是初等函数.

对于非连续函数,也有可能存在原函数,例如分段函数

$$f(x) = \begin{cases} 2x\cos\dfrac{1}{x} + \sin\dfrac{1}{x}, & x \neq 0, \\ 0, & x = 0, \end{cases}$$

$\lim\limits_{x \to 0}\left(2x\cos\dfrac{1}{x} + \sin\dfrac{1}{x}\right)$ 不存在, $x = 0$ 为 $f(x)$ 的第二类间断点,但它的原函数存在,函数

$$F(x) = \begin{cases} x^2\cos\dfrac{1}{x}, & x \neq 0, \\ 0, & x = 0 \end{cases}$$

是 $f(x)$ 在 $(-\infty, +\infty)$ 上的一个原函数.

我们再来讨论如果函数 $f(x)$ 在区间 I 上存在原函数,其原函数是否唯一? 有以下结论:

定理 2　设函数 $F(x)$ 是 $f(x)$ 在区间 I 上的一个原函数.

(1) $F(x) + C$ 也是 $f(x)$ 在区间 I 上的原函数(C 为任意常数);

(2) $f(x)$ 在区间 I 上的两个不同原函数之间只差一个常数.

证　(1) $\forall x \in I$, $\left[F(x) + C\right]' = F'(x) = f(x)$($C$ 为任意常数).

(2) 设 $F(x)$, $\varPhi(x)$ 为 $f(x)$ 在区间 I 上的任意两个原函数,则

$$\left[\varPhi(x) - F(x)\right]' = \varPhi'(x) - F'(x) = f(x) - f(x) \equiv 0.$$

由第二章的知识可知,在一个区间上导数恒为零的函数必为常数,所以

$$\varPhi(x) - F(x) = C_0 \quad (C_0 \text{ 为常数}).$$

证毕.

上面的定理 2 表明:函数族

$$\left\{ F(x) + C \mid -\infty < C < +\infty \right\}$$

表示 $f(x)$ 的全体原函数所组成的集合.

综上所述,我们就有了下面的不定积分概念.

定义 2　在区间 I 上,函数 $f(x)$ 的带有任意常数项的原函数称为 $f(x)$ 在区间 I 上的**不定积分**,记作

$$\int f(x)\mathrm{d}x,$$

其中符号 $\int$ 称为**积分号**,$f(x)$ 称为**被积函数**,$f(x)\mathrm{d}x$ 称为**被积表达式**,x 称为**积分变量**.

由定义 2 可知,如果函数 $F(x)$ 是 $f(x)$ 在区间 I 上的一个原函数,那么

$$\int f(x)\mathrm{d}x = F(x) + C,$$

其中 C 为任意常数,称为**积分常数**. 于是,本节开头的几个例子可以写作

$$\int 2x\mathrm{d}x = x^2 + C,$$

$$\int \cos x\mathrm{d}x = \sin x + C,$$

$$\int \arctan x\mathrm{d}x = x\arctan x - \frac{1}{2}\ln(1 + x^2) + C,$$

这样,求 $\int f(x)\mathrm{d}x$ 时,只需先求出 $f(x)$ 的一个原函数 $F(x)$,然后再加上任意常数 C 就可以了.

试算试练   如果 xe^x 是 $f(x)$ 的一个原函数,试求 $f'(x)$ 和 $\int f(x)\mathrm{d}x$.

从几何上看,如果函数 $F(x)$ 是 $f(x)$ 在区间 I 上的一个原函数,那么称 $y=F(x)$ 的图形为 $f(x)$ 的一条积分曲线. 于是 $f(x)$ 的不定积分在几何上表示 $f(x)$ 的某一条积分曲线沿纵轴方向任意平移所得到的一切积分曲线组成的曲线族(图 3-1).

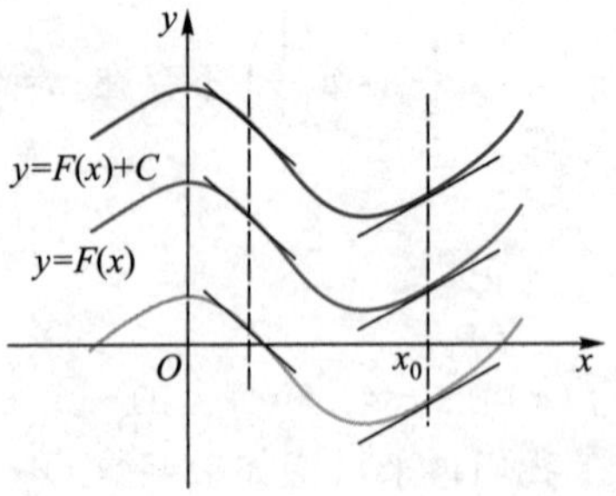

注意,不定积分和原函数是两个不同的概念,前者是个集合,后者是该集合中的一个元素,所以 $\int f(x)\mathrm{d}x \neq F(x)$,故计算不定积分时,一定不要忘了常数 C.

图 3-1

例 1   求 $\int \dfrac{1}{1+x^2}\mathrm{d}x$.

解   因为 $(\arctan x)' = \dfrac{1}{1+x^2}$,所以 $\arctan x$ 是 $\dfrac{1}{1+x^2}$ 的一个原函数,故

$$\int \frac{1}{1+x^2}\mathrm{d}x = \arctan x + C.$$

例 2   求 $\int \dfrac{1}{x}\mathrm{d}x$.

解   当 $x>0$ 时,由于 $(\ln x)' = \dfrac{1}{x}$,所以 $\ln x$ 是 $\dfrac{1}{x}$ 在 $(0,+\infty)$ 内的一个原函数,即

$$\int \frac{1}{x}\mathrm{d}x = \ln x + C, \quad x \in (0,+\infty).$$

当 $x<0$ 时,由于 $[\ln(-x)]' = \dfrac{1}{-x}(-1) = \dfrac{1}{x}$,所以 $\ln(-x)$ 是 $\dfrac{1}{x}$ 在 $(-\infty,0)$ 内的一个原函数,即

$$\int \frac{1}{x}\mathrm{d}x = \ln(-x) + C, \quad x \in (-\infty,0).$$

综合上述结果,得

$$\int \frac{1}{x}\mathrm{d}x = \ln|x| + C.$$

二、基本积分公式表

通过前面的实例,不难发现,求导运算与求不定积分运算(简称积分运算)是互为逆运算的. 因此,我们可以根据第二章的基本导数公式得出基本积分公式表.

(1) $\int k\mathrm{d}x = kx + C$ (k 是常数,当 $k=1$ 时,$\int \mathrm{d}x = x + C$);

(2) $\int x^\mu \mathrm{d}x = \dfrac{1}{\mu+1}x^{\mu+1} + C$ ($\mu \neq -1$);

(3) $\int \dfrac{1}{x}\mathrm{d}x = \ln|x| + C$;

（4）$\int a^x \mathrm{d}x = \dfrac{a^x}{\ln a} + C$　$(a>0, a\neq 1)$；

（5）$\int \mathrm{e}^x \mathrm{d}x = \mathrm{e}^x + C$；

（6）$\int \sin x \mathrm{d}x = -\cos x + C$；

（7）$\int \cos x \mathrm{d}x = \sin x + C$；

（8）$\int \dfrac{\mathrm{d}x}{\cos^2 x} = \int \sec^2 x \mathrm{d}x = \tan x + C$；

（9）$\int \dfrac{\mathrm{d}x}{\sin^2 x} = \int \csc^2 x \mathrm{d}x = -\cot x + C$；

（10）$\int \sec x \tan x \mathrm{d}x = \sec x + C$；

（11）$\int \csc x \cot x \mathrm{d}x = -\csc x + C$；

（12）$\int \dfrac{1}{\sqrt{1-x^2}} \mathrm{d}x = \arcsin x + C$；

（13）$\int \dfrac{1}{1+x^2} \mathrm{d}x = \arctan x + C$.

以上公式是计算不定积分的基础，必须熟记.

例 3　求 $\int x^3 \sqrt{x}\, \mathrm{d}x$.

解　$\int x^3 \sqrt{x}\, \mathrm{d}x = \int x^{\frac{7}{2}} \mathrm{d}x = \dfrac{1}{\frac{7}{2}+1} x^{\frac{7}{2}+1} + C = \dfrac{2}{9} x^{\frac{9}{2}} + C$.

例 4　求 $\int \dfrac{\mathrm{e}^x}{3^x} \mathrm{d}x$.

解　$\int \dfrac{\mathrm{e}^x}{3^x} \mathrm{d}x = \int \left(\dfrac{\mathrm{e}}{3}\right)^x \mathrm{d}x = \dfrac{1}{\ln \frac{\mathrm{e}}{3}} \left(\dfrac{\mathrm{e}}{3}\right)^x + C = \dfrac{\mathrm{e}^x}{(1-\ln 3) 3^x} + C$.

三、不定积分的性质

根据原函数与不定积分的定义，可以推得如下性质.

性质 1　$\left(\int f(x) \mathrm{d}x\right)' = f(x)$　或　$\mathrm{d}\left(\int f(x) \mathrm{d}x\right) = f(x) \mathrm{d}x$；

$$\int f'(x) \mathrm{d}x = f(x) + C \quad \text{或} \quad \int \mathrm{d}f(x) = f(x) + C.$$

性质 1 由原函数和不定积分的定义直接推导得出. 它表明积分运算与微分运算是互逆运算，当这两种运算连在一起时，或者相互抵消，或者抵消后差一个常数.

性质 2　设函数 $f(x)$ 及 $g(x)$ 的原函数存在，k_1 和 k_2 为两个任意常数，则

$$\int [k_1 f(x) + k_2 g(x)] dx = k_1 \int f(x) dx + k_2 \int g(x) dx. \tag{3-1}$$

证 由于

$$\left[k_1 \int f(x) dx + k_2 \int g(x) dx\right]' = \left(k_1 \int f(x) dx\right)' + \left(k_2 \int g(x) dx\right)' = k_1 f(x) + k_2 g(x),$$

上式表明 $k_1 \int f(x) dx + k_2 \int g(x) dx$ 是 $k_1 f(x) + k_2 g(x)$ 的原函数. 又因为(3-1)右端有两个积分号,形式上含有两个任意常数,而任意常数的和仍为任意常数,故实际上含有一个任意常数,所以性质 2 成立. 证毕.

性质 2 可以推广到有限多个函数的情形:

$$\int [k_1 f_1(x) + k_2 f_2(x) + \cdots + k_n f_n(x)] dx = k_1 \int f_1(x) dx + k_2 \int f_2(x) dx + \cdots + k_n \int f_n(x) dx,$$

上式表明积分运算和微分运算一样,都保持线性运算法则.

结合不定积分的性质和基本积分公式表,我们可以求出一些简单函数的不定积分,这称为直接积分法.

例 5 求 $\int (x^3 + e^x) dx$.

解 $\int (x^3 + e^x) dx = \int x^3 dx + \int e^x dx = \dfrac{1}{4} x^4 + e^x + C$.

注意,检验积分结果是否正确,只需要对右端结果求导,看它是否等于左端的被积函数,相等时结果正确,否则错误. 如就例 5 的结果来看,由于

$$\left(\frac{1}{4} x^4 + e^x + C\right)' = x^3 + e^x,$$

所以结果是正确的.

例 6 求 $\int \sin \dfrac{x}{2} \cos \dfrac{x}{2} dx$.

解 $\int \sin \dfrac{x}{2} \cos \dfrac{x}{2} dx = \int \dfrac{1}{2} \sin x dx = \dfrac{1}{2} (-\cos x) + C = -\dfrac{1}{2} \cos x + C$.

例 7 求 $\int \dfrac{x^2}{x^2 + 1} dx$.

解 $\int \dfrac{x^2}{x^2 + 1} dx = \int \dfrac{x^2 + 1 - 1}{x^2 + 1} dx = \int \left(1 - \dfrac{1}{x^2 + 1}\right) dx = x - \arctan x + C$.

例 8 求 $\int \dfrac{(x-1)^3}{\sqrt{x}} dx$.

解 $\int \dfrac{(x-1)^3}{\sqrt{x}} dx = \int \dfrac{x^3 - 3x^2 + 3x - 1}{\sqrt{x}} dx$

$$= \int (x^{\frac{5}{2}} - 3x^{\frac{3}{2}} + 3x^{\frac{1}{2}} - x^{-\frac{1}{2}}) dx$$

$$= \int x^{\frac{5}{2}} dx - 3\int x^{\frac{3}{2}} dx + 3\int x^{\frac{1}{2}} dx - \int x^{-\frac{1}{2}} dx$$

$$= \frac{2}{7}x^{\frac{7}{2}} - \frac{6}{5}x^{\frac{5}{2}} + 2x^{\frac{3}{2}} - 2\sqrt{x} + C.$$

例 9　求 $\displaystyle\int \frac{x^4+1}{x^2+1}\mathrm{d}x.$

解
$$\int \frac{x^4+1}{x^2+1}\mathrm{d}x = \int \frac{(x^4+x^2)-(x^2+1)+2}{x^2+1}\mathrm{d}x$$
$$= \int \left(x^2-1+\frac{2}{1+x^2}\right)\mathrm{d}x$$
$$= \frac{1}{3}x^3 - x + 2\arctan x + C.$$

例 10　求 $\displaystyle\int \tan^2 x\,\mathrm{d}x.$

解　$\displaystyle\int \tan^2 x\,\mathrm{d}x = \int (\sec^2 x - 1)\,\mathrm{d}x = \tan x - x + C.$

注意,基本积分公式表中,没有这种类型的积分,但我们可以先利用三角恒等式化成表中所得类型的积分,然后再逐项求积分.类似的例题如下.

例 11　求 $\displaystyle\int \frac{1}{1+\cos 2x}\mathrm{d}x.$

解　$\displaystyle\int \frac{1}{1+\cos 2x}\mathrm{d}x = \int \frac{1}{2\cos^2 x}\mathrm{d}x = \frac{1}{2}\int \sec^2 x\,\mathrm{d}x = \frac{1}{2}\tan x + C.$

例 12　求 $\displaystyle\int \frac{1}{\sin^2 x\cos^2 x}\mathrm{d}x.$

解
$$\int \frac{1}{\sin^2 x\cos^2 x}\mathrm{d}x = \int \frac{\sin^2 x+\cos^2 x}{\sin^2 x\cos^2 x}\mathrm{d}x = \int \left(\frac{1}{\cos^2 x}+\frac{1}{\sin^2 x}\right)\mathrm{d}x$$
$$= \int (\sec^2 x+\csc^2 x)\,\mathrm{d}x = \tan x - \cot x + C.$$

以上是一些直接利用基本积分公式的积分方法,在后面的内容中,将介绍一些其他重要的积分方法,并扩充基本积分公式表.

习题

1. 验证下列各题中的函数是同一函数的原函数:

（1）$y=\ln x, y=\ln(3x), y=\ln(5x)+10$;

（2）$y=(\mathrm{e}^x+\mathrm{e}^{-x})^2, y=(\mathrm{e}^x-\mathrm{e}^{-x})^2$;

（3）$y=\ln\tan\dfrac{x}{2}, y=\ln(\csc x-\cot x)$.

2. 设 $\displaystyle\int xf(x)\mathrm{d}x = \arccos x + C$,求 $f(x)$.

3. 一曲线通过点 $(\mathrm{e}^2,-1)$,且在任意点处切线的斜率都等于该点横坐标的倒数,求此曲线的方程.

4. 证明:在区间 I 上有第一类间断点的函数不存在原函数.

5. 求下列不定积分:

(1) $\displaystyle\int \frac{\mathrm{d}x}{x^3\sqrt{x}}$;

(2) $\displaystyle\int \left(\sqrt[3]{x} - \frac{1}{\sqrt[3]{x}}\right)\mathrm{d}x$;

(3) $\displaystyle\int \sqrt{x}\,(x+2)\mathrm{d}x$;

(4) $\displaystyle\int \sqrt{x\sqrt{x\sqrt{x}}}\,\mathrm{d}x$;

(5) $\displaystyle\int \left(\sqrt{\frac{1-x}{1+x}} + \sqrt{\frac{1+x}{1-x}}\right)\mathrm{d}x$;

(6) $\displaystyle\int \frac{x^4+x^2+1}{x^2+1}\mathrm{d}x$;

(7) $\displaystyle\int \frac{2}{x^2(1+x^2)}\mathrm{d}x$;

(8) $\displaystyle\int \frac{\mathrm{e}^{2x}-1}{\mathrm{e}^{x}-1}\mathrm{d}x$;

(9) $\displaystyle\int 4^x \mathrm{e}^x \mathrm{d}x$;

(10) $\displaystyle\int \frac{3^x - 3\cdot 2^x}{3^x}\mathrm{d}x$;

(11) $\displaystyle\int \cot^2 x\,\mathrm{d}x$;

(12) $\displaystyle\int \cos^2 \frac{x}{2}\mathrm{d}x$.

习题参考答案

第二节 不定积分的换元积分法

能用直接积分法计算的不定积分十分有限,本节把复合函数的微分法反过来用于计算不定积分,通过适当的变量代换得到复合函数,这样的积分法称为**换元积分法**,简称**换元法**.它通常分成两类:第一类换元积分法和第二类换元积分法.

一、第一类换元积分法

定理1 设函数 $F(u)$ 是 $f(u)$ 的一个原函数,$u=\varphi(x)$ 可导,则有换元积分公式

$$\int f(\varphi(x))\varphi'(x)\mathrm{d}x = \left[\int f(u)\mathrm{d}u\right]_{u=\varphi(x)} = F(\varphi(x))+C. \tag{3-2}$$

证 只需证明(3-2)右端函数 $F(\varphi(x))$ 是左端被积函数 $f(\varphi(x))\varphi'(x)$ 的原函数. 由复合函数求导法则,得

$$\left[F(\varphi(x))\right]' = F'(\varphi(x))\varphi'(x) = f(\varphi(x))\varphi'(x),$$

即 $F(\varphi(x))$ 是 $f(\varphi(x))\varphi'(x)$ 的原函数,所以换元积分公式(3-2)成立. 证毕.

注 从形式上看,被积表达式 $\int f(\varphi(x))\varphi'(x)\mathrm{d}x$ 中的 $\mathrm{d}x$ 可以当作变量 x 的微分来对待,从而微分形式 $\varphi'(x)\mathrm{d}x$ 可以方便地凑成 $\mathrm{d}\varphi(x)$,使运算得以继续进行,即若函数 $g(x)$ 可以化为 $g(x)=f(\varphi(x))\varphi'(x)$ 的形式,则

$$\int g(x)\mathrm{d}x \xrightarrow{\text{分解}\,g(x)} \int f(\varphi(x))\varphi'(x)\mathrm{d}x \xrightarrow{\text{凑微分}} \int f(\varphi(x))\mathrm{d}\varphi(x)$$

$$\xrightarrow{u=\varphi(x)} \int f(u)\mathrm{d}u = F(u)+C = F(\varphi(x))+C.$$

这就是第一类换元积分法,也称之为**凑微分法**.

例1 求 $\displaystyle\int \frac{1}{5+4x}\mathrm{d}x$.

解 $\displaystyle\int\frac{1}{5+4x}\mathrm{d}x=\frac{1}{4}\int\frac{1}{5+4x}\mathrm{d}(5+4x).$

令 $u=5+4x$，则

$$\int\frac{1}{5+4x}\mathrm{d}x=\frac{1}{4}\int\frac{1}{u}\mathrm{d}u=\frac{1}{4}\ln|u|+C=\frac{1}{4}\ln|5+4x|+C.$$

注意，一般地，有 $\displaystyle\int f(ax+b)\mathrm{d}x\xlongequal{ax+b=u}\frac{1}{a}\int f(u)\mathrm{d}u\quad(a\neq0).$

试算试练   试求 $\displaystyle\int\frac{1}{4x+3}\mathrm{d}x,\int\sqrt{2x+1}\,\mathrm{d}x.$

例2   求 $\displaystyle\int x^2\mathrm{e}^{x^3}\mathrm{d}x.$

解 $\displaystyle\int x^2\mathrm{e}^{x^3}\mathrm{d}x=\frac{1}{3}\int\mathrm{e}^{x^3}\mathrm{d}(x^3).$

令 $u=x^3$，则

$$\int x^2\mathrm{e}^{x^3}\mathrm{d}x=\frac{1}{3}\int\mathrm{e}^u\mathrm{d}u=\frac{1}{3}\mathrm{e}^u+C=\frac{1}{3}\mathrm{e}^{x^3}+C.$$

注意，一般地，有 $\displaystyle\int f(x^\mu)x^{\mu-1}\mathrm{d}x=\frac{1}{\mu}\int f(x^\mu)\mathrm{d}(x^\mu)\quad(\mu\neq0).$

试算试练   试求 $\displaystyle\int x^3(x^4+6)^5\mathrm{d}x,\int x\sqrt{5x^2+1}\,\mathrm{d}x.$

例3   求 $\displaystyle\int\frac{1}{a^2+x^2}\mathrm{d}x\quad(a\neq0).$

解 $\displaystyle\int\frac{1}{a^2+x^2}\mathrm{d}x=\int\frac{1}{a^2}\cdot\frac{1}{1+\left(\dfrac{x}{a}\right)^2}\mathrm{d}x=\frac{1}{a}\int\frac{1}{1+\left(\dfrac{x}{a}\right)^2}\mathrm{d}\left(\frac{x}{a}\right).$

令 $u=\dfrac{x}{a}$，则

$$\int\frac{1}{a^2+x^2}\mathrm{d}x=\frac{1}{a}\int\frac{1}{1+u^2}\mathrm{d}u=\frac{1}{a}\arctan u+C=\frac{1}{a}\arctan\frac{x}{a}+C.$$

例4   求 $\displaystyle\int\frac{\mathrm{d}x}{\mathrm{e}^x+\mathrm{e}^{-x}}.$

解 $\displaystyle\int\frac{\mathrm{d}x}{\mathrm{e}^x+\mathrm{e}^{-x}}=\int\frac{\mathrm{e}^x}{\mathrm{e}^{2x}+1}\mathrm{d}x=\int\frac{1}{\mathrm{e}^{2x}+1}\mathrm{d}\mathrm{e}^x.$

令 $u=\mathrm{e}^x$，则

$$\int\frac{\mathrm{d}x}{\mathrm{e}^x+\mathrm{e}^{-x}}=\int\frac{1}{u^2+1}\mathrm{d}u=\arctan u+C=\arctan\mathrm{e}^x+C.$$

通过上述例题可以看出，利用第一类换元积分法求不定积分，可以让部分复杂的积分简化很多. 在熟练掌握了第一类换元积分法后，常常不写中间变量，采用如下凑微分的表达方式：

$$\int f(\varphi(x))\varphi'(x)\mathrm{d}x=\int f(\varphi(x))\mathrm{d}(\varphi(x))=F(\varphi(x))+C,$$

其中 $F(u)$ 是 $f(u)$ 的一个原函数. 下面给出常见的凑微分形式.

(1) $\int f(ax+b)\mathrm{d}x = \dfrac{1}{a}\int f(ax+b)\mathrm{d}(ax+b)$ $(a\neq 0)$;

(2) $\int f(x^{\mu})x^{\mu-1}\mathrm{d}x = \dfrac{1}{\mu}\int f(x^{\mu})\mathrm{d}(x^{\mu})$ $(\mu\neq 0)$;

(3) $\int f(\ln x)\dfrac{1}{x}\mathrm{d}x = \int f(\ln x)\mathrm{d}(\ln x)$;

(4) $\int f(\mathrm{e}^{x})\mathrm{e}^{x}\mathrm{d}x = \int f(\mathrm{e}^{x})\mathrm{d}(\mathrm{e}^{x})$;

(5) $\int f(a^{x})a^{x}\mathrm{d}x = \dfrac{1}{\ln a}\int f(a^{x})\mathrm{d}(a^{x})$ $(a>0, a\neq 1)$;

(6) $\int f(\sin x)\cos x\mathrm{d}x = \int f(\sin x)\mathrm{d}(\sin x)$;

(7) $\int f(\cos x)\sin x\mathrm{d}x = -\int f(\cos x)\mathrm{d}(\cos x)$;

(8) $\int f(\tan x)\sec^{2}x\mathrm{d}x = \int f(\tan x)\mathrm{d}(\tan x)$;

(9) $\int f(\cot x)\csc^{2}x\mathrm{d}x = -\int f(\cot x)\mathrm{d}(\cot x)$;

(10) $\int f(\arctan x)\dfrac{1}{1+x^{2}}\mathrm{d}x = \int f(\arctan x)\mathrm{d}(\arctan x)$;

(11) $\int f(\arcsin x)\dfrac{1}{\sqrt{1-x^{2}}}\mathrm{d}x = \int f(\arcsin x)\mathrm{d}(\arcsin x)$.

以上凑微分形式在求不定积分时经常要用到,下面举例说明.

例 5 求 $\int \tan x\mathrm{d}x$.

解 $\int \tan x\mathrm{d}x = \int \dfrac{\sin x}{\cos x}\mathrm{d}x = -\int \dfrac{1}{\cos x}\mathrm{d}(\cos x) = -\ln|\cos x| + C$.

同理可得

$$\int \cot x\mathrm{d}x = \ln|\sin x| + C.$$

例 6 求 $\int \sec^{4}x\mathrm{d}x$.

解 $\int \sec^{4}x\mathrm{d}x = \int \sec^{2}x\mathrm{d}(\tan x) = \int(1+\tan^{2}x)\mathrm{d}(\tan x) = \tan x + \dfrac{1}{3}\tan^{3}x + C$.

例 7 求 $\int \dfrac{\arctan x}{1+x^{2}}\mathrm{d}x$.

解 $\int \dfrac{\arctan x}{1+x^{2}}\mathrm{d}x = \int \arctan x \cdot \dfrac{1}{1+x^{2}}\mathrm{d}x = \int \arctan x\mathrm{d}(\arctan x) = \dfrac{1}{2}(\arctan x)^{2} + C$.

例 8 求 $\int \dfrac{1}{\sqrt{a^{2}-x^{2}}}\mathrm{d}x$ $(a>0)$.

解　$\displaystyle\int\frac{1}{\sqrt{a^2-x^2}}\mathrm{d}x=\int\frac{1}{a}\cdot\frac{1}{\sqrt{1-\dfrac{x^2}{a^2}}}\mathrm{d}x=\int\frac{1}{\sqrt{1-\left(\dfrac{x}{a}\right)^2}}\mathrm{d}\left(\frac{x}{a}\right)=\arcsin\frac{x}{a}+C.$

例 9　求 $\displaystyle\int\frac{1}{a^2-x^2}\mathrm{d}x$ $(a\neq0).$

解　$\displaystyle\int\frac{1}{a^2-x^2}\mathrm{d}x=-\frac{1}{2a}\int\left(\frac{1}{x-a}-\frac{1}{x+a}\right)\mathrm{d}x$

$\displaystyle\qquad\qquad\qquad=-\frac{1}{2a}\left[\int\frac{1}{x-a}\mathrm{d}(x-a)-\int\frac{1}{x+a}\mathrm{d}(x+a)\right]$

$\displaystyle\qquad\qquad\qquad=-\frac{1}{2a}(\ln|x-a|-\ln|x+a|)+C$

$\displaystyle\qquad\qquad\qquad=-\frac{1}{2a}\ln\left|\frac{x-a}{x+a}\right|+C$

$\displaystyle\qquad\qquad\qquad=\frac{1}{2a}\ln\left|\frac{a+x}{a-x}\right|+C.$

例 10　求 $\displaystyle\int\cos x\cdot\sin^2 x\mathrm{d}x.$

解　$\displaystyle\int\cos x\cdot\sin^2 x\mathrm{d}x=\int\sin^2 x\mathrm{d}(\sin x)=\frac{1}{3}\sin^3 x+C.$

例 11　求 $\displaystyle\int\cos^2 x\mathrm{d}x.$

解　$\displaystyle\int\cos^2 x\mathrm{d}x=\int\frac{1+\cos 2x}{2}\mathrm{d}x=\frac{1}{2}\int\mathrm{d}x+\frac{1}{2}\int\cos 2x\mathrm{d}x=\frac{1}{2}x+\frac{1}{4}\sin 2x+C.$

例 12　求 $\displaystyle\int\sin^3 x\cos^2 x\mathrm{d}x.$

解　$\displaystyle\int\sin^3 x\cos^2 x\mathrm{d}x=-\int\sin^2 x\cos^2 x\mathrm{d}(\cos x)=-\int(1-\cos^2 x)\cos^2 x\mathrm{d}(\cos x)$

$\displaystyle\qquad\qquad\qquad\qquad=-\int(\cos^2 x-\cos^4 x)\mathrm{d}(\cos x)=-\frac{1}{3}\cos^3 x+\frac{1}{5}\cos^5 x+C.$

注意,一般地,结合公式 $\sin^2 x+\cos^2 x=1$,可得

$$\int\sin^{2k+1} x\cos^n x\mathrm{d}x=-\int(1-\cos^2 x)^k\cos^n x\mathrm{d}(\cos x),$$

$$\int\sin^n x\cos^{2k+1} x\mathrm{d}x=\int\sin^n x(1-\sin^2 x)^k\mathrm{d}(\sin x),$$

其中 $k,n\in\mathbf{N}.$

例 13　求 $\displaystyle\int\sin^2 3x\cos^2 3x\mathrm{d}x.$

解　$\displaystyle\int\sin^2 3x\cos^2 3x\mathrm{d}x=\frac{1}{4}\int\sin^2 6x\mathrm{d}x=\frac{1}{8}\int(1-\cos 12x)\mathrm{d}x=\frac{1}{8}\left(x-\frac{1}{12}\sin 12x\right)+C.$

注意,一般地,结合公式

$$\sin^2\alpha=\frac{1-\cos 2\alpha}{2},\quad\cos^2\alpha=\frac{1+\cos 2\alpha}{2}$$

可得

$$\int \sin^{2k} x \cos^{2n} x \, dx = \frac{1}{2^{k+n}} \int (1-\cos 2x)^k (1+\cos 2x)^n \, dx \quad (k, n \in \mathbf{N}).$$

例 14　求 $\int \cos 3x \cos 5x \, dx$.

解　$\int \cos 3x \cos 5x \, dx = \frac{1}{2} \int (\cos 8x + \cos 2x) \, dx = \frac{1}{16} \sin 8x + \frac{1}{4} \sin 2x + C$.

注意,一般地,结合公式

$$\sin A \cos B = \frac{1}{2} [\sin(A+B) + \sin(A-B)],$$

$$\cos A \cos B = \frac{1}{2} [\cos(A+B) + \cos(A-B)],$$

$$\sin A \sin B = -\frac{1}{2} [\cos(A+B) - \cos(A-B)],$$

可求得 $\int \sin kx \cos nx \, dx$, $\int \cos kx \cos nx \, dx$ 及 $\int \sin kx \sin nx \, dx (k, n \in \mathbf{N})$ 的积分.

例 15　求 $\int \sec x \, dx$.

解　$\int \sec x \, dx = \int \frac{1}{\cos x} \, dx = \int \frac{\cos x}{\cos^2 x} \, dx = \int \frac{1}{1-\sin^2 x} \, d(\sin x)$

$$= \frac{1}{2} \ln \left| \frac{1+\sin x}{1-\sin x} \right| + C = \frac{1}{2} \ln \left| \frac{(1+\sin x)^2}{\cos^2 x} \right| + C$$

$$= \ln \left| \frac{1+\sin x}{\cos x} \right| + C = \ln |\sec x + \tan x| + C.$$

同理可得　　　　　$\int \csc x \, dx = \ln |\csc x - \cot x| + C.$

二、第二类换元积分法

定理 2　设 $x = \psi(t)$ 是单调、可导的函数,且 $\psi'(t) \neq 0$,$x = \psi(t)$ 的反函数记为 $t = \psi^{-1}(x)$,又设 $f(\psi(t))\psi'(t)$ 具有原函数 $F(t)$,则有换元公式

$$\int f(x) \, dx = \int f(\psi(t))\psi'(t) \, dt = [F(t) + C]_{t=\psi^{-1}(x)}. \tag{3-3}$$

证　利用复合函数与反函数的求导法则,得

$$[F(\psi^{-1}(x))]' = \frac{dF(t)}{dt} \cdot \frac{dt}{dx} = \frac{dF(t)}{dt} \cdot \frac{1}{\dfrac{dx}{dt}} = f(\psi(t))\psi'(t) \cdot \frac{1}{\psi'(t)} = f(x),$$

即 $F(\psi^{-1}(x))$ 是 $f(x)$ 的原函数,所以换元积分公式(3-3)成立. 证毕.

式(3-3)所采用的积分方法称为第二类换元积分法.

常用的第二类换元主要解决带根号的积分问题,我们可以总结出以下规律:

（1）被积函数中含有 $\sqrt{a^2-x^2}$,可作三角代换 $x = a \sin t$ 或 $x = a \cos t$;

（2）被积函数中含有 $\sqrt{a^2+x^2}$，可作三角代换 $x=a\tan t$ 或 $x=a\cot t$；

（3）被积函数中含有 $\sqrt{x^2-a^2}$，可作三角代换 $x=a\sec t$ 或 $x=a\csc t$；

（4）被积函数中含有 $\sqrt{ax+b}$，可作代换 $\sqrt{ax+b}=t$.

对于具体问题需要具体分析，很多问题的积分方法并不唯一.

例 16 求 $\int\sqrt{a^2-x^2}\,\mathrm{d}x$ $(a>0)$.

解 令 $x=a\sin t,-\dfrac{\pi}{2}<t<\dfrac{\pi}{2}$，那么 $\mathrm{d}x=a\cos t\mathrm{d}t,t=\arcsin\dfrac{x}{a}$，

$$\sqrt{a^2-x^2}=\sqrt{a^2-a^2\sin^2 t}=a\cos t.$$

于是

$$\int\sqrt{a^2-x^2}\,\mathrm{d}x=\int a\cos t\cdot a\cos t\mathrm{d}t=a^2\int\frac{1+\cos 2t}{2}\mathrm{d}t=a^2\left(\frac{t}{2}+\frac{\sin 2t}{4}\right)+C.$$

根据变换 $x=a\sin t$ 作辅助三角形（图 3-2），有

$$\sin 2t=2\sin t\cos t=2\cdot\frac{x}{a}\cdot\frac{\sqrt{a^2-x^2}}{a}.$$

因此原积分

$$\int\sqrt{a^2-x^2}\,\mathrm{d}x=\frac{a^2}{2}\arcsin\frac{x}{a}+\frac{x}{2}\sqrt{a^2-x^2}+C.$$

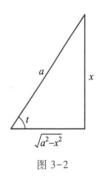

图 3-2

例 17 求 $\int\dfrac{\mathrm{d}x}{\sqrt{x^2+a^2}}$ $(a>0)$.

解 令 $x=a\tan t,-\dfrac{\pi}{2}<t<\dfrac{\pi}{2}$，那么 $\mathrm{d}x=a\sec^2 t\mathrm{d}t$，

$$\sqrt{x^2+a^2}=\sqrt{a^2\tan^2 t+a^2}=a\sec t.$$

于是

$$\int\frac{\mathrm{d}x}{\sqrt{x^2+a^2}}=\int\frac{a\sec^2 t}{a\sec t}\mathrm{d}t=\int\sec t\mathrm{d}t=\ln|\sec t+\tan t|+C_1.$$

根据变换 $x=a\tan t$ 作辅助三角形（图 3-3），有

$$\sec t=\frac{\sqrt{x^2+a^2}}{a},\quad \tan t=\frac{x}{a}.$$

因此原积分

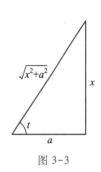

图 3-3

$$\int\frac{\mathrm{d}x}{\sqrt{x^2+a^2}}=\ln\left|\frac{\sqrt{x^2+a^2}}{a}+\frac{x}{a}\right|+C_1=\ln(x+\sqrt{x^2+a^2})+C,$$

其中 $C=C_1-\ln a$.

例 18 求 $\int\dfrac{\mathrm{d}x}{\sqrt{x^2-a^2}}$ $(a>0)$.

解 考虑到被积函数的定义域是 $\{x\,|\,x\in(-\infty,-a)\cup(a,+\infty)\}$，于是当 $x>a$ 时，令 $x=a\sec t$，

$0 < t < \dfrac{\pi}{2}$，则

$$\mathrm{d}x = a\sec t\tan t\,\mathrm{d}t, \quad \sqrt{x^2-a^2} = \sqrt{a^2\sec^2 t - a^2} = a\tan t.$$

于是

$$\int \frac{\mathrm{d}x}{\sqrt{x^2-a^2}} = \int \frac{a\sec t\tan t}{a\tan t}\mathrm{d}t = \int \sec t\,\mathrm{d}t = \ln|\sec t + \tan t| + C_1.$$

根据变换 $x = a\sec t$ 作辅助三角形（图 3-4），有

$$\sec t = \frac{x}{a}, \quad \tan t = \frac{\sqrt{x^2-a^2}}{a}.$$

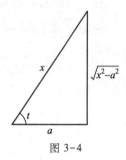

图 3-4

因此原积分

$$\int \frac{\mathrm{d}x}{\sqrt{x^2-a^2}} = \ln\left|\frac{x}{a} + \frac{\sqrt{x^2-a^2}}{a}\right| + C_1 = \ln|x+\sqrt{x^2-a^2}| + C,$$

其中 $C = C_1 - \ln a$.

可验证上述结论当 $x < -a$ 时也成立. 即

$$\int \frac{\mathrm{d}x}{\sqrt{x^2-a^2}} = \ln|x+\sqrt{x^2-a^2}| + C.$$

例 19 求 $\displaystyle\int \frac{x}{\sqrt{x+6}}\mathrm{d}x$.

解 令 $\sqrt{x+6} = t$，则 $x = t^2 - 6$. 于是

$$\begin{aligned}
\int \frac{x}{\sqrt{x+6}}\mathrm{d}x &= \int \frac{t^2-6}{t}\mathrm{d}(t^2-6) = \int \frac{t^2-6}{t}2t\,\mathrm{d}t = 2\int (t^2-6)\,\mathrm{d}t \\
&= 2\left(\frac{1}{3}t^3 - 6t\right) + C = \frac{2}{3}(\sqrt{x+6})^3 - 12\sqrt{x+6} + C.
\end{aligned}$$

在本节的例题中，有几个积分可以作为基本积分公式使用. 于是，我们在基本积分公式表中再添加以下几个（其中常数 $a > 0$）：

（14）$\displaystyle\int \tan x\,\mathrm{d}x = -\ln|\cos x| + C$；

（15）$\displaystyle\int \cot x\,\mathrm{d}x = \ln|\sin x| + C$；

（16）$\displaystyle\int \sec x\,\mathrm{d}x = \ln|\sec x + \tan x| + C$；

（17）$\displaystyle\int \csc x\,\mathrm{d}x = \ln|\csc x - \cot x| + C$；

（18）$\displaystyle\int \frac{\mathrm{d}x}{a^2+x^2} = \frac{1}{a}\arctan\frac{x}{a} + C$；

（19）$\int \dfrac{dx}{a^2-x^2}=\dfrac{1}{2a}\ln\left|\dfrac{a+x}{a-x}\right|+C$；

（20）$\int \dfrac{dx}{\sqrt{a^2-x^2}}=\arcsin \dfrac{x}{a}+C$；

（21）$\int \dfrac{dx}{\sqrt{x^2+a^2}}=\ln\left(x+\sqrt{x^2+a^2}\right)+C$；

（22）$\int \dfrac{dx}{\sqrt{x^2-a^2}}=\ln\left|x+\sqrt{x^2-a^2}\right|+C$；

（23）$\int \sqrt{a^2-x^2}\,dx=\dfrac{a^2}{2}\arcsin \dfrac{x}{a}+\dfrac{x}{2}\sqrt{a^2-x^2}+C$.

例 20　求 $\int \dfrac{1}{x(1+x^3)}dx$.

解　**方法一**
$$\int \dfrac{1}{x(1+x^3)}dx=\int \dfrac{(1+x^3)-x^3}{x(1+x^3)}dx$$
$$=\int \dfrac{1}{x}dx-\int \dfrac{x^2}{1+x^3}dx$$
$$=\ln|x|-\dfrac{1}{3}\int \dfrac{1}{1+x^3}d(1+x^3)$$
$$=\ln|x|-\dfrac{1}{3}\ln|1+x^3|+C.$$

方法二　令 $x=\dfrac{1}{t}$，则 $dx=-\dfrac{1}{t^2}dt$. 于是

$$\int \dfrac{1}{x(1+x^3)}dx=\int \dfrac{1}{\dfrac{1}{t}\left(1+\dfrac{1}{t^3}\right)}\left(-\dfrac{1}{t^2}\right)dt=-\int \dfrac{t^2}{1+t^3}dt=-\dfrac{1}{3}\int \dfrac{1}{1+t^3}dt^3$$

$$=-\dfrac{1}{3}\ln|1+t^3|+C=-\dfrac{1}{3}\ln\left|\dfrac{1+x^3}{x^3}\right|+C$$

$$=\ln|x|-\dfrac{1}{3}\ln|1+x^3|+C.$$

注意，我们称例 20 方法二中采用的代换 $x=\dfrac{1}{t}$ 为**倒代换**. 一般来说，当被积函数的分母次数较高时，可以尝试使用倒代换法进行积分计算. 另外，该例除上面提供的两种解法外，还有其他解法，读者可以自行演算.

试算试练　试利用倒代换法计算积分 $\int \dfrac{1}{x(x^6+1)}dx$.

习题

1. 在下列各式等号右端的括号内填空，使等式成立：

（1）$\mathrm{d}x = \mathrm{d}(\quad)$；　　　　　（2）$x\mathrm{d}x = \mathrm{d}(\quad)$；

（3）$\mathrm{e}^{-2x}\mathrm{d}x = \mathrm{d}(\quad)$；　　　（4）$\mathrm{e}^{-\frac{x}{4}}\mathrm{d}x = \mathrm{d}(\quad)$；

（5）$\sin 3x\mathrm{d}x = \mathrm{d}(\quad)$；　　　（6）$\dfrac{1}{x}\mathrm{d}x = \mathrm{d}(\quad)$；

（7）$\dfrac{1}{1+4x^2}\mathrm{d}x = \mathrm{d}(\quad)$；　（8）$\dfrac{x}{\sqrt{1-x^2}}\mathrm{d}x = \mathrm{d}(\quad)$.

2．利用第一类换元积分法求下列不定积分：

（1）$\displaystyle\int \cos 2x\mathrm{d}x$；　　　　　（2）$\displaystyle\int \dfrac{1}{4+3x}\mathrm{d}x$；

（3）$\displaystyle\int \dfrac{\mathrm{d}x}{\mathrm{e}^x-\mathrm{e}^{-x}}$；　　　　（4）$\displaystyle\int (2^x+3^x)^2\mathrm{d}x$；

（5）$\displaystyle\int \dfrac{x}{1+x^2}\mathrm{d}x$；　　　　（6）$\displaystyle\int \cos(2+3x)\mathrm{d}x$；

（7）$\displaystyle\int \dfrac{1}{2+5x^2}\mathrm{d}x$；　　　（8）$\displaystyle\int \dfrac{\mathrm{d}x}{\sqrt{1-2x^2}}$；

（9）$\displaystyle\int x\sqrt{1-x^2}\mathrm{d}x$；　　　（10）$\displaystyle\int \dfrac{x}{1+x^4}\mathrm{d}x$；

（11）$\displaystyle\int \dfrac{1}{x^2}\sin\dfrac{1}{x}\mathrm{d}x$；　　（12）$\displaystyle\int \dfrac{1}{\sqrt{x-x^2}}\mathrm{d}x$；

（13）$\displaystyle\int \dfrac{1}{x\ln x}\mathrm{d}x$；　　　（14）$\displaystyle\int \dfrac{x+\arctan x}{1+x^2}\mathrm{d}x$；

（15）$\displaystyle\int \cos^3 x\mathrm{d}x$；　　　　（16）$\displaystyle\int \tan^{10} x\sec^2 x\mathrm{d}x$；

（17）$\displaystyle\int \sin 5x\cos 3x\mathrm{d}x$；　　（18）$\displaystyle\int \dfrac{\sin x+\cos x}{\sqrt[3]{\sin x-\cos x}}\mathrm{d}x$；

（19）$\displaystyle\int \dfrac{x\tan\sqrt{1+x^2}}{\sqrt{1+x^2}}\mathrm{d}x$；　（20）$\displaystyle\int \dfrac{2^{\arctan\sqrt{x}}}{\sqrt{x}\,(1+x)}\mathrm{d}x$.

3．利用第二类换元积分法求下列不定积分：

（1）$\displaystyle\int \dfrac{\mathrm{d}x}{1+\sqrt{x-1}}$；　　　（2）$\displaystyle\int \dfrac{\mathrm{d}x}{\sqrt{(1-x^2)^3}}$；

（3）$\displaystyle\int \dfrac{\mathrm{d}x}{1+\sqrt{2x}}$；　　　（4）$\displaystyle\int x^2\sqrt[3]{1-x}\,\mathrm{d}x$；

（5）$\displaystyle\int \dfrac{x^2}{\sqrt{a^2-x^2}}\mathrm{d}x$；　　（6）$\displaystyle\int \dfrac{\sqrt{a^2-x^2}}{x^4}\mathrm{d}x$；

（7）$\displaystyle\int \dfrac{\mathrm{d}x}{1+\sqrt{1-x^2}}$；　　（8）$\displaystyle\int \dfrac{x^{15}}{(x^4-1)^3}\mathrm{d}x$；

（9）$\int \dfrac{1}{x}\sqrt{\dfrac{1-x}{x}}\,\mathrm{d}x$；

（10）$\int \dfrac{\mathrm{d}x}{\sqrt{\mathrm{e}^x+1}}$；

（11）$\int \dfrac{x+1}{x^2\sqrt{x^2-1}}\,\mathrm{d}x$；

（12）$\int \dfrac{\sqrt{x^2+1}}{x^4}\,\mathrm{d}x$.

习题参考答案

第三节　不定积分的分部积分法

本节介绍的积分法称为分部积分法.

定理　设函数 $u(x),v(x)$ 具有连续可微函数，则

$$\int u\,\mathrm{d}v = uv-\int v\,\mathrm{d}u. \tag{3-4}$$

证　由于 $u(x),v(x)$ 具有连续导数，故

$$\mathrm{d}(uv)=u\,\mathrm{d}v+v\,\mathrm{d}u.$$

对上式两端求不定积分，得

$$uv=\int u\,\mathrm{d}v+\int v\,\mathrm{d}u,$$

移项得

$$\int u\,\mathrm{d}v=uv-\int v\,\mathrm{d}u,$$

公式（3-4）成立，证毕.

我们称公式（3-4）为分部积分公式.

注意，从形式上看，分部积分法主要解决两种不同类型函数乘积的积分问题，当求积分 $\int u\,\mathrm{d}v$ 困难，而求积分 $\int v\,\mathrm{d}u$ 容易时，可以通过分部积分公式实现转化. 下面举例说明.

例1　求 $\int x\cos x\,\mathrm{d}x$.

解　被积函数是幂函数与三角函数的乘积，怎样选取 u 和 $\mathrm{d}v$ 呢？如果设 $u=x,\mathrm{d}v=\cos x\,\mathrm{d}x$，则

$$\int x\cos x\,\mathrm{d}x=\int x\,\mathrm{d}(\sin x)=x\sin x-\int \sin x\,\mathrm{d}x=x\sin x+\cos x+C.$$

如果改变 u 和 $\mathrm{d}v$ 的取法，那么

$$\int x\cos x\,\mathrm{d}x=\int \cos x\,\mathrm{d}\left(\dfrac{1}{2}x^2\right)=\dfrac{1}{2}x^2\cos x+\dfrac{1}{2}\int x^2\sin x\,\mathrm{d}x.$$

上式右端的积分比原积分更难求出.

由此可见，正确选取 u 和 $\mathrm{d}v$ 对于求解不定积分很关键，选取 u 和 $\mathrm{d}v$ 的一般原则为

（1）选作 $\mathrm{d}v$ 的部分容易求得 v；

（2）$\int v\,\mathrm{d}u$ 要比 $\int u\,\mathrm{d}v$ 容易积出.

例 2 求 $\int x^2 e^x dx$.

解 $\int x^2 e^x dx = \int x^2 d(e^x) = x^2 e^x - \int 2x e^x dx$

$$= x^2 e^x - 2\int x d(e^x) = x^2 e^x - 2x e^x + 2\int e^x dx$$

$$= (x^2 - 2x + 2)e^x + C.$$

注意,由上述例 1、例 2 可知,当被积函数是幂函数与三角函数或幂函数与指数函数的乘积时,可考虑将幂函数取作 u,这样会给接下来的计算带来方便. 一般地,关于 u 和 dv 的选取,我们有"反、对、幂、指、三"的经验规则,即按反三角函数、对数函数、幂函数、指数函数以及三角函数的顺序. 当被积函数为其中某两个函数的乘积时,排在前面的函数取作 u,排在后面的函数凑微分成为 dv,如下例.

例 3 求 $\int x^2 \ln x dx$.

解 $\int x^2 \ln x dx = \int \ln x d\left(\frac{x^3}{3}\right) = \frac{1}{3}x^3 \ln x - \frac{1}{3}\int x^3 \cdot \frac{1}{x}dx = \frac{1}{3}x^3 \ln x - \frac{1}{9}x^3 + C.$

在分部积分法运用比较熟练后,就只要把被积表达式凑成 udv 的形式,而不必再把 u, dv 具体写出来.

例 4 求 $\int x^2 \cos x dx$.

解 $\int x^2 \cos x dx = \int x^2 d\sin x = x^2 \sin x - \int \sin x dx^2$

$$= x^2 \sin x - \int 2x \sin x dx$$

$$= x^2 \sin x + 2\int x d\cos x$$

$$= x^2 \sin x + 2\left(x\cos x - \int \cos x dx\right)$$

$$= x^2 \sin x + 2x\cos x - 2\sin x + C.$$

例 5 求 $\int \ln x dx$.

解 $\int \ln x dx = x\ln x - \int x d(\ln x) = x\ln x - \int x \cdot \frac{1}{x}dx = x\ln x - x + C.$

例 6 求 $\int \arcsin x dx$.

解 设 $u = \arcsin x, dv = dx$,则

$$\int \arcsin x dx = x\arcsin x - \int \frac{x}{\sqrt{1-x^2}}dx = x\arcsin x + \frac{1}{2}\int \frac{d(1-x^2)}{\sqrt{1-x^2}} = x\arcsin x + \sqrt{1-x^2} + C.$$

类似的问题还有求 $\int \arctan x dx$ 等,这里就不阐述了.

例 7 求 $\int e^x \cos x dx$.

解 $\int e^x \cos x dx = \int e^x d(\sin x) = e^x \sin x - \int e^x \sin x dx$

$$= e^x \sin x + \int e^x d(\cos x)$$

$$= e^x \sin x + e^x \cos x - \int e^x \cos x dx,$$

所以

$$\int e^x \cos x dx = \frac{1}{2} e^x (\sin x + \cos x) + C.$$

注意,像例 7 这样,经过两次分部积分,使得所求积分重新出现的问题是比较常见. 但应注意,两次分部积分时,需将相同类型的函数取作 u. 当积分过程中产生所求积分表达式时,将它移到等式左端合并,即可解出积分.

例 8 求 $\int \sec^3 x dx$.

解 $\int \sec^3 x dx = \int \sec x d(\tan x) = \sec x \tan x - \int \tan^2 x \sec x dx$

$$= \sec x \tan x - \int (\sec^2 x - 1) \sec x dx$$

$$= \sec x \tan x - \int \sec^3 x dx + \int \sec x dx$$

$$= \sec x \tan x + \ln |\sec x + \tan x| - \int \sec^3 x dx,$$

所以

$$\int \sec^3 x dx = \frac{1}{2} \sec x \tan x + \frac{1}{2} \ln |\sec x + \tan x| + C.$$

例 9 求 $\int e^{\sqrt{x}} dx$.

解 令 $\sqrt{x} = t$,则 $x = t^2, dx = 2t dt$. 于是

$$\int e^{\sqrt{x}} dx = \int e^t \cdot 2t dt = 2 \int t e^t dt = 2 \int t d(e^t)$$

$$= 2 \left(t e^t - \int e^t dt \right) = 2(t-1) e^t + C$$

$$= 2(\sqrt{x} - 1) e^{\sqrt{x}} + C.$$

注意,换元积分法和分部积分法搭配在一起使用,往往可以提高解题效率.

例 10 已知 $f(x) = \dfrac{e^x}{x}$,求 $\int x f''(x) dx$.

解 $\int x f''(x) dx = \int x d(f'(x)) = x f'(x) - \int f'(x) dx = x f'(x) - f(x) + C.$

又 $f(x) = \dfrac{e^x}{x}, f'(x) = \dfrac{x e^x - e^x}{x^2} = \dfrac{e^x(x-1)}{x^2}, x f'(x) = \dfrac{e^x(x-1)}{x}$,则

$$\int x f''(x) dx = \frac{e^x(x-1)}{x} - \frac{e^x}{x} + C = \frac{e^x(x-2)}{x} + C.$$

习题

1. 求下列不定积分：

(1) $\displaystyle\int x\mathrm{e}^{2x}\mathrm{d}x$；

(2) $\displaystyle\int x\ln(x-1)\mathrm{d}x$；

(3) $\displaystyle\int \frac{x}{\sin^2 x}\mathrm{d}x$；

(4) $\displaystyle\int x^2\sin 3x\mathrm{d}x$；

(5) $\displaystyle\int \arcsin x\mathrm{d}x$；

(6) $\displaystyle\int \arctan x\mathrm{d}x$；

(7) $\displaystyle\int x\cos^2 x\mathrm{d}x$；

(8) $\displaystyle\int x\cos \frac{x}{2}\mathrm{d}x$；

(9) $\displaystyle\int x\tan^2 x\mathrm{d}x$；

(10) $\displaystyle\int \ln^2 x\mathrm{d}x$；

(11) $\displaystyle\int \cos(\ln x)\mathrm{d}x$；

(12) $\displaystyle\int x\sin x\cos x\mathrm{d}x$；

(13) $\displaystyle\int \frac{\ln(1+\mathrm{e}^x)}{\mathrm{e}^x}\mathrm{d}x$；

(14) $\displaystyle\int \sqrt{x}\,\mathrm{e}^{\sqrt{x}}\mathrm{d}x$；

(15) $\displaystyle\int \frac{\ln(1+x)}{\sqrt{x}}\mathrm{d}x$；

(16) $\displaystyle\int \frac{\arcsin\sqrt{x}}{\sqrt{1-x}}\mathrm{d}x$.

2. 设 $F(x)$ 为 $f(x)$ 的一个原函数，$F(0)=1$，$F(x)>0$，且当 $x\geqslant 0$ 时，有 $f(x)F(x)=\dfrac{x\mathrm{e}^x}{2(1+x)^2}$，求 $f(x)$.

习题参考答案

第四节 有理函数的不定积分

本节主要介绍一些比较简单的特殊类型函数的不定积分，包括有理函数的积分与可化为有理函数的积分，如简单无理函数、三角函数有理式的积分等.

一、有理函数的不定积分

有理函数（又称有理分式）是指两个多项式的商：

$$R(x)=\frac{P(x)}{Q(x)}=\frac{a_0x^n+a_1x^{n-1}+\cdots+a_n}{b_0x^m+b_1x^{m-1}+\cdots+b_m}, \tag{3-5}$$

其中 m,n 为非负整数，$a_0,a_1,\cdots,a_n$ 和 $b_0,b_1,\cdots,b_m$ 都是实数，且 $a_0\neq0$，$b_0\neq0$，并假定多项式 $P(x)$ 与 $Q(x)$ 之间没有公因式.

当 $n<m$ 时，称有理函数 $R(x)=\dfrac{P(x)}{Q(x)}$ 为真分式，例如 $R(x)=\dfrac{x-9}{x^2-8x+15}$；

当 $n\geqslant m$ 时，称有理函数 $R(x)=\dfrac{P(x)}{Q(x)}$ 为假分式，例如 $R(x)=\dfrac{x^5+x^4-8}{x^3-x}$.

注意,利用多项式的除法,可以将一个假分式化成一个多项式与一个真分式之和的形式. 例如

$$\frac{x^5+3x^2-2x+1}{x^3+x}=x^2-1+\frac{3x^2-x+1}{x^3+x},$$

而多项式的不定积分比较容易求得,于是只需考虑真分式 $R(x)=\dfrac{P(x)}{Q(x)}$ 的不定积分,可以按下面的三个步骤加以实现:

(1)将分母多项式 $Q(x)$ 在实数范围内分解成一次式和二次质因式的乘积,分解结果只含 $(x-a)^k, (x^2+px+q)^l$ 两种类型的因式,其中 $p^2-4q<0, k, l$ 为正整数;

(2)将真分式 $R(x)=\dfrac{P(x)}{Q(x)}$ 依据分母的分解拆分成有限个形如 $\dfrac{A}{(x-a)^k}$ 和 $\dfrac{Bx+C}{(x^2+px+q)^k}$ 的简单真分式之和;

(3)对拆分后的简单真分式逐个求不定积分,这些积分结果之和就是真分式 $R(x)=\dfrac{P(x)}{Q(x)}$ 的不定积分.

例1 求 $\displaystyle\int\frac{x-9}{x^2-8x+15}\mathrm{d}x$.

解 被积函数是真分式,分解分母得 $x^2-8x+15=(x-3)(x-5)$. 设

$$\frac{x-9}{x^2-8x+15}=\frac{x-9}{(x-3)(x-5)}=\frac{A}{x-3}+\frac{B}{x-5},$$

其中 A, B 为待定系数,进一步可得

$$x-9=A(x-5)+B(x-3)=(A+B)x-(5A+3B),$$

比较系数得

$$\begin{cases}A+B=1,\\5A+3B=9,\end{cases}$$

解得 $A=3, B=-2$,即

$$\frac{x-9}{x^2-8x+15}=\frac{3}{x-3}-\frac{2}{x-5}.$$

于是,原积分

$$\int\frac{x-9}{x^2-8x+15}\mathrm{d}x=\int\frac{3}{x-3}\mathrm{d}x-\int\frac{2}{x-5}\mathrm{d}x=3\ln|x-3|-2\ln|x-5|+C.$$

试算试练 试求积分 $\displaystyle\int\frac{5x^2-6x+1}{x^3-5x^2+6x}\mathrm{d}x$.

例2 求 $\displaystyle\int\frac{x^5+3x^2-2x+1}{x^3+x}\mathrm{d}x$.

解 被积函数是假分式,分解如下:

$$\frac{x^5+3x^2-2x+1}{x^3+x}=x^2-1+\frac{3x^2-x+1}{x^3+x}.$$

进一步将上式右端的真分式进行简单分式的分解,设

$$\frac{3x^2-x+1}{x^3+x}=\frac{A}{x}+\frac{Bx+C}{x^2+1},$$

其中 A,B,C 为待定系数,进一步可得

$$3x^2-x+1=A(x^2+1)+x(Bx+C)=(A+B)x^2+Cx+A,$$

比较系数得

$$\begin{cases}A+B=3,\\C=-1,\\A=1,\end{cases}$$

解得 $A=1,B=2,C=-1$,即

$$\frac{3x^2-x+1}{x^3+x}=\frac{1}{x}+\frac{2x-1}{x^2+1}.$$

于是,原积分

$$\begin{aligned}\int\frac{x^5+3x^2-2x+1}{x^3+x}dx&=\int(x^2-1)dx+\int\frac{1}{x}dx+\int\frac{2x-1}{1+x^2}dx\\&=\frac{x^3}{3}-x+\ln|x|+\int\frac{1}{1+x^2}d(1+x^2)\int\frac{1}{1+x^2}dx\\&=\frac{x^3}{3}-x+\ln|x|+\ln(1+x^2)-\arctan x+C.\end{aligned}$$

例3 求 $\int\frac{x}{(x^2+1)(x^2+4)}dx$.

解
$$\begin{aligned}\int\frac{x}{(x^2+1)(x^2+4)}dx&=\frac{1}{2}\int\frac{dx^2}{(x^2+1)(x^2+4)}\\&=\frac{1}{6}\left(\int\frac{dx^2}{x^2+1}-\int\frac{dx^2}{x^2+4}\right)\\&=\frac{1}{6}\ln\frac{x^2+1}{x^2+4}+C.\end{aligned}$$

例4 求 $\int\frac{2x^3+2x^2+5x+5}{x^4+5x^2+4}dx$.

解
$$\begin{aligned}\int\frac{2x^3+2x^2+5x+5}{x^4+5x^2+4}dx&=\int\frac{2x^3+5x}{x^4+5x^2+4}dx+\int\frac{2x^2+5}{x^4+5x^2+4}dx\\&=\frac{1}{2}\int\frac{d(x^4+5x^2+4)}{x^4+5x^2+4}+\int\frac{x^2+1+x^2+4}{(x^2+1)(x^2+4)}dx\\&=\frac{1}{2}\ln|x^4+5x^2+4|+\int\frac{1}{x^2+4}dx+\int\frac{1}{x^2+1}dx\\&=\frac{1}{2}\ln|x^4+5x^2+4|+\frac{1}{2}\arctan\frac{x}{2}+\arctan x+C.\end{aligned}$$

虽然上面所介绍的方法对求解有理函数的不定积分是普遍适用的,但我们应该结合被积函

数的实际特征,灵活选用各种积分方法.

例 5　求 $\int \dfrac{x+1}{(x^2+1)^2}\mathrm{d}x$.

解　**方法一**　注意到

$$\int \frac{x+1}{(x^2+1)^2}\mathrm{d}x = \frac{1}{2}\int \frac{\mathrm{d}(x^2+1)}{(x^2+1)^2} + \int \frac{\mathrm{d}x}{(x^2+1)^2} = -\frac{1}{2}\frac{1}{x^2+1} + \int \frac{\mathrm{d}x}{(x^2+1)^2},$$

因为

$$\int \frac{\mathrm{d}x}{(x^2+1)^2} = \int \frac{x^2+1-x^2}{(x^2+1)^2}\mathrm{d}x$$

$$= \int \frac{1}{1+x^2}\mathrm{d}x - \int \frac{x^2}{(x^2+1)^2}\mathrm{d}x$$

$$= \int \frac{1}{1+x^2}\mathrm{d}x + \frac{1}{2}\int x\mathrm{d}\left(\frac{1}{x^2+1}\right)$$

$$= \arctan x + \frac{x}{2(x^2+1)} - \frac{1}{2}\int \frac{1}{x^2+1}\mathrm{d}x$$

$$= \frac{1}{2}\arctan x + \frac{x}{2(x^2+1)} + C,$$

所以

$$\int \frac{x+1}{(x^2+1)^2}\mathrm{d}x = -\frac{1}{2(x^2+1)} + \frac{x}{2(x^2+1)} + \frac{1}{2}\arctan x + C.$$

方法二　令 $x=\tan t$,则 $\mathrm{d}x = \sec^2 t\mathrm{d}t$. 于是

$$\int \frac{x+1}{(x^2+1)^2}\mathrm{d}x = \int \frac{\tan t+1}{\sec^4 t}\cdot\sec^2 t\mathrm{d}t = \int \frac{\tan t+1}{\sec^2 t}\mathrm{d}t$$

$$= \int (\tan t+1)\cos^2 t\mathrm{d}t = \int \sin t\cos t\mathrm{d}t + \int \cos^2 t\mathrm{d}t$$

$$= -\int \cos t\mathrm{d}\cos t + \int \frac{1+\cos 2t}{2}\mathrm{d}t$$

$$= -\frac{1}{2}\cos^2 t + \frac{1}{2}t + \frac{1}{4}\sin 2t + C$$

$$= -\frac{1}{2(x^2+1)} + \frac{1}{2}\arctan x + \frac{x}{2(x^2+1)} + C.$$

二、可化为有理函数的不定积分

例 6　求 $\int \dfrac{1}{\sqrt[4]{x}+\sqrt{x}}\mathrm{d}x$.

解　变无理函数为有理函数,作变量代换 $t=\sqrt[4]{x}$,则 $x=t^4$,$\mathrm{d}x = 4t^3\mathrm{d}t$. 于是

$$\int \frac{\mathrm{d}x}{\sqrt[4]{x}+\sqrt{x}} = \int \frac{4t^3}{t+t^2}\mathrm{d}t = 4\int \frac{t^2}{1+t}\mathrm{d}t = 4\int \frac{t^2-1+1}{1+t}\mathrm{d}t = 4\int \left(t-1+\frac{1}{1+t}\right)\mathrm{d}t$$

$$= 2t^2 - 4t + 4\ln(1+t) + C = 2\sqrt{x} - 4\sqrt[4]{x} + 4\ln(1+\sqrt[4]{x}) + C.$$

例 7   求 $\displaystyle\int \frac{dx}{x - \sqrt[3]{3x+2}}$.

解   变无理函数为有理函数,作变量代换 $t = \sqrt[3]{3x+2}$,则 $x = \dfrac{1}{3}(t^3 - 2)$,$dx = t^2 dt$. 于是

$$\int \frac{dx}{x - \sqrt[3]{3x+2}} = \int \frac{3t^2}{t^3 - 3t - 2} dt$$

$$= \int \frac{4}{3(t-2)} dt + \int \frac{5}{3(t+1)} dt - \int \frac{1}{(t+1)^2} dt$$

$$= \frac{4}{3}\ln|t-2| + \frac{5}{3}\ln|t+1| + \frac{1}{t+1} + C$$

$$= \frac{4}{3}\ln|\sqrt[3]{3x+2} - 2| + \frac{5}{3}\ln|\sqrt[3]{3x+2} + 1| + \frac{1}{\sqrt[3]{3x+2} + 1} + C.$$

注意,像例 6 和例 7 这样的简单无理函数积分,可以采用变量代换的方法把无理函数变为有理函数,再套用有理函数的积分方法计算.

如果被积函数是三角函数有理式,即被积函数是由三角函数及常数经过有限次四则运算所构成的函数. 由于 $\tan x, \cot x, \sec x, \csc x$ 都可以用 $\sin x$ 和 $\cos x$ 的有理式来表示,故三角函数有理式总可以写成以 $\sin x$ 和 $\cos x$ 为变量的有理函数 $R(\sin x, \cos x)$ 的形式. 又因为

$$\sin x = 2\sin\frac{x}{2}\cos\frac{x}{2} = \frac{2\tan\dfrac{x}{2}}{\sec^2\dfrac{x}{2}} = \frac{2\tan\dfrac{x}{2}}{1+\tan^2\dfrac{x}{2}},$$

$$\cos x = \cos^2\frac{x}{2} - \sin^2\frac{x}{2} = \frac{1-\tan^2\dfrac{x}{2}}{\sec^2\dfrac{x}{2}} = \frac{1-\tan^2\dfrac{x}{2}}{1+\tan^2\dfrac{x}{2}},$$

引入代换 $\tan\dfrac{x}{2} = t$,则 $\sin x = \dfrac{2t}{1+t^2}$,$\cos x = \dfrac{1-t^2}{1+t^2}$,$dx = \dfrac{2}{1+t^2} dt$. 所以可将三角函数有理式的积分转化为有理函数的积分,即

$$\int R(\sin x, \cos x) dx = \int R\left(\frac{2t}{1+t^2}, \frac{1-t^2}{1+t^2}\right) \cdot \frac{2}{1+t^2} dt.$$

例 8   求 $\displaystyle\int \frac{dx}{1+\sin x + \cos x}$.

解   令 $t = \tan\dfrac{x}{2}$,则 $\sin x = \dfrac{2t}{1+t^2}$,$\cos x = \dfrac{1-t^2}{1+t^2}$,$dx = \dfrac{2dt}{1+t^2}$. 于是

$$\int \frac{dx}{1+\sin x + \cos x} = \int \frac{\dfrac{2dt}{1+t^2}}{1 + \dfrac{2t}{1+t^2} + \dfrac{1-t^2}{1+t^2}} = \int \frac{dt}{1+t}$$

$$= \ln |1+t| + C = \ln \left| 1 + \tan \frac{x}{2} \right| + C.$$

例 9　求 $\displaystyle\int \frac{\mathrm{d}x}{3+5\cos x}$.

解　令 $t = \tan \dfrac{x}{2}$,则 $\cos x = \dfrac{1-t^2}{1+t^2}, \mathrm{d}x = \dfrac{2}{1+t^2}\mathrm{d}t$. 于是

$$\int \frac{\mathrm{d}x}{3+5\cos x} = \int \frac{1}{3+5\dfrac{1-t^2}{1+t^2}} \cdot \frac{2}{1+t^2}\mathrm{d}t = \int \frac{\mathrm{d}t}{4-t^2}$$

$$= \frac{1}{4}\ln \left| \frac{2+t}{2-t} \right| + C = \frac{1}{4}\ln \left| \frac{2+\tan \dfrac{x}{2}}{2-\tan \dfrac{x}{2}} \right| + C.$$

例 10　求 $\displaystyle\int \frac{\mathrm{d}x}{(\sin x + \cos x)^2}$.

解　$\displaystyle\int \frac{\mathrm{d}x}{(\sin x + \cos x)^2} = \int \frac{\mathrm{d}x}{\left[\sqrt{2}\sin\left(x+\dfrac{\pi}{4}\right) \right]^2} = \frac{1}{2}\int \csc^2\left(x+\frac{\pi}{4}\right)\mathrm{d}x = -\frac{1}{2}\cot\left(x+\frac{\pi}{4}\right) + C.$

通过本章前面四节的学习,我们掌握了求不定积分的几种基本方法,同时也可以体会到,求不定积分往往比求导数困难. 一些看似简单的初等函数,其不定积分甚至不能用初等函数来表示. 例如

$$\int \frac{\sin x}{x}\mathrm{d}x, \quad \int \sin x^2 \mathrm{d}x, \quad \int \mathrm{e}^{-x^2}\mathrm{d}x, \quad \int \frac{1}{\ln x}\mathrm{d}x, \quad \int \frac{1}{\sqrt{1+x^4}}\mathrm{d}x$$

等,这些积分是积不出来的,由此可见,关于积分方法的探讨还需要进一步深入学习和研究.

习题

1. 有理函数 $\dfrac{x+3}{x^2-5x+6}$ 可分解为(　　　).

A. $\dfrac{-5}{x-2} + \dfrac{6}{x-3}$

B. $\dfrac{5}{x-2} + \dfrac{-6}{x-3}$

C. $\dfrac{-5}{x-3} + \dfrac{6}{x-2}$

D. $\dfrac{5}{x-3} + \dfrac{-6}{x-2}$

2. 关于有理函数 $\dfrac{x^2+1}{(x^2-2x+2)^2}$ 的分解形式,正确的是(　　　).

A. $\dfrac{Ax+B}{x^2-2x+2}$

B. $\dfrac{Ax+B}{(x^2-2x+2)^2}$

C. $\dfrac{A}{x^2-2x+2} + \dfrac{B}{(x^2-2x+2)^2}$

D. $\dfrac{Ax+B}{x^2-2x+2} + \dfrac{Cx+D}{(x^2-2x+2)^2}$

3. 分解有理函数: $\dfrac{5x^2+3}{(x+2)^3}=$ _____.

4. 分解有理函数: $\dfrac{(x-2)}{(x-3)(x-5)}=$ _____.

5. 求下列不定积分:

(1) $\displaystyle\int \dfrac{x+1}{x^2-5x+6}\mathrm{d}x$;

(2) $\displaystyle\int \dfrac{x-2}{x^2(x+1)}\mathrm{d}x$;

(3) $\displaystyle\int \dfrac{x^2}{x^3-1}\mathrm{d}x$;

(4) $\displaystyle\int \dfrac{x\mathrm{d}x}{(x+1)(x+2)(x+3)}$;

(5) $\displaystyle\int \dfrac{x^5+x^4-8}{x^3-x}\mathrm{d}x$;

(6) $\displaystyle\int \dfrac{2x^4-x^3-x+1}{x^3+x}\mathrm{d}x$;

习题参考答案

(7) $\displaystyle\int \dfrac{x}{\sqrt{3x+1}+\sqrt{2x+1}}\mathrm{d}x$;

(8) $\displaystyle\int \dfrac{x}{\sqrt[3]{3x+1}}\mathrm{d}x$;

(9) $\displaystyle\int \dfrac{1+\sin x}{\sin x(1+\cos x)}\mathrm{d}x$;

(10) $\displaystyle\int \dfrac{\mathrm{d}x}{\sin 2x+2\sin x}$.

第五节 定积分的概念与性质

定积分是微积分中重要的基本概念,它起源于求图形的面积和体积等实际问题. 我们先从两个典型问题入手,来引进定积分的定义,并讨论它的性质.

一、引例

(一) 曲边梯形的面积

在平面直角坐标系中,由直线 $x=a,x=b,y=0$ 及连续曲线 $y=f(x)(f(x)\geqslant 0)$ 所围成的图形 (图 3-5) 称为**曲边梯形**,我们试着来求该曲边梯形的面积 A.

对于曲边梯形,由于在底边上各点处的高 $f(x)$ 在区间 $[a,b]$ 上是变动的,故它的面积不能直接按公式“矩形面积 = 底×高”来计算,但注意到 $f(x)$ 是连续函数,在很小一段区间上变化很小,近似看成不变. 因此,如果把区间 $[a,b]$ 划分为许多小区间,在每个小区间上用其中某一点处的高来近似代替同一个小区间上的窄条形的小曲边

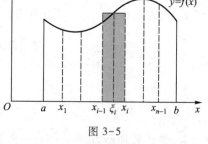

图 3-5

梯形的变高,那么每个小曲边梯形就可近似地看成这样得到的小矩形. 我们可以用这些小矩形的面积之和近似代替曲边梯形的面积. 基于这一事实,我们通过如下步骤来计算曲边梯形的面积 A:

(1) 分割:在区间 $[a,b]$ 内任意插入 $n-1$ 个分点

$$a = x_0 < x_1 < x_2 < \cdots < x_{i-1} < x_i < \cdots < x_{n-1} < x_n = b,$$

记 $[a,b]$ 的 n 个小区间 $[x_0,x_1]$，$[x_1,x_2]$，$\cdots$，$[x_{i-1},x_i]$，$\cdots$，$[x_{n-1},x_n]$ 的长度依次为

$$\Delta x_1 = x_1 - x_0, \Delta x_2 = x_2 - x_1, \cdots, \Delta x_i = x_i - x_{i-1}, \cdots, \Delta x_n = x_n - x_{n-1}.$$

（2）近似：在每个小区间 $[x_{i-1},x_i]$ 上任取一点 ξ_i，以底边长为 Δx_i、高为 $f(\xi_i)$ 的小矩形面积 $f(\xi_i)\Delta x_i$ 近似代替第 $i(i=1,2,\cdots,n)$ 个小曲边梯形的面积.

（3）求和：将 n 个小矩形的面积相加，得原曲边梯形面积 A 的近似值，即

$$A \approx f(\xi_1)\Delta x_1 + f(\xi_2)\Delta x_2 + \cdots + f(\xi_n)\Delta x_n = \sum_{i=1}^{n} f(\xi_i)\Delta x_i.$$

（4）逼近：对区间 $[a,b]$ 分割越细密，和式 $\sum_{i=1}^{n} f(\xi_i)\Delta x_i$ 作为原曲边梯形面积 A 的近似值的近似程度越高，为此，记 $\lambda = \max\{\Delta x_1, \Delta x_2, \cdots, \Delta x_n\}$，并令 $\lambda \to 0$，则和式 $\sum_{i=1}^{n} f(\xi_i)\Delta x_i$ 的极限就是原曲边梯形面积 A 的值，即

$$A = \lim_{\lambda \to 0} \sum_{i=1}^{n} f(\xi_i)\Delta x_i.$$

（二）变速直线运动的路程

设某物体做直线运动，已知速度 $v = v(t)$ 是时间间隔 $[T_1,T_2]$ 上 t 的连续函数，且 $v(t) \geq 0$，求这段时间内物体所经过的路程 s.

考虑到物体做变速直线运动，路程不能直接按公式"路程＝速度×时间"计算，但由于 $v(t)$ 是连续函数，当 t 在一个很小的区间上变化时，速度 $v(t)$ 的变化也很小，我们可用完全类似于求曲边梯形面积的方法来求变速直线运动的路程.

（1）分割：在时间间隔 $[T_1,T_2]$ 内任意插入 $n-1$ 个分点

$$T_1 = t_0 < t_1 < t_2 < \cdots < t_{i-1} < t_i < \cdots < t_{n-1} < t_n = T_2,$$

记 $[T_1,T_2]$ 的 n 个小时段 $[t_0,t_1]$，$[t_1,t_2]$，$\cdots$，$[t_{i-1},t_i]$，$\cdots$，$[t_{n-1},t_n]$ 的时长依次为

$$\Delta t_1 = t_1 - t_0, \Delta t_2 = t_2 - t_1, \cdots, \Delta t_i = t_i - t_{i-1}, \cdots, \Delta t_n = t_n - t_{n-1}.$$

（2）近似：在每个小时段 $[t_{i-1},t_i]$ 内任取一个时刻 τ_i，以时长 Δt_i 与时刻 τ_i 的速度 $v(\tau_i)$ 的乘积 $v(\tau_i)\Delta t_i$ 近似代替物体在第 $i(i=1,2,\cdots,n)$ 个小时段上的路程.

（3）求和：把 n 个小时段上的路程相加，得路程 s 的近似值，即

$$s \approx v(\tau_1)\Delta t_1 + v(\tau_2)\Delta t_2 + \cdots + v(\tau_n)\Delta t_n = \sum_{i=1}^{n} v(\tau_i)\Delta t_i.$$

（4）逼近：记 $\lambda = \max\{\Delta t_1, \Delta t_2, \cdots, \Delta t_n\}$，当 $\lambda \to 0$ 时，上述和式的极限就是所求变速直线运动的路程

$$s = \lim_{\lambda \to 0} \sum_{i=1}^{n} v(\tau_i)\Delta t_i.$$

二、定积分的定义

从上面两个实际问题的讨论可知，尽管它们各自的具体内容不同，但它们解决问题的方法与步骤相同，并且所求的整体量表示为相同结构的一种特定和式的极限：

$$曲边梯形的面积 A = \lim_{\lambda \to 0} \sum_{i=1}^{n} f(\xi_i) \Delta x_i,$$

$$变速直线运动的路程 s = \lim_{\lambda \to 0} \sum_{i=1}^{n} v(\tau_i) \Delta t_i.$$

类似这样的实际问题还有很多,我们提炼它们在数量关系上共同的本质与特性并加以概括,可以抽象出下列定积分的定义.

定义 设函数 $f(x)$ 在 $[a,b]$ 上有定义,在 $[a,b]$ 内任意插入 $n-1$ 个分点

$$a = x_0 < x_1 < x_2 < \cdots < x_{n-1} < x_n = b,$$

把区间 $[a,b]$ 分成 n 个小区间

$$[x_0, x_1], [x_1, x_2], \cdots, [x_{n-1}, x_n],$$

各个小区间的长度依次为

$$\Delta x_1 = x_1 - x_0, \Delta x_2 = x_2 - x_1, \cdots, \Delta x_n = x_n - x_{n-1}.$$

在每个小区间 $[x_{i-1}, x_i]$ 上任取一点 $\xi_i (x_{i-1} \leqslant \xi_i \leqslant x_i)$,作函数值 $f(\xi_i)$ 与小区间长度 Δx_i 的乘积 $f(\xi_i) \Delta x_i (i = 1, 2, \cdots, n)$,并求和:

$$S = \sum_{i=1}^{n} f(\xi_i) \Delta x_i.$$

记 $\lambda = \max\{\Delta x_1, \Delta x_2, \cdots, \Delta x_n\}$,如果无论 $[a,b]$ 怎样分,也无论在小区间 $[x_{i-1}, x_i]$ 上点 ξ_i 怎样选取,只要当 $\lambda \to 0$ 时,和 S 总趋于确定的极限 I(I 为一个确定的常数),那么称极限 I 是 $f(x)$ 在区间 $[a,b]$ 上的定积分(简称积分),记作 $\int_a^b f(x) \mathrm{d}x$,即

$$\int_a^b f(x) \mathrm{d}x = I = \lim_{\lambda \to 0} \sum_{i=1}^{n} f(\xi_i) \Delta x_i,$$

其中 $f(x)$ 称为被积函数,$f(x) \mathrm{d}x$ 称为被积表达式,x 称为积分变量,a 称为积分下限,b 称为积分上限,$[a,b]$ 称为积分区间. 如果 $f(x)$ 在 $[a,b]$ 上的定积分存在,那么称函数 $f(x)$ 在 $[a,b]$ 上可积.

注意,由定积分的定义可知,$\int_a^b f(x) \mathrm{d}x$ 表示一个具体的数值. 这个数值仅与被积函数 $f(x)$ 及区间 $[a,b]$ 有关,而与积分变量 x 无关. 如果既不改变被积函数 f,也不改变积分区间 $[a,b]$,只是把积分变量 x 改成其他字母,如 t 或 u,这时和的极限 I 是不变的,也就是定积分的值不变,即

$$\int_a^b f(x) \mathrm{d}x = \int_a^b f(t) \mathrm{d}t = \int_a^b f(u) \mathrm{d}u.$$

对于定积分,有这样一个重要问题:函数 $f(x)$ 在区间 $[a,b]$ 上满足什么条件时,$f(x)$ 在 $[a,b]$ 上才可积? 本书不作深入讨论,只不加证明地给出以下三个充分条件.

定理 1 如果函数 $f(x)$ 在区间 $[a,b]$ 上连续,那么 $f(x)$ 在 $[a,b]$ 上可积.

定理 2 如果函数 $f(x)$ 在区间 $[a,b]$ 上有界,且只有有限个间断点,那么 $f(x)$ 在 $[a,b]$ 上可积.

定理 3 如果函数 $f(x)$ 在区间 $[a,b]$ 上单调,那么 $f(x)$ 在 $[a,b]$ 上可积.

利用定积分的定义,前面所讨论的两个实际问题可以分别表述如下:

曲线 $y=f(x)$ $(f(x) \geqslant 0)$、x 轴及两条直线 $x=a$, $x=b$ 所围成的曲边梯形的面积 A 等于函数 $f(x)$ 在区间 $[a,b]$ 上的定积分,即

$$A = \int_a^b f(x)\,\mathrm{d}x.$$

物体以速度 $v=v(t)$ $(v(t) \geqslant 0)$ 做直线运动,从时刻 $t=T_1$ 到时刻 $t=T_2$,该物体所经过的路程 s 等于函数 $v(t)$ 在区间 $[T_1, T_2]$ 上的定积分,即

$$s = \int_{T_1}^{T_2} v(t)\,\mathrm{d}t.$$

根据定积分的定义以及引例(一)(曲边梯形的面积),容易知道定积分有如下几何意义:

在 $[a,b]$ 上 $f(x) \geqslant 0$ 时,定积分 $\int_a^b f(x)\,\mathrm{d}x$ 在几何上表示由曲线 $y=f(x)$、直线 $x=a$、$x=b$ 与 x 轴所围成的位于 x 轴上方的曲边梯形(图 3-6)的面积.

在 $[a,b]$ 上 $f(x) \leqslant 0$ 时,定积分 $\int_a^b f(x)\,\mathrm{d}x$ 在几何上表示由曲线 $y=f(x)$、直线 $x=a$、$x=b$ 与 x 轴所围成的位于 x 轴下方的曲边梯形(图 3-7)的面积的负值.

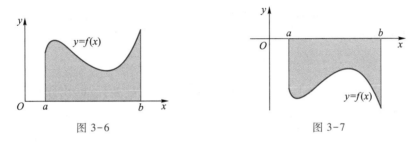

图 3-6　　　　　　　　　　　图 3-7

在 $[a,b]$ 上 $f(x)$ 既取得正值又取得负值时,定积分 $\int_a^b f(x)\,\mathrm{d}x$ 在几何上表示由曲线 $y=f(x)$、直线 $x=a$、$x=b$ 与 x 轴所围成的 x 轴上方的图形面积与 x 轴下方的图形面积之差(图 3-8),即

$$\int_a^b f(x)\,\mathrm{d}x = A_1 - A_2 + A_3 - A_4 + A_5.$$

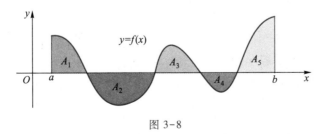

图 3-8

三、定积分的性质

为了应用和计算的方便,我们先对定积分作以下两点补充规定:

(1) 当 $a=b$ 时，$\int_a^b f(x)\,dx=0$；

(2) 当 $a\neq b$ 时，$\int_a^b f(x)\,dx=-\int_b^a f(x)\,dx$.

上式表明，积分限 a,b 两者的大小均可不加限制，我们假定下面各性质中所列出的定积分都是存在的.

性质 1 设 k_1,k_2 为两个任意常数，则

$$\int_a^b [k_1 f(x) \pm k_2 g(x)]\,dx = k_1 \int_a^b f(x)\,dx \pm k_2 \int_a^b g(x)\,dx.$$

证 由定积分的定义可得

$$\int_a^b [k_1 f(x) \pm k_2 g(x)]\,dx = \lim_{\lambda \to 0} \sum_{i=1}^n [k_1 f(\xi_i) \pm k_2 g(\xi_i)]\Delta x_i$$

$$= k_1 \cdot \lim_{\lambda \to 0} \sum_{i=1}^n f(\xi_i)\Delta x_i \pm k_2 \cdot \lim_{\lambda \to 0} \sum_{i=1}^n g(\xi_i)\Delta x_i$$

$$= k_1 \int_a^b f(x)\,dx \pm k_2 \int_a^b g(x)\,dx.$$

注意，性质 1 对于任意有限多个函数的和（差）都是成立的，我们称之为定积分的**线性性质**.

性质 2 设 $a<c<b$，则

$$\int_a^b f(x)\,dx = \int_a^c f(x)\,dx + \int_c^b f(x)\,dx.$$

证 因为函数 $f(x)$ 在区间 $[a,b]$ 上可积，所以不论 $[a,b]$ 怎样分，积分和的极限总是不变的. 因此，在分区间时，可以使 c 永远是个分点. 那么 $[a,b]$ 上的积分和等于 $[a,c]$ 上的积分和加 $[c,b]$ 上的积分和，记为

$$\sum_{[a,b]} f(\xi_i)\Delta x_i = \sum_{[a,c]} f(\xi_i)\Delta x_i + \sum_{[c,b]} f(\xi_i)\Delta x_i.$$

令 $\lambda \to 0$，上式两端同时取极限，即得

$$\int_a^b f(x)\,dx = \int_a^c f(x)\,dx + \int_c^b f(x)\,dx.$$

注意，不论 a,b,c 的相对位置如何，性质 2 中的等式总是成立的，例如当 $a<b<c$ 时，由已证明的结论 $\int_a^c f(x)\,dx = \int_a^b f(x)\,dx + \int_b^c f(x)\,dx$，得

$$\int_a^b f(x)\,dx = \int_a^c f(x)\,dx - \int_b^c f(x)\,dx = \int_a^c f(x)\,dx + \int_c^b f(x)\,dx.$$

注意，性质 2 称为定积分对于积分区间具有**可加性**.

性质 3 如果在区间 $[a,b]$ 上 $f(x) \equiv 1$，那么

$$\int_a^b 1\,dx = \int_a^b dx = b-a.$$

注意，结合性质 1、性质 3 可知，对某一常数 k，有

$$\int_a^b k\,dx = k\int_a^b dx = k(b-a).$$

性质 4 如果在区间 $[a,b]$ 上 $f(x) \geqslant 0$，那么

$$\int_a^b f(x)\,dx \geqslant 0 \quad (a<b).$$

证 因为 $f(x) \geqslant 0$，所以 $f(\xi_i) \geqslant 0 (i=1,2,\cdots,n)$. 又因为 $\Delta x_i \geqslant 0 (i=1,2,\cdots,n)$，所以

$$\sum_{i=1}^n f(\xi_i) \Delta x_i \geqslant 0.$$

令 $\lambda = \max\{\Delta x_1, \Delta x_2, \cdots, \Delta x_n\} \to 0$，由极限的保号性便得到要证的不等式. 证毕.

推论 1 如果在区间 $[a,b]$ 上 $f(x) \leqslant g(x)$，那么

$$\int_a^b f(x)\,dx \leqslant \int_a^b g(x)\,dx \quad (a<b).$$

证 因为 $g(x)-f(x) \geqslant 0$，由性质 4 得

$$\int_a^b (g(x)-f(x))\,dx \geqslant 0,$$

结合性质 1，便得到要证的不等式. 证毕.

推论 2 $\left| \int_a^b f(x)\,dx \right| \leqslant \int_a^b |f(x)|\,dx \quad (a<b).$

证 因为在区间 $[a,b]$ 上，

$$-|f(x)| \leqslant f(x) \leqslant |f(x)|.$$

由推论 1 得

$$-\int_a^b |f(x)|\,dx \leqslant \int_a^b f(x)\,dx \leqslant \int_a^b |f(x)|\,dx,$$

即

$$\left| \int_a^b f(x)\,dx \right| \leqslant \int_a^b |f(x)|\,dx.$$

证毕.

推论 3 若 $m \leqslant f(x) \leqslant M, x \in [a,b]$，则

$$m(b-a) \leqslant \int_a^b f(x)\,dx \leqslant M(b-a) \quad (a<b).$$

证 因为 $m \leqslant f(x) \leqslant M$，所以由推论 1 得

$$\int_a^b m\,dx \leqslant \int_a^b f(x)\,dx \leqslant \int_a^b M\,dx.$$

再由性质 1 和性质 3，便得到要证的不等式. 证毕.

性质 5（积分中值定理） 如果函数 $f(x)$ 在闭区间 $[a,b]$ 上连续，那么在 $[a,b]$ 上至少存在一点 ξ，使下式成立：

$$\int_a^b f(x)\,dx = f(\xi)(b-a) \quad (a \leqslant \xi \leqslant b).$$

证 因为 $f(x)$ 在闭区间 $[a,b]$ 上连续，所以一定取得最大值 M 和最小值 m. 由性质 4 的推论 3 得

$$m(b-a) \leqslant \int_a^b f(x)\,dx \leqslant M(b-a),$$

即

$$m \leqslant \frac{1}{b-a} \int_a^b f(x)\, dx \leqslant M,$$

故数值 $\frac{1}{b-a} \int_a^b f(x)\, dx$ 介于函数 $f(x)$ 的最小值 m 和最大值 M. 根据闭区间上连续函数的介值定理,在 $[a,b]$ 上至少存在一点 ξ,使

$$f(\xi) = \frac{1}{b-a} \int_a^b f(x)\, dx \quad (a \leqslant \xi \leqslant b)$$

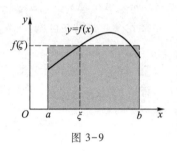

成立. 上式两端同时乘 $b-a$,便得到所要证的等式. 证毕.

积分中值定理的几何意义:在区间 $[a,b]$ 上至少存在一点 ξ,使得以 $[a,b]$ 为底边、以连续曲线 $f(x)$ 为曲边的曲边梯形的面积等于同一底边而高为 $f(\xi)$ 的矩形的面积(图 3-9). 显然,当 $b<a$ 时,积分中值定理中的等式也是成立的.

图 3-9

习题

1. 比较下列各对积分的大小:

(1) $\displaystyle\int_0^{\frac{\pi}{4}} \arctan x\, dx$ 与 $\displaystyle\int_0^{\frac{\pi}{4}} (\arctan x)^2\, dx$;

(2) $\displaystyle\int_0^{-2} e^x\, dx$ 与 $\displaystyle\int_0^{-2} x\, dx$;

(3) $\displaystyle\int_3^4 \ln x\, dx$ 与 $\displaystyle\int_3^4 (\ln x)^2\, dx$.

2. 已知函数 $f(x)$ 连续,且 $f(x) = x - \displaystyle\int_0^1 f(x)\, dx$,求函数 $f(x)$.

3. 利用定积分的性质证明:

(1) $\dfrac{1}{2} \leqslant \displaystyle\int_1^4 \dfrac{1}{2+x}\, dx \leqslant 1$;   (2) $\dfrac{1}{2} \leqslant \displaystyle\int_{\frac{\pi}{4}}^{\frac{\pi}{2}} \dfrac{\sin x}{x}\, dx \leqslant \dfrac{\sqrt{2}}{2}$.

4. 设 $f(x)$ 可导,且 $\displaystyle\lim_{x\to+\infty} f(x) = 1$,求 $\displaystyle\lim_{x\to+\infty} \int_x^{x+2} t\sin\frac{3}{t} f(t)\, dt$.

5. 设 $f(x)$ 在区间 $[0,1]$ 上可微,且满足条件 $f(1) = 2\displaystyle\int_0^{\frac{1}{2}} xf(x)\, dx$,证明:存在

习题参考答案 $\xi \in (0,1)$,使 $f(\xi) + \xi f'(\xi) = 0$.

第六节 微积分基本定理

在上一节中,我们发现即便被积函数很简单,但直接用定义计算并不是一件很容易的事情. 下面我们先从变速直线运动的位移函数与速度函数之间的联系入手,来寻找计算定积分的有效、简洁的方法.

由上一节可知,具有速度 $v(t)$ 的物体在时间间隔 $[T_1,T_2]$ 内经过的路程 s 可表示为 $\int_{T_1}^{T_2}v(t)\,\mathrm{d}t$;另一方面,这段路程 s 同时也等于位移函数 $s(t)$ 在 $[T_1,T_2]$ 上的增量 $s(T_2)-s(T_1)$. 所以,变速直线运动的位移函数与速度函数之间满足如下关系:

$$\int_{T_1}^{T_2}v(t)\,\mathrm{d}t=s(T_2)-s(T_1),$$

同时,我们也注意到 $s'(t)=v(t)$,即位移函数 $s(t)$ 是速度函数 $v(t)$ 在 $[T_1,T_2]$ 上的一个原函数. 所以,速度函数 $v(t)$ 在区间 $[T_1,T_2]$ 上的定积分等于它的原函数 $s(t)$ 在区间 $[T_1,T_2]$ 上的增量.

上述问题是否具有普遍性呢? 如果函数 $f(x)$ 在区间 $[a,b]$ 上连续,那么它的定积分是否等于它的原函数 $F(x)$ 在区间 $[a,b]$ 上的增量呢? 为此,有下面的讨论.

一、积分上限的函数及其导数

设函数 $f(x)$ 在区间 $[a,b]$ 上可积,x 为 $[a,b]$ 上任意一点,我们来考察 $f(x)$ 在部分区间 $[a,x]$ 上的定积分

$$\int_a^x f(x)\,\mathrm{d}x.$$

上述积分表达式中的 x 既表示定积分的上限,又表示积分变量. 因为定积分与积分变量的记法无关,所以为了避免混淆,可以把积分变量改为 t ,得

$$\int_a^x f(x)\,\mathrm{d}x=\int_a^x f(t)\,\mathrm{d}t,\ x\in[a,b].$$

当积分上限 x 在 $[a,b]$ 上变动时,对于每一个取定的 x 值,定积分 $\int_a^x f(t)\,\mathrm{d}t$ 有一个对应值,所以它在 $[a,b]$ 上定义了一个函数,记作 $\Phi(x)$,即

$$\Phi(x)=\int_a^x f(t)\,\mathrm{d}t\quad(a\leqslant x\leqslant b),$$

称 $\Phi(x)$ 为积分上限的函数或变上限积分. $\Phi(x)$ 具有以下重要性质.

定理 1 设函数 $f(x)$ 在区间 $[a,b]$ 上连续,则积分上限的函数

$$\Phi(x)=\int_a^x f(t)\,\mathrm{d}t$$

在 $[a,b]$ 上可导,且

$$\Phi'(x)=\frac{\mathrm{d}}{\mathrm{d}x}\int_a^x f(t)\,\mathrm{d}t=f(x)\quad(a\leqslant x\leqslant b). \tag{3-6}$$

证 若 $x\in(a,b)$,则当 x 取得增量 $\Delta x(x+\Delta x\in[a,b])$ 时,函数 $\Phi(x)$ (图 3-10)在 $x+\Delta x$ 处的函数值为

$$\Phi(x+\Delta x)=\int_a^{x+\Delta x}f(t)\,\mathrm{d}t.$$

由此得函数 $\Phi(x)$ 的增量为

$$\begin{aligned}\Delta\Phi&=\Phi(x+\Delta x)-\Phi(x)\\&=\int_a^{x+\Delta x}f(t)\,\mathrm{d}t-\int_a^x f(t)\,\mathrm{d}t\end{aligned}$$

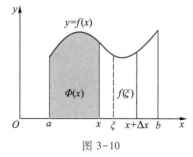

图 3-10

$$= \int_a^x f(t)\,\mathrm{d}t + \int_x^{x+\Delta x} f(x)\,\mathrm{d}t - \int_a^x f(t)\,\mathrm{d}t$$

$$= \int_x^{x+\Delta x} f(t)\,\mathrm{d}t.$$

由积分中值定理,得 $\Delta\Phi = f(\xi)\cdot\Delta x$,其中 ξ 在 x 与 $x+\Delta x$ 之间. 于是

$$\frac{\Delta\Phi}{\Delta x} = f(\xi).$$

因为 $f(x)$ 在 $[a,b]$ 上连续,而当 $\Delta x \to 0$ 时 $\xi \to x$,所以 $\lim\limits_{\Delta x \to 0} f(\xi) = f(x)$. 对上式两端取极限,得

$$\lim_{\Delta x \to 0}\frac{\Delta\Phi}{\Delta x} = \lim_{\Delta x \to 0} f(\xi) = f(x).$$

故

$$\Phi'(x) = \lim_{\Delta x \to 0}\frac{\Delta\Phi}{\Delta x} = f(x).$$

若 x 取 a 或 b,则把以上的 $\Delta x \to 0$ 分别改为 $\Delta x \to 0^+$ 或 $\Delta x \to 0^-$,有

$$\Phi'_+(a) = f(a), \quad \Phi'_-(b) = f(b).$$

即

$$\Phi'(x) = \frac{\mathrm{d}}{\mathrm{d}x}\int_a^x f(t)\,\mathrm{d}t = f(x) \quad (a \leqslant x \leqslant b).$$

证毕.

由此,我们就得到本章第一节中的定理 1(原函数存在定理),即如果 $f(x)$ 在 $[a,b]$ 上连续,那么 $f(x)$ 在 $[a,b]$ 上必存在一个定积分形式的原函数 $\int_a^x f(t)\,\mathrm{d}t$.

利用复合函数的求导法则,可进一步得到

推论 1 设函数 $f(x)$ 连续,函数 $\varphi(x)$ 可导,则

$$\frac{\mathrm{d}}{\mathrm{d}x}\int_a^{\varphi(x)} f(t)\,\mathrm{d}t = f(\varphi(x))\varphi'(x). \tag{3-7}$$

证 将 $\int_a^{\varphi(x)} f(t)\,\mathrm{d}t$ 看作以 $u = \varphi(x)$ 为中间变量的复合函数,由复合函数的求导法则及公式 $(3-6)$,得

$$\frac{\mathrm{d}}{\mathrm{d}x}\int_a^{\varphi(x)} f(t)\,\mathrm{d}t = \frac{\mathrm{d}}{\mathrm{d}u}\int_a^u f(t)\,\mathrm{d}t \cdot \frac{\mathrm{d}u}{\mathrm{d}x} = f(u)\cdot\frac{\mathrm{d}u}{\mathrm{d}x} = f(\varphi(x))\varphi'(x).$$

推论 2 设 $f(x)$ 是连续函数,$\varphi(x),\psi(x)$ 均可导,则

$$\frac{\mathrm{d}}{\mathrm{d}x}\int_{\varphi(x)}^{\psi(x)} f(t)\,\mathrm{d}t = f(\psi(x))\psi'(x) - f(\varphi(x))\varphi'(x). \tag{3-8}$$

证 由定积分的性质 2,得

$$\int_{\varphi(x)}^{\psi(x)} f(t)\,\mathrm{d}t = \int_{\varphi(x)}^a f(t)\,\mathrm{d}t + \int_a^{\psi(x)} f(t)\,\mathrm{d}t = \int_a^{\psi(x)} f(t)\,\mathrm{d}t - \int_a^{\varphi(x)} f(t)\,\mathrm{d}t.$$

故

$$\frac{\mathrm{d}}{\mathrm{d}x}\int_{\varphi(x)}^{\psi(x)}f(t)\,\mathrm{d}t = \frac{\mathrm{d}}{\mathrm{d}x}\Big[\int_{a}^{\psi(x)}f(t)\,\mathrm{d}t - \int_{a}^{\varphi(x)}f(t)\,\mathrm{d}t\Big]$$

$$= f(\psi(x))\psi'(x) - f(\varphi(x))\varphi'(x).$$

例1 求 $\dfrac{\mathrm{d}}{\mathrm{d}x}\Big(\displaystyle\int_{\cos x}^{\sin x}\dfrac{\sin t}{t}\,\mathrm{d}t\Big).$

解 $\dfrac{\mathrm{d}}{\mathrm{d}x}\Big(\displaystyle\int_{\cos x}^{\sin x}\dfrac{\sin t}{t}\,\mathrm{d}t\Big) = \dfrac{\sin(\sin x)}{\sin x}\cos x - \dfrac{\sin(\cos x)}{\cos}(-\sin x)$

$$= \cot x\sin(\sin x) + \tan x\sin(\cos x).$$

例2 求 $\lim\limits_{x\to 0}\dfrac{\displaystyle\int_{\sin x}^{0}\sin t^2\,\mathrm{d}t}{x^3}.$

解 注意到该极限是 $\dfrac{0}{0}$ 型未定式,且 $\displaystyle\int_{\sin x}^{0}\sin t^2\,\mathrm{d}t = -\int_{0}^{\sin x}\sin t^2\,\mathrm{d}t$,根据洛必达法则、公式 (3-7) 及等价无穷小代换,得

$$\lim_{x\to 0}\frac{\displaystyle\int_{\sin x}^{0}\sin t^2\,\mathrm{d}t}{x^3} = \lim_{x\to 0}\frac{-\displaystyle\int_{0}^{\sin x}\sin t^2\,\mathrm{d}t}{x^3} = \lim_{x\to 0}\frac{-\sin(\sin^2 x)\cos x}{3x^2}$$

$$= \lim_{x\to 0}\Big(\frac{-\sin^2 x}{3x^2}\cdot\cos x\Big) = -\frac{1}{3}.$$

二、牛顿–莱布尼茨公式

下面,我们根据定理 1 来证明一个重要的定理.

定理2 设 $f(x)$ 是 $[a,b]$ 上的连续函数,$F(x)$ 是 $f(x)$ 在 $[a,b]$ 上的一个原函数,那么

$$\int_{a}^{b}f(x)\,\mathrm{d}x = F(b) - F(a),\tag{3-9}$$

证 因为 $F(x)$ 与 $\Phi(x) = \displaystyle\int_{a}^{x}f(t)\,\mathrm{d}t$ 均为 $f(x)$ 在 $[a,b]$ 上的原函数,所以

$$F(x) - \Phi(x) = C \quad (a\leqslant x\leqslant b),$$

即 $F(x) = \Phi(x) + C.$ 进一步得

$$F(b) - F(a) = \Phi(b) - \Phi(a) = \int_{a}^{b}f(t)\,\mathrm{d}t - \int_{a}^{a}f(t)\,\mathrm{d}t = \int_{a}^{b}f(t)\,\mathrm{d}t,$$

把积分变量 t 替换成 x,得

$$\int_{a}^{b}f(x)\,\mathrm{d}x = F(b) - F(a).$$

证毕.

公式 (3-9) 称为**牛顿–莱布尼茨**(**Newton-Leibniz**)**公式**. 为方便起见,我们把 $F(b) - F(a)$ 记为 $F(x)\,\big|_{a}^{b}$ 或 $[F(x)]_{a}^{b}$,于是公式 (3-9) 又可表示为

$$\int_{a}^{b}f(x)\,\mathrm{d}x = F(x)\,\big|_{a}^{b} = F(b) - F(a)$$

或

$$\int_a^b f(x)\,\mathrm{d}x = \left[F(x)\right]_a^b = F(b) - F(a).$$

牛顿-莱布尼茨公式揭示了定积分与不定积分之间的联系. 它表明:一个连续函数在 $[a,b]$ 上的定积分等于它的任意一个原函数在 $[a,b]$ 上的增量. 这就给定积分的计算提供了一个有效、简便的方法.

例 3 利用牛顿-莱布尼茨公式计算定积分 $\int_0^2 x^3\,\mathrm{d}x$.

解 因为 $\dfrac{x^4}{4}$ 是 x^3 的一个原函数,所以按牛顿-莱布尼茨公式,得

$$\int_0^2 x^3\,\mathrm{d}x = \frac{x^4}{4}\ \Big|_0^2 = \frac{2^4}{4} - \frac{0^4}{4} = 4.$$

例 4 求 $\int_{-1}^{\sqrt{3}} \dfrac{x^4}{1+x^2}\,\mathrm{d}x$.

解
$$\begin{aligned}
\int_{-1}^{\sqrt{3}} \frac{x^4}{1+x^2}\,\mathrm{d}x &= \int_{-1}^{\sqrt{3}} \frac{x^4-1+1}{1+x^2}\,\mathrm{d}x = \int_{-1}^{\sqrt{3}} \left(x^2-1+\frac{1}{1+x^2}\right)\mathrm{d}x \\
&= \int_{-1}^{\sqrt{3}} x^2\,\mathrm{d}x - \int_{-1}^{\sqrt{3}}\mathrm{d}x + \int_{-1}^{\sqrt{3}} \frac{1}{1+x^2}\,\mathrm{d}x \\
&= \frac{x^3}{3}\ \Big|_{-1}^{\sqrt{3}} - x\ \Big|_{-1}^{\sqrt{3}} + \arctan x\ \Big|_{-1}^{\sqrt{3}} \\
&= \sqrt{3} + \frac{1}{3} - \left[\sqrt{3} - (-1)\right] + \frac{\pi}{3} - \left(-\frac{\pi}{4}\right) \\
&= \frac{7\pi}{12} - \frac{2}{3}.
\end{aligned}$$

例 5 求 $\int_{\frac{\pi}{6}}^{\pi} \sqrt{1-\sin^2 x}\,\mathrm{d}x$.

解
$$\begin{aligned}
\int_{\frac{\pi}{6}}^{\pi} \sqrt{1-\sin^2 x}\,\mathrm{d}x &= \int_{\frac{\pi}{6}}^{\pi} \sqrt{\cos^2 x}\,\mathrm{d}x = \int_{\frac{\pi}{6}}^{\pi} |\cos x|\,\mathrm{d}x \\
&= \int_{\frac{\pi}{6}}^{\frac{\pi}{2}} \cos x\,\mathrm{d}x + \int_{\frac{\pi}{2}}^{\pi} (-\cos x)\,\mathrm{d}x \\
&= \sin x\ \Big|_{\frac{\pi}{6}}^{\frac{\pi}{2}} - \sin x\ \Big|_{\frac{\pi}{2}}^{\pi} = \frac{3}{2}.
\end{aligned}$$

例 6 设

$$f(x) = \begin{cases} \cos x, & 0 \leqslant x \leqslant \dfrac{\pi}{2}, \\[2mm] 1, & \dfrac{\pi}{2} < x \leqslant \pi, \end{cases}$$

求积分上限的函数 $\Phi(x) = \int_0^x f(t)\,\mathrm{d}t$ 在区间 $[0,\pi]$ 上的表达式.

解 当 $0 \leqslant x \leqslant \dfrac{\pi}{2}$ 时,$\Phi(x) = \int_0^x f(t)\,\mathrm{d}t = \int_0^x \cos t\,\mathrm{d}t = \sin x.$

当 $\dfrac{\pi}{2} < x \leqslant \pi$ 时, $\Phi(x) = \displaystyle\int_0^x f(t)\,\mathrm{d}t = \int_0^{\frac{\pi}{2}} \cos t\,\mathrm{d}t + \int_{\frac{\pi}{2}}^x \mathrm{d}t = 1 + x - \dfrac{\pi}{2}.$

所以

$$\Phi(x) = \begin{cases} \sin x, & 0 \leqslant x \leqslant \dfrac{\pi}{2}, \\ 1 + x - \dfrac{\pi}{2}, & \dfrac{\pi}{2} < x \leqslant \pi. \end{cases}$$

习题

1. 计算下列各积分:

(1) $\displaystyle\int_0^1 \mathrm{e}^x\,\mathrm{d}x$;

(2) $\displaystyle\int_{-1}^{\sqrt{3}} \dfrac{1}{1+x^2}\,\mathrm{d}x$;

(3) $\displaystyle\int_2^4 \dfrac{1}{x}\,\mathrm{d}x$;

(4) $\displaystyle\int_1^4 x\left(\sqrt{x} + \dfrac{1}{x^2}\right)\,\mathrm{d}x$;

(5) $\displaystyle\int_{1/\sqrt{3}}^1 \dfrac{1+2x^2}{x^2(1+x^2)}\,\mathrm{d}x$;

(6) $\displaystyle\int_0^1 2^x \mathrm{e}^x\,\mathrm{d}x$;

(7) $\displaystyle\int_0^1 |2x-1|\,\mathrm{d}x$;

(8) $\displaystyle\int_0^1 |x-t|\,x\,\mathrm{d}x$.

2. 计算下列各函数的导数:

(1) $\displaystyle\int_x^0 \mathrm{e}^{-t^2}\,\mathrm{d}t$;

(2) $\displaystyle\int_x^1 \cos^2 t\,\mathrm{d}t$;

(3) $\displaystyle\int_{\cos x}^{\sin x} \mathrm{e}^{f(t)}\,\mathrm{d}t$;

(4) $\displaystyle\int_0^x x f(t)\,\mathrm{d}t$.

3. 求下列各极限:

(1) $\displaystyle\lim_{x\to 0} \dfrac{1}{x^3}\int_0^x \left(\dfrac{\sin t}{t} - 1\right)\,\mathrm{d}t$;

(2) $\displaystyle\lim_{x\to 0} \dfrac{\left[\int_0^x \ln(1+t)\,\mathrm{d}t\right]^2}{x^4}$;

(3) $\displaystyle\lim_{x\to 0} \dfrac{\int_{\cos x}^1 \mathrm{e}^{-t^2}\,\mathrm{d}t}{x^2}$;

(4) $\displaystyle\lim_{x\to 0} \dfrac{x^2 - \int_0^{x^2} \cos t^2\,\mathrm{d}t}{x^{10}}$.

4. 设 $f(x) = \dfrac{1}{1+x^2} + x^3 \displaystyle\int_0^1 f(x)\,\mathrm{d}x$, 求 $\displaystyle\int_0^1 f(x)\,\mathrm{d}x$.

5. 设函数 $y = y(x)$ 由方程 $\displaystyle\int_0^{y^2} \mathrm{e}^{t^2}\,\mathrm{d}t + \int_x^0 \sin t\,\mathrm{d}t = 0$ 所确定, 求 $\dfrac{\mathrm{d}y}{\mathrm{d}x}$.

6. 设 $f(x)$ 在 $(-\infty, +\infty)$ 上连续且 $f(x) > 0$, 证明函数 $F(x) = \dfrac{\displaystyle\int_0^x t f(t)\,\mathrm{d}t}{\displaystyle\int_0^x f(t)\,\mathrm{d}t}$ 在

$(0, +\infty)$ 内为单调增加函数.

习题参考答案

第七节　定积分的换元积分法与分部积分法

既然牛顿-莱布尼茨公式揭示了定积分和不定积分之间的联系,那么不定积分的算法对于定积分是否会带来帮助呢? 答案是肯定的,本节将主要介绍定积分的换元积分法和分部积分法.

一、定积分的换元积分法

定理 1　设函数 $f(x)$ 在区间 $[a,b]$ 上连续,单值函数 $x=\varphi(t)$ 满足

(1) $\varphi(\alpha)=a,\varphi(\beta)=b$;

(2) $\varphi(t)$ 在区间 $[\alpha,\beta]$(或 $[\beta,\alpha]$)上具有连续导数,且其值域 $R_\varphi=[a,b]$①,

则

$$\int_a^b f(x)\,\mathrm{d}x=\int_\alpha^\beta f(\varphi(t))\varphi'(t)\,\mathrm{d}t. \tag{3-10}$$

公式(3-10)称为定积分的换元公式.

证　因为公式(3-10)两端的被积函数均连续,所以它们可积且原函数都存在. 设 $F(x)$ 是 $f(x)$ 在 $[a,b]$ 上的一个原函数,则由牛顿-莱布尼茨公式,得

$$\int_a^b f(x)\,\mathrm{d}x=F(b)-F(a).$$

另一方面,记 $\Phi(t)=F(\varphi(t))$,由复合函数求导法则,得

$$\Phi'(t)=\frac{\mathrm{d}F}{\mathrm{d}x}\cdot\frac{\mathrm{d}x}{\mathrm{d}t}=f(x)\varphi'(t)=f(\varphi(t))\varphi'(t),$$

即 $\Phi(t)$ 是 $f(\varphi(t))\varphi'(t)$ 的一个原函数. 故

$$\int_\alpha^\beta f(\varphi(t))\varphi'(t)\,\mathrm{d}t=\Phi(\beta)-\Phi(\alpha)=F(\varphi(\beta))-F(\varphi(\alpha))=F(b)-F(a).$$

所以

$$\int_a^b f(x)\,\mathrm{d}x=F(b)-F(a)=\int_\alpha^\beta f(\varphi(t))\varphi'(t)\,\mathrm{d}t.$$

证毕.

注意,在应用公式(3-10)计算定积分时,通过变换 $x=\varphi(t)$ 把原来的变量 x 换成新变量 t 时,积分上、下限也要换成相应于新变量 t 的积分限.

例 1　求 $\displaystyle\int_0^a \sqrt{a^2-x^2}\,\mathrm{d}x\ (a>0)$.

解　设 $x=a\sin t$,则 $\mathrm{d}x=a\cos t\,\mathrm{d}t$,且当 $x=0$ 时,$t=0$;当 $x=a$ 时,$t=\dfrac{\pi}{2}$. 于是

$$\int_0^a \sqrt{a^2-x^2}\,\mathrm{d}x=a^2\int_0^{\frac{\pi}{2}}\cos^2 t\,\mathrm{d}t=\frac{a^2}{2}\int_0^{\frac{\pi}{2}}(1+\cos 2t)\,\mathrm{d}t$$

---

①　当 $\varphi(t)$ 的值域 R_φ 超出 $[a,b]$ 但 $\varphi(t)$ 满足其余条件时,只要 $f(x)$ 在 R_φ 上连续,定理的结论仍成立.

$$= \frac{a^2}{2} \left(t + \frac{1}{2} \sin 2t \right) \bigg|_0^{\frac{\pi}{2}} = \frac{\pi}{4} a^2 .$$

例 2 求 $\int_0^4 \frac{x+2}{\sqrt{2x+1}} dx .$

解 设 $\sqrt{2x+1} = t$，则 $x = \frac{t^2-1}{2}$，$dx = t dt$，且当 $x=0$ 时，$t=1$；当 $x=4$ 时，$t=3$. 于是

$$\int_0^4 \frac{x+2}{\sqrt{2x+1}} dx = \int_1^3 \frac{\frac{t^2-1}{2}+2}{t} t dt = \frac{1}{2} \int_1^3 (t^2+3) dt$$

$$= \frac{1}{2} \left(\frac{t^3}{3} + 3t \right) \bigg|_1^3 = \frac{22}{3} .$$

例 3 求 $\int_0^{\frac{\pi}{2}} \cos^3 x \sin x dx .$

解 设 $\cos x = t$，则 $-\sin x dx = dt$，且当 $x=0$ 时，$t=1$；当 $x=\frac{\pi}{2}$ 时，$t=0$. 于是

$$\int_0^{\frac{\pi}{2}} \cos^3 x \sin x dx = -\int_1^0 t^3 dt = \int_0^1 t^3 dt = \frac{1}{4} t^4 \bigg|_0^1 = \frac{1}{4} .$$

注意在例 3 中，如果我们采用类似于不定积分的凑微分法，不经换元，但使得被积函数能够直接进行积分计算，那么此时定积分的上、下限就不要变更，如本例的计算过程可简写如下：

$$\int_0^{\frac{\pi}{2}} \cos^3 x \sin x dx = -\int_0^{\frac{\pi}{2}} \cos^3 x d(\cos x) = -\frac{1}{4} \cos^4 x \bigg|_0^{\frac{\pi}{2}} = \frac{1}{4} .$$

例 4 求 $\int_0^{\pi} \sqrt{\sin x - \sin^3 x} dx .$

解
$$\int_0^{\pi} \sqrt{\sin x - \sin^3 x} dx = \int_0^{\pi} \sqrt{\sin x (1-\sin^2 x)} dx = \int_0^{\pi} \sqrt{\sin x} |\cos x| dx$$

$$= \int_0^{\frac{\pi}{2}} \sqrt{\sin x} \cos x dx - \int_{\frac{\pi}{2}}^{\pi} \sqrt{\sin x} \cos x dx$$

$$= \int_0^{\frac{\pi}{2}} \sin^{\frac{1}{2}} x d(\sin x) - \int_{\frac{\pi}{2}}^{\pi} \sin^{\frac{1}{2}} x d(\sin x)$$

$$= \left(\frac{2}{3} \sin^{\frac{3}{2}} x \right) \bigg|_0^{\frac{\pi}{2}} - \left(\frac{2}{3} \sin^{\frac{3}{2}} x \right) \bigg|_{\frac{\pi}{2}}^{\pi} = \frac{2}{3} - \left(-\frac{2}{3} \right) = \frac{4}{3} .$$

由上面的几个例题，我们不难知道，定积分的换元积分法与不定积分的换元积分法既有联系，又有区别. 在计算奇函数、偶函数在关于原点对称的区间上的定积分，以及连续的周期函数的定积分时，我们还可以得到下面更简化的结果.

定理 2 设函数 $f(x)$ 在 $[-a, a]$ 上连续，则

（1）当 $f(x)$ 为偶函数时，有 $\int_{-a}^{a} f(x) dx = 2 \int_0^a f(x) dx$；

（2）当 $f(x)$ 为奇函数时，有 $\int_{-a}^{a} f(x) dx = 0$.

证 因为
$$\int_{-a}^{a} f(x)\,dx = \int_{-a}^{0} f(x)\,dx + \int_{0}^{a} f(x)\,dx,$$

对于积分 $\int_{-a}^{0} f(x)\,dx$，作代换 $x = -t$，得

$$\int_{-a}^{0} f(x)\,dx = \int_{a}^{0} f(-t)(-dt) = \int_{0}^{a} f(-t)\,dt = \int_{0}^{a} f(-x)\,dx.$$

于是

$$\int_{-a}^{a} f(x)\,dx = \int_{0}^{a} f(-x)\,dx + \int_{0}^{a} f(x)\,dx = \int_{0}^{a} [f(-x)+f(x)]\,dx.$$

（1）若 $f(x)$ 为偶函数，即 $f(-x)+f(x)=2f(x)$，则

$$\int_{-a}^{a} f(x)\,dx = \int_{0}^{a} [f(-x)+f(x)]\,dx = 2\int_{0}^{a} f(x)\,dx.$$

（2）若 $f(x)$ 为奇函数，即 $f(-x)+f(x)=0$，则

$$\int_{-a}^{a} f(x)\,dx = \int_{0}^{a} [f(-x)+f(x)]\,dx = 0.$$

证毕.

定理 3 设 $f(x)$ 是定义在实数域上以 l 为周期的连续函数，a 为任意实数，则

$$\int_{a}^{a+l} f(x)\,dx = \int_{0}^{l} f(x)\,dx = \int_{-\frac{l}{2}}^{\frac{l}{2}} f(x)\,dx.$$

证 $\int_{a}^{a+l} f(x)\,dx = \int_{a}^{0} f(x)\,dx + \int_{0}^{l} f(x)\,dx + \int_{l}^{a+l} f(x)\,dx.$

对于积分 $\int_{l}^{a+l} f(x)\,dx$，作代换 $x = l+t$，并注意到 $f(x)$ 的周期性，得

$$\int_{l}^{a+l} f(x)\,dx = \int_{0}^{a} f(l+t)\,dt = \int_{0}^{a} f(t)\,dt = -\int_{a}^{0} f(x)\,dx.$$

于是

$$\int_{a}^{a+l} f(x)\,dx = \int_{a}^{0} f(x)\,dx + \int_{0}^{l} f(x)\,dx - \int_{a}^{0} f(x)\,dx = \int_{0}^{l} f(x)\,dx,$$

即

$$\int_{a}^{a+l} f(x)\,dx = \int_{0}^{l} f(x)\,dx.$$

由于 a 为任意实数，可取 $a = -\dfrac{l}{2}$，进一步可得

$$\int_{0}^{l} f(x)\,dx = \int_{-\frac{l}{2}}^{\frac{l}{2}} f(x)\,dx,$$

从而

$$\int_{a}^{a+l} f(x)\,dx = \int_{0}^{l} f(x)\,dx = \int_{-\frac{l}{2}}^{\frac{l}{2}} f(x)\,dx.$$

证毕.

例 5 求 $\int_{0}^{2\pi} \sin^3 x \cos^4 x\,dx.$

解　显然,$l=2\pi$ 为函数 $\sin^3 x\cos^4 x$ 的周期. 由定理 3 得

$$\int_0^{2\pi}\sin^3 x\cos^4 x\mathrm{d}x=\int_{-\pi}^{\pi}\sin^3 x\cos^4 x\mathrm{d}x.$$

注意到 $\sin^3 x\cos^4 x$ 在 $[-\pi,\pi]$ 上为奇函数,则

$$\int_0^{2\pi}\sin^3 x\cos^4 x\mathrm{d}x=0.$$

注意,例 5 是属于 $I_{n,m}=\int_0^{2\pi}\sin^n x\cos^m x\mathrm{d}x\,(m,n$ 为正整数)形式的定积分,由此可知,当 n 为奇数时,均有 $I_{n,m}=0$. 读者可自行证明,当 m 为奇数时,也有 $I_{n,m}=0$.

例 6　求 $\int_{-4}^{4}\dfrac{x^2+x\cos x}{1+x^2}\mathrm{d}x.$

解　注意到积分区间 $[-4,4]$ 关于原点对称和函数的奇偶性,有

$$\int_{-4}^{4}\frac{x^2+x\cos x}{1+x^2}\mathrm{d}x=\int_{-4}^{4}\frac{x^2}{1+x^2}\mathrm{d}x+\int_{-4}^{4}\frac{x\cos x}{1+x^2}\mathrm{d}x$$

$$=2\int_0^4\frac{x^2}{1+x^2}\mathrm{d}x+0=2\int_0^4\left(1-\frac{1}{1+x^2}\right)\mathrm{d}x$$

$$=2(x-\arctan x)\,\Big|_0^4=2(4-\arctan 4).$$

例 7　设 $f(x)$ 在 $[0,1]$ 上连续.

(1) 证明 $\int_0^{\frac{\pi}{2}}f(\sin x)\mathrm{d}x=\int_0^{\frac{\pi}{2}}f(\cos x)\mathrm{d}x$;

(2) 证明 $\int_0^{\pi}xf(\sin x)\mathrm{d}x=\dfrac{\pi}{2}\int_0^{\pi}f(\sin x)\mathrm{d}x$,并由此计算 $\int_0^{\pi}\dfrac{x\sin x}{1+\cos^2 x}\mathrm{d}x.$

解　(1) 设 $x=\dfrac{\pi}{2}-t$,则 $\mathrm{d}x=-\mathrm{d}t$,且当 $x=0$ 时,$t=\dfrac{\pi}{2}$;当 $x=\dfrac{\pi}{2}$ 时,$t=0$. 于是

$$\int_0^{\frac{\pi}{2}}f(\sin x)\mathrm{d}x=\int_{\frac{\pi}{2}}^{0}f\left[\sin\left(\frac{\pi}{2}-t\right)\right](-\mathrm{d}t)=\int_0^{\frac{\pi}{2}}f(\cos t)\mathrm{d}t=\int_0^{\frac{\pi}{2}}f(\cos x)\mathrm{d}x.$$

(2) 设 $x=\pi-t$,则 $\mathrm{d}x=-\mathrm{d}t$,且当 $x=0$ 时,$t=\pi$;当 $x=\pi$ 时,$t=0$. 于是

$$\int_0^{\pi}xf(\sin x)\mathrm{d}x=\int_{\pi}^{0}(\pi-t)f[\sin(\pi-t)](-\mathrm{d}t)$$

$$=\int_0^{\pi}(\pi-t)f(\sin t)\mathrm{d}t$$

$$=\pi\int_0^{\pi}f(\sin t)\mathrm{d}t-\int_0^{\pi}tf(\sin t)\mathrm{d}t$$

$$=\pi\int_0^{\pi}f(\sin x)\mathrm{d}x-\int_0^{\pi}xf(\sin x)\mathrm{d}x,$$

所以

$$\int_0^{\pi}xf(\sin x)\mathrm{d}x=\frac{\pi}{2}\int_0^{\pi}f(\sin x)\mathrm{d}x.$$

对于定积分 $\int_0^{\pi}\dfrac{x\sin x}{1+\cos^2 x}\mathrm{d}x$,被积函数可以看成 $xf(\sin x)$,利用上述结论,即得

$$\int_0^\pi \frac{x\sin x}{1+\cos^2 x}\mathrm{d}x = \frac{\pi}{2}\int_0^\pi \frac{\sin x}{1+\cos^2 x}\mathrm{d}x = -\frac{\pi}{2}\int_0^\pi \frac{\mathrm{d}(\cos x)}{1+\cos^2 x}$$

$$= \left(-\frac{\pi}{2}\arctan(\cos x)\right)\Big|_0^\pi = -\frac{\pi}{2}\left(-\frac{\pi}{4}-\frac{\pi}{4}\right) = \frac{\pi^2}{4}.$$

二、定积分的分部积分法

定理 4 设函数 $u(x)$, $v(x)$ 在区间 $[a,b]$ 上具有连续的导数, 则

$$\int_a^b u(x)\mathrm{d}v(x) = [u(x)v(x)]\Big|_a^b - \int_a^b v(x)\mathrm{d}u(x), \tag{3-11}$$

简记为

$$\int_a^b u\mathrm{d}v = (uv)\Big|_a^b - \int_a^b v\mathrm{d}u.$$

证 结合不定积分的换元积分法及牛顿-莱布尼茨公式, 得

$$\int_a^b u(x)\mathrm{d}v(x) = \left[\int u(x)\mathrm{d}v(x)\right]\Big|_a^b$$

$$= \left[u(x)v(x) - \int v(x)\mathrm{d}u(x)\right]\Big|_a^b$$

$$= [u(x)v(x)]\Big|_a^b - \int_a^b v(x)\mathrm{d}u(x).$$

证毕.

公式 (3-11) 称为定积分的分部积分公式, 下面我们来看几个例子.

例 8 求 $\int_2^4 \ln x\mathrm{d}x$.

解 $\int_2^4 \ln x\mathrm{d}x = (x\ln x)\Big|_2^4 - \int_2^4 x\mathrm{d}(\ln x) = (8\ln 2 - 2\ln 2) - \int_2^4 x\frac{1}{x}\mathrm{d}x = 6\ln 2 - 2.$

例 9 求 $\int_2^3 \mathrm{e}^{-\sqrt{x-2}}\mathrm{d}x$.

解 设 $\sqrt{x-2} = t$, 则 $x = t^2 + 2$, $\mathrm{d}x = 2t\mathrm{d}t$, 且当 $x=2$ 时, $t=0$; 当 $x=3$ 时, $t=1$. 于是

$$\int_2^3 \mathrm{e}^{-\sqrt{x-2}}\mathrm{d}x = 2\int_0^1 \mathrm{e}^{-t}t\mathrm{d}t = -2\int_0^1 t\mathrm{d}(\mathrm{e}^{-t}) = -2t\mathrm{e}^{-t}\Big|_0^1 + 2\int_0^1 \mathrm{e}^{-t}\mathrm{d}t = 2 - \frac{4}{\mathrm{e}}.$$

例 10 证明定积分公式:

$$I_n = \int_0^{\frac{\pi}{2}}\sin^n x\mathrm{d}x = \begin{cases} \dfrac{n-1}{n}\cdot\dfrac{n-3}{n-2}\cdot\cdots\cdot\dfrac{4}{5}\cdot\dfrac{2}{3}, & n \text{ 为大于 1 的正奇数}, \\[2mm] \dfrac{n-1}{n}\cdot\dfrac{n-3}{n-2}\cdot\cdots\cdot\dfrac{3}{4}\cdot\dfrac{1}{2}\cdot\dfrac{\pi}{2}, & n \text{ 为正偶数}. \end{cases}$$

证 由例 7 的结论 (1) 可知, $\int_0^{\frac{\pi}{2}}\sin^n x\mathrm{d}x = \int_0^{\frac{\pi}{2}}\cos^n x\mathrm{d}x$. 下面先利用分部积分法建立 $I_n = \int_0^{\frac{\pi}{2}}\sin^n x\mathrm{d}x$ 的递推公式.

$$I_n = \int_0^{\frac{\pi}{2}}\sin^n x\mathrm{d}x = -\int_0^{\frac{\pi}{2}}\sin^{n-1} x\mathrm{d}(\cos x)$$

$$= (-\sin^{n-1} x\cos x) \left.\right|_0^{\frac{\pi}{2}} + (n-1) \int_0^{\frac{\pi}{2}} \cos^2 x\sin^{n-2} x\mathrm{d}x$$

$$= (n-1) \int_0^{\frac{\pi}{2}} \sin^{n-2} x\mathrm{d}x - (n-1) \int_0^{\frac{\pi}{2}} \sin^n x\mathrm{d}x$$

$$= (n-1) I_{n-2} - (n-1) I_n,$$

所以

$$I_n = \frac{n-1}{n} I_{n-2}.$$

这个等式称为积分 I_n 关于下标的递推公式. 如果把 n 换成 $n-2$, 那么

$$I_{n-2} = \frac{n-3}{n-2} I_{n-4}.$$

依此进行下去, 直到 I_n 的下标递减到 0 或 1 为止. 而

$$I_0 = \int_0^{\frac{\pi}{2}} \mathrm{d}x = \frac{\pi}{2}, \quad I_1 = \int_0^{\frac{\pi}{2}} \sin x\mathrm{d}x = 1.$$

所以, 当 n 为大于 1 的正奇数时,

$$I_n = \frac{n-1}{n} \cdot \frac{n-3}{n-2} \cdot \cdots \cdot \frac{4}{5} \cdot \frac{2}{3} \cdot I_1 = \frac{n-1}{n} \cdot \frac{n-3}{n-2} \cdot \cdots \cdot \frac{4}{5} \cdot \frac{2}{3};$$

当 n 为正偶数时,

$$I_n = \frac{n-1}{n} \cdot \frac{n-3}{n-2} \cdot \cdots \cdot \frac{3}{4} \cdot \frac{1}{2} \cdot I_0 = \frac{n-1}{n} \cdot \frac{n-3}{n-2} \cdot \cdots \cdot \frac{3}{4} \cdot \frac{1}{2} \cdot \frac{\pi}{2}.$$

证毕.

例如, $\int_0^{\frac{\pi}{2}} \cos^9 t\mathrm{d}t = \frac{8}{9} \cdot \frac{6}{7} \cdot \frac{4}{5} \cdot \frac{2}{3} = \frac{128}{315}.$

试算试练　试计算 $\int_0^{\frac{\pi}{2}} \sin^4 x\cos^2 x\mathrm{d}x.$

习题

1. 求下列定积分:

(1) $\displaystyle\int_1^2 \frac{1}{(3x-1)^2}\mathrm{d}x$;

(2) $\displaystyle\int_{-5}^1 \frac{x+1}{\sqrt{5-4x}}\mathrm{d}x$;

(3) $\displaystyle\int_0^4 \frac{x+2}{\sqrt{2x+1}}\mathrm{d}x$;

(4) $\displaystyle\int_0^{\ln 2} \sqrt{\mathrm{e}^x-1}\mathrm{d}x$;

(5) $\displaystyle\int_0^{\ln 3} \frac{\mathrm{e}^x}{1+\mathrm{e}^x}\mathrm{d}x$;

(6) $\displaystyle\int_0^a \sqrt{a^2-x^2}\mathrm{d}x$;

(7) $\displaystyle\int_0^{\frac{\pi}{2}} \cos^6 x\sin x\mathrm{d}x$;

(8) $\displaystyle\int_{-\frac{\pi}{4}}^{\frac{\pi}{4}} \frac{1}{1+\sin x}\mathrm{d}x$;

(9) $\displaystyle\int_0^3 \mathrm{e}^{|2-x|}\mathrm{d}x$;

(10) $\displaystyle\int_0^1 \frac{\arctan\sqrt{x}}{\sqrt{x}(1+x)}\mathrm{d}x$;

(11) $\displaystyle\int_0^\pi \cos x\sqrt{1+\cos^2 x}\,\mathrm{d}x$；

(12) $\displaystyle\int_1^3 f(x-2)\,\mathrm{d}x$，$f(x)=\begin{cases}1+x^2, & x<0,\\ \mathrm{e}^x, & x\geqslant0.\end{cases}$

2. 求下列定积分：

(1) $\displaystyle\int_0^{\frac{1}{2}} \arcsin x\,\mathrm{d}x$；

(2) $\displaystyle\int_0^1 \arctan x\,\mathrm{d}x$

(3) $\displaystyle\int_0^1 x\arctan x\,\mathrm{d}x$；

(4) $\displaystyle\int_0^1 x\mathrm{e}^{-2x}\,\mathrm{d}x$；

(5) $\displaystyle\int_1^3 \ln x\,\mathrm{d}x$；

(6) $\displaystyle\int_0^1 x\ln(1+x)\,\mathrm{d}x$；

(7) $\displaystyle\int_0^{\frac{\pi}{4}} \frac{x}{1+\cos 2x}\,\mathrm{d}x$；

(8) $\displaystyle\int_{\frac{1}{2}}^1 \mathrm{e}^{-\sqrt{2x-1}}\,\mathrm{d}x$；

(9) $\displaystyle\int_{-2}^2 (\,|x|+x)\mathrm{e}^{-|x|}\,\mathrm{d}x$；

(10) $\displaystyle\int_0^{\frac{\pi}{2}} x^2\sin x\,\mathrm{d}x$.

3. 利用函数的奇偶性计算下列定积分：

(1) $\displaystyle\int_{-1}^1 (\,|x|+\sin x)x^2\,\mathrm{d}x$；

(2) $\displaystyle\int_{-1}^1 \frac{2x^2+x\cos x}{1+\sqrt{1-x^2}}\,\mathrm{d}x$；

(3) $\displaystyle\int_{-1}^1 \frac{|x|+x\cos x}{1+|x|}\,\mathrm{d}x$；

(4) $\displaystyle\int_{-2}^2 \frac{x^2-x^5\cos x}{2+\sqrt{4-x^2}}\,\mathrm{d}x$.

习题参考答案

4. 设 $f(x)=\displaystyle\int_0^x \frac{\sin t}{\pi-t}\,\mathrm{d}t$，求 $\displaystyle\int_0^\pi f(x)\,\mathrm{d}x$.

5. 设 $f(x)$ 为连续函数，证明 $\displaystyle\int_0^x\left(\int_0^u f(t)\,\mathrm{d}t\right)\mathrm{d}u=\int_0^x (x-u)f(u)\,\mathrm{d}u$.

6. 求定积分 $I=\displaystyle\int_0^{n\pi} |\sin x|\,\mathrm{d}x$，其中 n 为正整数.

第八节　反常积分

我们前面介绍的定积分有两个基本条件：积分区间 $[a,b]$ 的有限性和被积函数 $f(x)$ 的有界性. 但在某些实际问题中，常会遇到积分区间为无穷区间或者被积函数为无界函数的积分，我们通常称这两类积分为反常积分或广义积分.

一、无穷限的反常积分

定义 1　设函数 $f(x)$ 在无穷区间 $[a,+\infty)$ 的任意有限子区间上可积，如果极限

$$\lim_{b\to+\infty}\int_a^b f(x)\,\mathrm{d}x$$

存在，那么称此极限值为函数 $f(x)$ 在无穷区间 $[a,+\infty)$ 上的反常积分，记作 $\displaystyle\int_a^{+\infty} f(x)\,\mathrm{d}x$，即

$$\int_a^{+\infty} f(x)\,dx = \lim_{b\to+\infty}\int_a^b f(x)\,dx; \tag{3-12}$$

这时也称反常积分 $\int_a^{+\infty} f(x)\,dx$ **收敛**;如果式(3-12)中的极限不存在,那么称反常积分 $\int_a^{+\infty} f(x)\,dx$ 发散,这时记号 $\int_a^{+\infty} f(x)\,dx$ 不再表示数值.

类似地,设函数 $f(x)$ 在无穷区间 $(-\infty, b]$ 的任意有限子区间上可积,如果极限

$$\lim_{a\to-\infty}\int_a^b f(x)\,dx$$

存在,那么称反常积分 $\int_{-\infty}^b f(x)\,dx$ **收敛**,且

$$\int_{-\infty}^b f(x)\,dx = \lim_{a\to-\infty}\int_a^b f(x)\,dx,$$

否则,称反常积分 $\int_{-\infty}^b f(x)\,dx$ **发散**.

设函数 $f(x)$ 在无穷区间 $(-\infty, +\infty)$ 的任意有限子区间上可积,如果反常积分

$$\int_{-\infty}^0 f(x)\,dx \quad 与 \quad \int_0^{+\infty} f(x)\,dx$$

都收敛,那么称反常积分 $\int_{-\infty}^{+\infty} f(x)\,dx$ **收敛**,且

$$\int_{-\infty}^{+\infty} f(x)\,dx = \int_{-\infty}^0 f(x)\,dx + \int_0^{+\infty} f(x)\,dx$$
$$= \lim_{a\to-\infty}\int_a^0 f(x)\,dx + \lim_{b\to+\infty}\int_0^b f(x)\,dx;$$

否则,称反常积分 $\int_{-\infty}^{+\infty} f(x)\,dx$ **发散**.

上述反常积分统称为无穷限的反常积分.

设 $F(x)$ 为 $f(x)$ 的一个原函数,记

$$F(+\infty) = \lim_{x\to+\infty} F(x), \quad F(-\infty) = \lim_{x\to-\infty} F(x),$$

则当 $F(-\infty)$ 与 $F(+\infty)$ 都存在时,有

$$\int_a^{+\infty} f(x)\,dx = F(x)\,\Big|_a^{+\infty} = F(+\infty) - F(a),$$

$$\int_{-\infty}^b f(x)\,dx = F(x)\,\Big|_{-\infty}^b = F(b) - F(-\infty),$$

$$\int_{-\infty}^{+\infty} f(x)\,dx = F(x)\,\Big|_{-\infty}^{+\infty} = F(+\infty) - F(-\infty).$$

例 1 求反常积分 $\int_{-\infty}^{+\infty}\dfrac{dx}{x^2-2x+2}$.

解 $\int_{-\infty}^{+\infty}\dfrac{dx}{x^2-2x+2} = \int_{-\infty}^{+\infty}\dfrac{d(x-1)}{1+(x-1)^2} = \arctan(x-1)\,\Big|_{-\infty}^{+\infty}$

$\qquad = \lim_{x\to+\infty}\arctan(x-1) - \lim_{x\to-\infty}\arctan(x-1)$

$\qquad = \dfrac{\pi}{2} - \left(-\dfrac{\pi}{2}\right) = \pi.$

注意,一般地,像例 1 这样,当反常积分 $\int_{-\infty}^{+\infty} f(x)\,\mathrm{d}x(f(x) \geqslant$

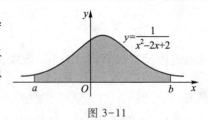

0)收敛时,其反常积分值表示位于曲线 $y=f(x)$ 下方、x 轴上方的图形的面积. 如图 3-11 所示,当 $a \to -\infty$,$b \to +\infty$ 时,虽然阴影部分向左、右无限延伸,但其面积却有极限值 π.

图 3-11

例 2　求反常积分 $\int_{\frac{2}{\pi}}^{+\infty} \dfrac{1}{x^2} \sin \dfrac{1}{x}\,\mathrm{d}x.$

解　$\displaystyle \int_{\frac{2}{\pi}}^{+\infty} \frac{1}{x^2} \sin \frac{1}{x}\,\mathrm{d}x = -\int_{\frac{2}{\pi}}^{+\infty} \sin \frac{1}{x}\,\mathrm{d}\!\left(\frac{1}{x}\right)$

$\displaystyle \qquad\qquad = -\lim_{b \to +\infty} \int_{\frac{2}{\pi}}^{b} \sin \frac{1}{x}\,\mathrm{d}\!\left(\frac{1}{x}\right)$

$\displaystyle \qquad\qquad = \lim_{b \to +\infty} \cos \frac{1}{x}\,\Big|_{\frac{2}{\pi}}^{b} = \lim_{b \to +\infty} \left(\cos \frac{1}{b} - \cos \frac{\pi}{2}\right) = 1.$

例 3　设 $a>0$,求反常积分 $\displaystyle \int_0^{+\infty} \frac{1}{\sqrt{(x^2+a^2)^3}}\,\mathrm{d}x.$

解　令 $x = a\tan t$,则 $\mathrm{d}x = a\sec^2 t\,\mathrm{d}t$,且当 $x=0$ 时,$t=0$;当 $x \to +\infty$ 时,$t \to \dfrac{\pi}{2}$. 于是

$$\int_0^{+\infty} \frac{1}{\sqrt{(x^2+a^2)^3}}\,\mathrm{d}x = \int_0^{\frac{\pi}{2}} \frac{a\sec^2 t}{a^3 \sec^3 t}\,\mathrm{d}t = \frac{1}{a^2} \int_0^{\frac{\pi}{2}} \cos t\,\mathrm{d}t = \frac{1}{a^2} \sin t\,\Big|_0^{\frac{\pi}{2}} = \frac{1}{a^2}.$$

例 4　讨论反常积分 $\displaystyle \int_{-\infty}^{+\infty} \frac{x}{1+x^2}\,\mathrm{d}x$ 的敛散性.

解　因为

$$\int_0^{+\infty} \frac{x}{1+x^2}\,\mathrm{d}x = \frac{1}{2}\ln(1+x^2)\,\Big|_0^{+\infty} = \lim_{x \to +\infty} \frac{1}{2}\ln(1+x^2) = +\infty,$$

所以 $\displaystyle \int_0^{+\infty} \frac{x}{1+x^2}\,\mathrm{d}x$ 发散,从而 $\displaystyle \int_{-\infty}^{+\infty} \frac{x}{1+x^2}\,\mathrm{d}x$ 发散.

注意,虽然被积函数在 $(-\infty, +\infty)$ 上为奇函数,但 $\displaystyle \int_{-\infty}^{+\infty} \frac{x}{1+x^2}\,\mathrm{d}x$ 并不是定积分,所以不能得出

$\displaystyle \int_{-\infty}^{+\infty} \frac{x}{1+x^2}\,\mathrm{d}x = 0.$

例 5　讨论反常积分 $\displaystyle \int_1^{+\infty} \frac{\mathrm{d}x}{x^p}$ 的敛散性,其中 $p>0$,且为常数.

解　当 $p=1$ 时,

$$\int_1^{+\infty} \frac{\mathrm{d}x}{x^p} = \int_1^{+\infty} \frac{\mathrm{d}x}{x} = \ln x\,\Big|_1^{+\infty} = \lim_{x \to +\infty} \ln x = +\infty.$$

当 $p \neq 1$ 时,

$$\int_1^{+\infty} \frac{\mathrm{d}x}{x^p} = \frac{x^{1-p}}{1-p}\,\Big|_1^{+\infty} = \lim_{x \to +\infty} \frac{x^{1-p}}{1-p} - \frac{1}{1-p} = \begin{cases} +\infty, & p<1, \\[2mm] \dfrac{1}{p-1}, & p>1. \end{cases}$$

因此,当 $p>1$ 时,反常积分 $\int_1^{+\infty}\dfrac{\mathrm{d}x}{x^p}$ 收敛,其值为 $\dfrac{1}{p-1}$;当 $p\leqslant 1$ 时,反常积分 $\int_1^{+\infty}\dfrac{\mathrm{d}x}{x^p}$ 发散.

二、无界函数的反常积分

下面我们来讨论被积函数为无界函数的情形.如果函数 $f(x)$ 在点 a 的任一邻域(或左、右邻域)内都无界,那么点 a 称为函数 $f(x)$ 的瑕点.无界函数的反常积分也称为瑕积分.

定义 2　设函数 $f(x)$ 在 $(a,b]$ 的任一闭子区间上可积,点 a 为函数 $f(x)$ 的瑕点.取 $t>a$,如果极限

$$\lim_{t\to a^+}\int_t^b f(x)\,\mathrm{d}x$$

存在,就称此极限值为函数 $f(x)$ 在区间 $(a,b]$ 上的反常积分,记作 $\int_a^b f(x)\,\mathrm{d}x$,即

$$\int_a^b f(x)\,\mathrm{d}x=\lim_{t\to a^+}\int_t^b f(x)\,\mathrm{d}x,\tag{3-13}$$

此时也称反常积分 $\int_a^b f(x)\,\mathrm{d}x$ **收敛**;如果式(3-13)中的极限不存在,就称反常积分 $\int_a^b f(x)\,\mathrm{d}x$ **发散**.

类似地,设函数 $f(x)$ 在 $[a,b)$ 的任一闭子区间上可积,点 b 为函数 $f(x)$ 的瑕点.取 $t<b$,如果极限

$$\lim_{t\to b^-}\int_a^t f(x)\,\mathrm{d}x$$

存在,就称反常积分 $\int_a^b f(x)\,\mathrm{d}x$ **收敛**,且有

$$\int_a^b f(x)\,\mathrm{d}x=\lim_{t\to b^-}\int_a^t f(x)\,\mathrm{d}x;$$

否则,称反常积分 $\int_a^b f(x)\,\mathrm{d}x$ **发散**.

又设点 $c\in(a,b)$,且点 c 为函数 $f(x)$ 的瑕点,那么当且仅当反常积分

$$\int_a^c f(x)\,\mathrm{d}x\quad \text{与}\quad \int_c^b f(x)\,\mathrm{d}x$$

都收敛时,称反常积分 $\int_a^b f(x)\,\mathrm{d}x$ **收敛**,且

$$\int_a^b f(x)\,\mathrm{d}x=\int_a^c f(x)\,\mathrm{d}x+\int_c^b f(x)\,\mathrm{d}x=\lim_{t\to c^-}\int_a^t f(x)\,\mathrm{d}x+\lim_{t\to c^+}\int_t^b f(x)\,\mathrm{d}x;$$

否则,称反常积分 $\int_a^b f(x)\,\mathrm{d}x$ **发散**.

设 a 为函数 $f(x)$ 的瑕点,$F(x)$ 为 $f(x)$ 在 $(a,b]$ 上的一个原函数,如果 $\lim\limits_{x\to a^+}F(x)$ 存在,记 $F(a^+)=\lim\limits_{x\to a^+}F(x)$,那么

$$\int_a^b f(x)\,\mathrm{d}x=F(b)-\lim_{x\to a^+}F(x)=F(b)-F(a^+);$$

如果 $\lim\limits_{x \to a^+} F(x)$ 不存在，那么反常积分 $\int_a^b f(x)\,\mathrm{d}x$ 发散.

如果仍用记号 $F(x) \big|_a^b$ 表示 $F(b)-F(a^+)$，那么形式上仍有

$$\int_a^b f(x)\,\mathrm{d}x = F(x) \big|_a^b.$$

注意，由上面的记号 $F(x) \big|_a^b$ 的说明可知，通常的定积分和反常积分的记号形式上完全一样，但后者隐含收敛、发散的问题，而前者没有.

例 6 求反常积分 $\int_0^a \dfrac{\mathrm{d}x}{\sqrt{a^2-x^2}}$ $(a>0)$.

解 因为 $\lim\limits_{x \to a^-} \dfrac{1}{\sqrt{a^2-x^2}} = +\infty$，所以点 a 为瑕点. 于是

$$\int_0^a \frac{\mathrm{d}x}{\sqrt{a^2-x^2}} = \arcsin \frac{x}{a} \Big|_0^a = \lim_{x \to a^-} \arcsin \frac{x}{a} - 0 = \frac{\pi}{2}.$$

注意，例 6 中的反常积分值的几何意义在于：曲线 $y = \dfrac{1}{\sqrt{a^2-x^2}}$ 之下、x 轴之上、直线 $x=0$ 与

$x=a$ 之间的图形面积是 $\dfrac{\pi}{2}$.

例 7 求反常积分 $\int_0^3 \dfrac{\mathrm{d}x}{(x-1)^{\frac{4}{5}}}$.

解 因为 $\lim\limits_{x \to 1} \dfrac{1}{(x-1)^{\frac{4}{5}}} = +\infty$，所以点 $x=1$ 为瑕点. 于是

$$\int_0^3 \frac{\mathrm{d}x}{(x-1)^{\frac{4}{5}}} = \int_0^1 \frac{\mathrm{d}x}{(x-1)^{\frac{4}{5}}} + \int_1^3 \frac{\mathrm{d}x}{(x-1)^{\frac{4}{5}}} = 5(x-1)^{\frac{1}{5}} \big|_0^1 + 5(x-1)^{\frac{1}{5}} \big|_1^3$$

$$= 5 \lim_{x \to 1^-} (x-1)^{\frac{1}{5}} + 5 + 5\sqrt[5]{2} - \lim_{x \to 1^+} (x-1)^{\frac{1}{5}} = 5(1+\sqrt[5]{2}).$$

例 8 求反常积分 $\int_{-1}^1 \dfrac{\mathrm{d}x}{x^2}$.

解 因为 $\lim\limits_{x \to 0} \dfrac{1}{x^2} = +\infty$，所以点 $x=0$ 为瑕点. 由于

$$\int_{-1}^0 \frac{\mathrm{d}x}{x^2} = -\frac{1}{x} \Big|_{-1}^0 = \lim_{x \to 0^-} \left(-\frac{1}{x} \right) - 1 = +\infty,$$

故反常积分 $\int_{-1}^0 \dfrac{\mathrm{d}x}{x^2}$ 发散，从而反常积分 $\int_{-1}^1 \dfrac{\mathrm{d}x}{x^2}$ 发散.

注意，若例 8 直接用牛顿-莱布尼茨公式计算，将会出现错误.

例 9 证明反常积分 $\int_0^1 \dfrac{\mathrm{d}x}{x^q}$ 当 $0<q<1$ 时收敛，当 $q \geqslant 1$ 时发散.

证 当 $q=1$ 时，

$$\int_0^1 \frac{\mathrm{d}x}{x^q} = \int_0^1 \frac{\mathrm{d}x}{x} = \ln x \Big|_0^1 = -\lim_{x\to 0^+} \ln x = +\infty .$$

当 $q \neq 1$ 时,

$$\int_0^1 \frac{\mathrm{d}x}{x^q} = \frac{1}{1-q} x^{1-q} \Big|_0^1 = \frac{1}{1-q}\left(1 - \lim_{x\to 0^+} x^{1-q}\right) = \begin{cases} \dfrac{1}{1-q}, & 0<q<1, \\ +\infty, & q>1. \end{cases}$$

因此,当 $0<q<1$ 时,此反常积分收敛,其值为 $\dfrac{1}{1-q}$;当 $q \geqslant 1$ 时,此反常积分发散.

例 10　求反常积分 $\displaystyle\int_2^{+\infty} \frac{\mathrm{d}x}{(x+7)\sqrt{x-2}}$.

解　这是无穷区间上的反常积分,$x=2$ 为瑕点. 令 $t=\sqrt{x-2}$,则 $(x+7)\sqrt{x-2}=(t^2+9)t$,$\mathrm{d}x = 2t\mathrm{d}t$,且当 $x=2$ 时,$t=0$;当 $x\to+\infty$ 时,$t\to+\infty$. 于是

$$\int_2^{+\infty} \frac{\mathrm{d}x}{(x+7)\sqrt{x-2}} = \int_0^{+\infty} \frac{2t\mathrm{d}t}{(t^2+9)\cdot t}$$

$$= 2\int_0^{+\infty} \frac{1}{t^2+9}\mathrm{d}t = \frac{2}{3}\arctan\frac{t}{3} \Big|_0^{+\infty}$$

$$= \lim_{t\to+\infty} \frac{2}{3}\arctan\frac{t}{3} - \lim_{t\to 0^+} \frac{2}{3}\arctan\frac{t}{3} = \frac{\pi}{3}.$$

习题

1. 下列反常积分是否收敛,如果收敛,求出它的值:

(1) $\displaystyle\int_0^{+\infty} \mathrm{e}^{-x}\mathrm{d}x$;

(2) $\displaystyle\int_0^{+\infty} \sin x\mathrm{d}x$;

(3) $\displaystyle\int_0^{+\infty} \frac{x}{(1+x)^3}\mathrm{d}x$;

(4) $\displaystyle\int_1^{+\infty} \frac{\ln x}{x^2}\mathrm{d}x$;

(5) $\displaystyle\int_0^{+\infty} \mathrm{e}^{-\sqrt{x}}\mathrm{d}x$;

(6) $\displaystyle\int_0^1 \ln x\mathrm{d}x$;

(7) $\displaystyle\int_1^2 \frac{\mathrm{d}x}{x\ln x}$;

(8) $\displaystyle\int_0^3 \frac{\mathrm{d}x}{(x-1)^{\frac{2}{3}}}$;

(9) $\displaystyle\int_0^1 \frac{\arcsin\sqrt{x}}{\sqrt{x(1-x)}}\mathrm{d}x$;

(10) $\displaystyle\int_0^1 \frac{\mathrm{d}x}{(2-x)\sqrt{1-x}}$.

2. 设 $f(x) = \begin{cases} \dfrac{1}{1+x^2}, & -\infty < x \leqslant 0, \\ 2, & 0 < x \leqslant 1, \\ 0, & 1 < x < +\infty, \end{cases}$　求反常积分 $\displaystyle\int_{-\infty}^{+\infty} f(x)\mathrm{d}x$.

3. 当 k 为何值时,反常积分 $\displaystyle\int_2^{+\infty} \frac{1}{x(\ln x)^k}\mathrm{d}x$ 收敛? 当 k 为何值时,该反常积分

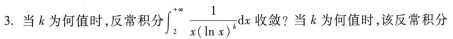

发散?

4. 讨论反常积分 $\int_a^b \dfrac{\mathrm{d}x}{(x-a)^q}$ $(q>0)$ 的敛散性.

第九节 定积分在几何中的应用举例

定积分作为一项数学工具,在几何学具有广泛的应用,本节将介绍用定积分解决实际问题的基本思想和方法(微元法),并用定积分来计算和处理一些几何量.

一、微元法

为了说明定积分的微元法,我们首先回顾在第五节中通过研究曲边梯形的面积来引入定积分定义的过程.

设函数 $f(x)$ 在区间 $[a,b]$ 上连续且 $f(x)\geqslant 0$,由 $x=a,x=b,y=0$ 及连续曲线 $y=f(x)$ 所围成的图形的面积 A 可表示为定积分,即

$$A=\int_a^b f(x)\,\mathrm{d}x,$$

当时解决该问题的四个步骤为

(1) 分割:在区间 $[a,b]$ 内任意插入 $n-1$ 分点

$$a=x_0<x_1<x_2<\cdots<x_{i-1}<x_i<\cdots<x_{n-1}<x_n=b,$$

记 $[a,b]$ 的 n 个小区间 $[x_0,x_1],[x_1,x_2],\cdots,[x_{i-1},x_i],\cdots,[x_{n-1},x_n]$ 的长度依次为

$$\Delta x_1=x_1-x_0,\Delta x_2=x_2-x_1,\cdots,\Delta x_i=x_i-x_{i-1},\cdots,\Delta x_n=x_n-x_{n-1}.$$

(2) 近似:在每个小区间 $[x_{i-1},x_i]$ 上任取一点 ξ_i,以底边长为 Δx_i、高为 $f(\xi_i)$ 的小矩形面积 $f(\xi_i)\Delta x_i$ 近似代替第 $i(i=1,2,\cdots,n)$ 个小曲边梯形的面积.

(3) 求和:将 n 个小矩形的面积相加,得原曲边梯形面积 A 的近似值,即

$$A\approx f(\xi_1)\Delta x_1+f(\xi_2)\Delta x_2+\cdots+f(\xi_n)\Delta x_n=\sum_{i=1}^n f(\xi_i)\Delta x_i.$$

(4) 逼近:对区间 $[a,b]$ 分割越细密,和式 $\sum_{i=1}^n f(\xi_i)\Delta x_i$ 作为原曲边梯形面积 A 的近似值的近似程度越高. 为此,记 $\lambda=\max\{\Delta x_1,\Delta x_2,\cdots,\Delta x_n\}$,并令 $\lambda\to 0$,则和式 $\sum_{i=1}^n f(\xi_i)\Delta x_i$ 的极限就是原曲边梯形面积 A 的值, 即

$$A=\lim_{\lambda\to 0}\sum_{i=1}^n f(\xi_i)\Delta x_i.$$

从上面的讨论可以看出:所求面积 A(总量)被分割成 $[a,b]$ 的若干个部分区间的小曲边梯形面积 ΔA_i(部分量),从而

$$A=\sum_{i=1}^n \Delta A_i.$$

这一性质称为所求量对于区间 $[a,b]$ 具有可加性;并且以 $f(\xi_i)\Delta x_i$ 近似代替部分量 ΔA_i 时,误

差是 Δx_i 的高阶无穷小,这样就保证了和式 $\sum\limits_{i=1}^{n} f(\xi_i)\Delta x_i$ 的极限成为 A 的精确值,即

$$A = \int_a^b f(x)\,\mathrm{d}x.$$

观察上述过程,我们发现,如果把近似运算中的 ξ_i 用 x 代替,Δx_i 用 $\mathrm{d}x$ 代替,并省略下标,那么以上过程在应用学科中常简化如下:

（1）由分割近似写微元:取变化区间 $[a,b]$ 的任意小区间 $[x,x+\mathrm{d}x]$,用 $\mathrm{d}A = f(x)\,\mathrm{d}x$ 作为 ΔA 的近似值（图 3–12）,即总量 A 的微元

$$\mathrm{d}A = f(x)\,\mathrm{d}x \approx \Delta A.$$

（2）由求和极限写积分:由 $\mathrm{d}A = f(x)\,\mathrm{d}x$ 求出总量 A 的定积分,即

$$A = \lim \sum \mathrm{d}A = \int_a^b f(x)\,\mathrm{d}x.$$

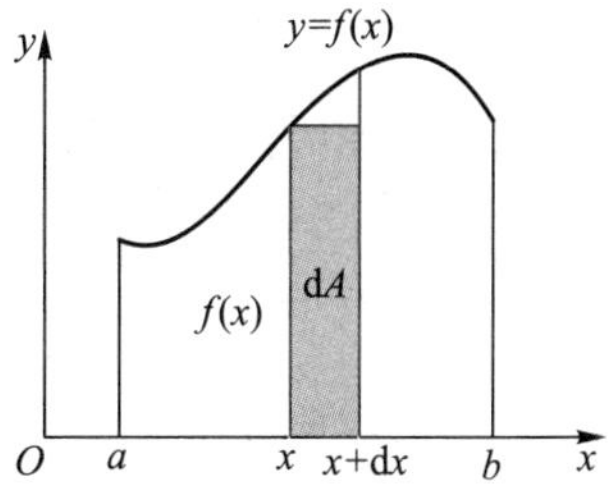

图 3–12

上述方法通常称为微元法（或元素法）. 微元法的关键在于写出部分量 ΔA 的等价无穷小,即微元 $\mathrm{d}A$. 在接下来的学习中,我们将应用微元法来讨论一些几何问题.

二、平面图形的面积

（一）直角坐标情形

设曲边形由连续曲线 $y=f(x)$、$y=g(x)$（$f(x)\geqslant g(x)$）和直线 $x=a$、$x=b$（$a<b$）所围成（图 3–13）,现在我们用微元法来求平面图形的面积 A.

在变化区间 $[a,b]$ 内任取一个小区间 $[x,x+\mathrm{d}x]$,则相应于这个小区间的图形的面积近似于高为 $f(x)-g(x)$、底为 $\mathrm{d}x$ 的矩形面积,从而得到面积微元

$$\mathrm{d}A = [f(x)-g(x)]\,\mathrm{d}x.$$

于是,得到直角坐标系下平面图形 $f(x)\leqslant y\leqslant g(x)$（$a\leqslant x\leqslant b$）的面积为

$$A = \int_a^b [f(x)-g(x)]\,\mathrm{d}x. \tag{3-14}$$

类似地,当平面图形由曲线 $x=\varphi(y)$、$x=\psi(y)$（$\varphi(y)\geqslant \psi(y)$）和直线 $y=c$、$y=d$（$c<d$）所围成时（图 3–14）,其直角坐标系下平面图形 $\psi(y)\leqslant x\leqslant \varphi(y)$（$c\leqslant y\leqslant d$）的面积为

$$A = \int_c^d [\varphi(y)-\psi(y)]\,\mathrm{d}y. \tag{3-15}$$

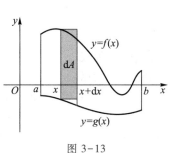

图 3–13

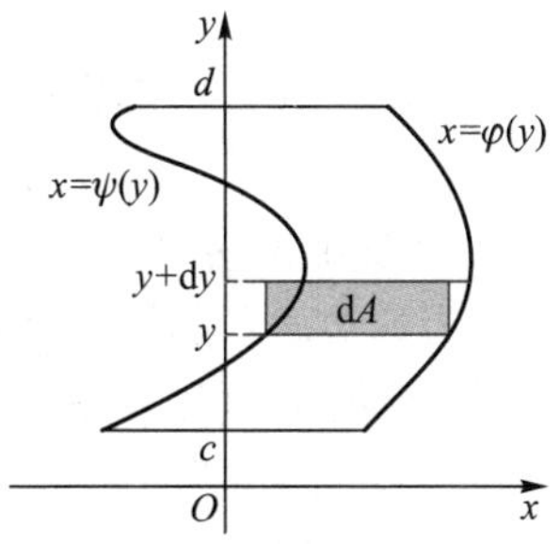

图 3–14

例 1　求由曲线 $y = \dfrac{1}{x}$ 及直线 $y = x, x = 2$ 所围成的平面图形的面积 A.

解　如图 3-15 所示,故

$$A = \int_1^2 \left(x - \frac{1}{x} \right) \mathrm{d}x = \left(\frac{1}{2}x^2 - \ln x \right) \Big|_1^2$$

$$= (2 - \ln 2) - \left(\frac{1}{2} - 0 \right) = \frac{3}{2} - \ln 2.$$

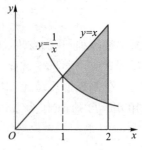

图 3-15

例 2　求由曲线 $y^2 = 2x$ 与直线 $y = x - 4$ 所围成的图形的面积.

解　如图 3-16 所示,曲线 $y^2 = 2x$ 与直线 $y = x - 4$ 的交点坐标为 $(2, -2)$ 及 $(8, 4)$. 取 y 为积分变量,右边界曲线的方程为 $x = y + 4$,左边界曲线的方程为 $x = \dfrac{1}{2}y^2$,积分区间为 $[-2, 4]$,于是

$$A = \int_{-2}^4 \left[(y + 4) - \frac{1}{2}y^2 \right] \mathrm{d}y$$

$$= \left(\frac{1}{2}y^2 + 4y - \frac{1}{6}y^3 \right) \Big|_{-2}^4 = 18.$$

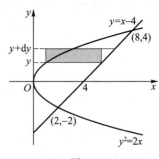

图 3-16

例 3　求椭圆 $\dfrac{x^2}{a^2} + \dfrac{y^2}{b^2} = 1$ 所围成的图形的面积.

解　由椭圆关于两坐标轴的对称性,得椭圆所围图形的面积 $A = 4A_1$,其中 A_1 为该椭圆在第一象限部分与两坐标轴所围成的图形的面积(图 3-17). 于是

$$A = 4A_1 = 4 \int_0^a y \mathrm{d}x.$$

由椭圆的参数方程可知

$$\begin{cases} x = a\cos t, \\ y = b\sin t, \end{cases} \quad 0 \leqslant t \leqslant \frac{\pi}{2}.$$

由定积分的换元积分法,令 $x = a\cos t$,则 $y = b\sin t$,$\mathrm{d}x = -a\sin t \mathrm{d}t$,且当 x 由 0 变到 a 时,t 由 $\dfrac{\pi}{2}$ 变到 0. 于是

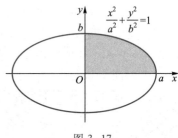

图 3-17

$$A = 4 \int_{\frac{\pi}{2}}^0 b\sin t (-a\sin t) \mathrm{d}t = 4ab \int_0^{\frac{\pi}{2}} \sin^2 t \mathrm{d}t = 4ab \cdot \frac{1}{2} \cdot \frac{\pi}{2} = \pi ab.$$

注意,当 $a = b$ 时,就是我们所熟悉的圆的面积公式 $A = \pi a^2$.

(二)极坐标情形

在极坐标系中,由曲线 $\rho = \rho(\theta)$ 及射线 $\theta = \alpha$、$\theta = \beta (\alpha < \beta)$ 所围成的平面图形 AOB 称为曲边扇形(图 3-18). 下面我们用定积分的微元法计算曲边扇形的面积 A,这里 $\rho(\theta)$ 在 $[\alpha, \beta]$ 上连续,且 $\rho(\theta) \geqslant 0, 0 < \beta - \alpha \leqslant 2\pi$.

在变化区间 $[\alpha, \beta]$ 内任取一个小区间 $[\theta, \theta + \mathrm{d}\theta]$,则相应于这个小区间的图形的面积近似于半径为 $\rho(\theta)$、中心角为 $\mathrm{d}\theta$ 的扇形的面

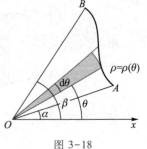

图 3-18

积,从而得到曲边扇形的面积微元

$$dA = \frac{1}{2}[\rho(\theta)]^2 d\theta.$$

于是,得到极坐标系下所求曲边扇形的面积为

$$A = \frac{1}{2}\int_\alpha^\beta [\rho(\theta)]^2 d\theta. \tag{3-16}$$

例 4　求由双纽线 $\rho^2 = a^2\cos 2\theta\,(a>0)$ 所围成的图形的面积.

解　双纽线所围成的图形如图 3-19 所示. 由图形的对称性,所求图形的面积 A 等于它在第一象限内图形面积 A_1 的 4 倍. 故

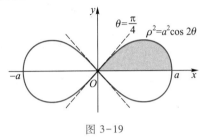

图 3-19

$$A = 4A_1 = 4 \cdot \frac{1}{2}\int_0^{\frac{\pi}{4}} a^2\cos 2\theta d\theta = 2a^2\int_0^{\frac{\pi}{4}}\cos 2\theta d\theta$$

$$= 2a^2\left(\frac{1}{2}\sin 2\theta\right)\Big|_0^{\frac{\pi}{4}} = a^2.$$

例 5　求由心形线 $\rho = a(1+\cos\theta)\,(a>0)$ 所围成的图形的面积.

解　心形线所围成的图形如图 3-20 所示. 由图形的对称性,所求图形的面积 A 等于它在极轴上方部分图形面积的 2 倍,故

$$A = 2 \cdot \frac{1}{2}\int_0^\pi a^2(1+\cos\theta)^2 d\theta$$

$$= a^2\int_0^\pi (1+2\cos\theta+\cos^2\theta)d\theta$$

$$= a^2\int_0^\pi \left(\frac{3}{2}+2\cos\theta+\frac{1}{2}\cos 2\theta\right)d\theta$$

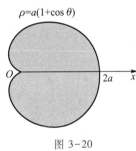

图 3-20

$$= a^2\left(\frac{3}{2}\theta+2\sin\theta+\frac{1}{4}\sin 2\theta\right)\Big|_0^\pi = \frac{3}{2}\pi a^2.$$

三、特殊形体的体积

(一) 旋转体的体积

一平面图形绕着它所在平面内的一条直线旋转一周所形成的立体称为**旋转体**,这条直线称为**旋转轴**. 我们现在求由连续曲线 $y=f(x)\,(f(x)\geqslant 0)$、直线 $x=a$、$x=b$ 及 x 轴所围成的曲边梯形绕 x 轴旋转一周而成的旋转体(图 3-21)的体积 V.

在变化区间 $[a,b]$ 内任取一个小区间 $[x,x+dx]$,则相应于该小区间的小曲边梯形绕 x 轴旋转而成的薄片的体积近似于以 x 点处的函数值 $f(x)$ 为底圆半径、dx 为高的圆柱体薄片体积,从而得到旋转体体积微元

$$dV = \pi[f(x)]^2 dx.$$

于是得到曲边梯形 $0\leqslant y\leqslant f(x)\,(a\leqslant x\leqslant b)$ 绕 x 轴旋转一周而成的旋转体的体积为

$$V_x = \pi\int_a^b [f(x)]^2 dx. \tag{3-17}$$

类似地,由连续曲线 $x=\varphi(y)(\varphi(y)\geq0)$、直线 $y=c$、$y=d(c<d)$ 及 y 轴所围成的曲边梯形绕 y 轴旋转一周而成的旋转体(图 3-22)的体积为

$$V_y=\pi\int_c^d[\varphi(y)]^2\mathrm{d}y. \tag{3-18}$$

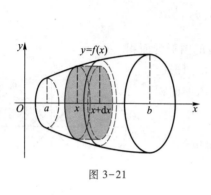

图 3-21

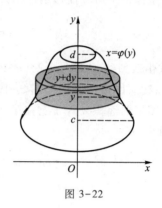

图 3-22

例 6　求由椭圆 $\dfrac{x^2}{a^2}+\dfrac{y^2}{b^2}=1$ 所围成的平面图形分别绕 x 轴、y 轴旋转而成的旋转体(称为旋转椭球体)的体积.

解　绕 x 轴旋转的旋转椭球体可以看作是由上半个椭圆 $y=\dfrac{b}{a}\sqrt{a^2-x^2}$ 及 x 轴所围成的平面图形绕 x 轴旋转一周所形成的立体(图 3-23),有

$$V_x=\pi\int_{-a}^a\frac{b^2}{a^2}(a^2-x^2)\,\mathrm{d}x=\frac{2\pi b^2}{a^2}\left(a^2x-\frac{1}{3}x^3\right)\Big|_0^a=\frac{4}{3}\pi ab^2.$$

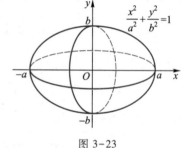

图 3-23

绕 y 轴旋转的旋转椭球体可以看作是由右半个椭圆 $x=\dfrac{a}{b}\sqrt{b^2-y^2}$ 及 y 轴所围成的平面图形绕 y 轴旋转一周所形成的立体,有

$$V_y=\pi\int_{-b}^b\frac{a^2}{b^2}(b^2-y^2)\,\mathrm{d}y=\frac{2\pi a^2}{b^2}\left(b^2y-\frac{1}{3}y^3\right)\Big|_0^b=\frac{4}{3}\pi a^2b.$$

例 7　求由摆线

$$\begin{cases}x=a(\theta-\sin\theta),\\y=a(1-\cos\theta)\end{cases}$$

的一拱($0\leq\theta\leq2\pi$)及 x 轴所围成的平面图形绕 x 轴旋转而成的旋转体的体积.

解　摆线

$$\begin{cases}x=a(\theta-\sin\theta),\\y=a(1-\cos\theta)\end{cases}$$

的一拱($0\leq\theta\leq2\pi$)如图 3-24 所示,根据摆线的参数方程和定

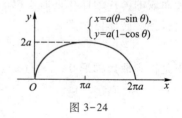

图 3-24

积分的换元积分法,所述平面图形绕 x 轴旋转而成的旋转体的体积为

$$V_x = \pi \int_0^{2\pi a} y^2 \, \mathrm{d}x = \pi \int_0^{2\pi} a^2 (1-\cos\theta)^2 \cdot a(1-\cos\theta) \, \mathrm{d}\theta$$

$$= \pi a^3 \int_0^{2\pi} (1-3\cos\theta+3\cos^2\theta-\cos^3\theta) \, \mathrm{d}\theta = 5\pi^2 a^3.$$

（二）平行截面面积为已知的立体的体积

若某一空间立体,其垂直于某一定轴的各截面的面积是可以获知的,则该立体的体积也可以用定积分来计算. 简单起见,我们取定轴为 x 轴,并设该立体介于过点 $x=a$、$x=b(a<b)$ 且垂直于 x 轴的两个平面（图 3-25）. 假设过点 x 且垂直于 x 轴的平行截面面积函数 $A(x)$ 是 x 的连续函数,称这样的立体为**平行截面面积为已知的立体**. 下面来计算该立体的体积.

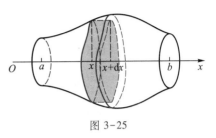

图 3-25

在变化区间 $[a,b]$ 内任取一个小区间 $[x, x+\mathrm{d}x]$,则相应于该小区间的薄片的体积近似于底面积为 $A(x)$、高为 $\mathrm{d}x$ 的扁柱体的体积,即体积微元

$$\mathrm{d}V = A(x) \, \mathrm{d}x.$$

于是,所求立体的体积为

$$V = \int_a^b A(x) \, \mathrm{d}x. \tag{3-19}$$

例8　一平面经过半径为 R 的圆柱体的底圆中心,并与底面构成交角 α（图 3-26）,求该平面截圆柱体所得立体的体积.

解　取该平面与圆柱体底圆的交线为 x 轴,底面上过圆心且垂直于 x 轴的直线为 y 轴,则底圆的方程为

$$x^2 + y^2 = R^2.$$

立体中过 x 轴上的点 x 且垂直于 x 轴的截面是一个直角三角形,它的两条直角边的长分别为 $\sqrt{R^2-x^2}$ 及 $\sqrt{R^2-x^2}\tan\alpha$,因而截面面积为

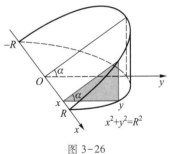

图 3-26

$$A(x) = \frac{1}{2}(R^2-x^2)\tan\alpha.$$

于是,所求立体体积为

$$V = \int_{-R}^R \frac{1}{2}(R^2-x^2)\tan\alpha \, \mathrm{d}x = \tan\alpha \left(R^2 x - \frac{1}{3}x^3 \right) \Big|_0^R = \frac{2}{3}R^3 \tan\alpha.$$

四、平面曲线的弧长

在直角坐标系中,若曲线弧 AB 由

$$y = f(x) \quad (a \leqslant x \leqslant b)$$

给出,且 $f(x)$ 在区间 $[a,b]$ 上具有一阶连续导数,我们考虑曲线弧 AB 的弧长.

如图 3-27 所示,在变化区间 $[a,b]$ 内任取一个小区间 $[x,x+\mathrm{d}x]$,则相应于这个小区间上一小段曲线弧的弧长 Δs 近似于曲线在点 $M(x,f(x))$ 处的切线在该小区间上的长度,由微分的几何意义得弧长微元

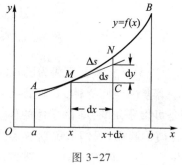

$$\mathrm{d}s = \sqrt{(\mathrm{d}x)^2+(\mathrm{d}y)^2} = \sqrt{1+y'^2}\,\mathrm{d}x.$$

于是,所求弧长为

$$s = \int_a^b \sqrt{1+y'^2}\,\mathrm{d}x. \qquad (3-20)$$

图 3-27

注意,若曲线弧由参数方程

$$\begin{cases} x=\varphi(t), \\ y=\psi(t), \end{cases} \quad \alpha \leqslant t \leqslant \beta$$

给出,且 $\varphi(t),\psi(t)$ 在区间 $[\alpha,\beta]$ 上具有一阶连续导数,则弧长微元

$$\mathrm{d}s = \sqrt{(\mathrm{d}x)^2+(\mathrm{d}y)^2} = \sqrt{\varphi'^2(t)+\psi'^2(t)}\,\mathrm{d}t.$$

于是,所求弧长为

$$s = \int_\alpha^\beta \sqrt{\varphi'^2(t)+\psi'^2(t)}\,\mathrm{d}t. \qquad (3-21)$$

若曲线弧由极坐标方程

$$\rho = \rho(\theta) \quad (\alpha \leqslant \theta \leqslant \beta)$$

给出,其中 $\rho(\theta)$ 在区间 $[\alpha,\beta]$ 上具有一阶连续导数. 注意到可以将极坐标方程转化为参数方程

$$\begin{cases} x=\rho(\theta)\cos\theta, \\ y=\rho(\theta)\sin\theta, \end{cases} \quad \alpha \leqslant \theta \leqslant \beta,$$

则弧长微元

$$\mathrm{d}s = \sqrt{x'^2(\theta)+y'^2(\theta)}\,\mathrm{d}\theta = \sqrt{\rho^2(\theta)+\rho'^2(\theta)}\,\mathrm{d}\theta.$$

于是,所求弧长为

$$s = \int_\alpha^\beta \sqrt{\rho^2(\theta)+\rho'^2(\theta)}\,\mathrm{d}\theta. \qquad (3-22)$$

例 9 求星形线

$$\begin{cases} x=a\cos^3 t, \\ y=a\sin^3 t \end{cases}$$

的全长(图 3-28).

解 由图形的对称性,得

$$s = 4\int_0^{\frac{\pi}{2}} \sqrt{9a^2\cos^4 t\sin^2 t + 9a^2\sin^4 t\cos^2 t}\,\mathrm{d}t$$

$$= 12a\int_0^{\frac{\pi}{2}} |\sin t\cos t|\,\mathrm{d}t = 12a\int_0^{\frac{\pi}{2}} \sin t\,\mathrm{d}(\sin t)$$

$$= 6a.$$

例 10 求阿基米德螺线 $\rho = a\theta(a>0)$ 上相应于 θ 从 0 到 2π 的弧长.

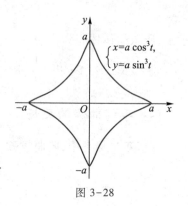

$$\begin{cases} x=a\cos^3 t, \\ y=a\sin^3 t \end{cases}$$

图 3-28

解 如图 3-29 所示,弧长

$$s = \int_0^{2\pi} \sqrt{\rho^2(\theta) + \rho'^2(\theta)} \, d\theta = \int_0^{2\pi} \sqrt{a^2\theta^2 + a^2} \, d\theta$$

$$= a\int_0^{2\pi} \sqrt{\theta^2 + 1} \, d\theta = \frac{a}{2}\left[2\pi\sqrt{1+4\pi^2} + \ln(2\pi + \sqrt{1+4\pi^2}) \right].$$

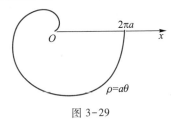

图 3-29

习题

1. 用定积分求由下列各曲线所围成的图形的面积:

(1) $y^2 = x$ 和 $y = x^2$;

(2) 抛物线 $y + 1 = x^2$ 与直线 $y = 1 + x$;

(3) 三叶玫瑰线 $\rho = a\sin 3\theta$;

(4) 笛卡儿叶形线 $x^3 + y^3 = 3axy$.

2. 用定积分求下列各立体的体积:

(1) 底面半径为 r、高为 h 的正圆锥体;

(2) 由抛物线 $y = x^2$,直线 $x = 2$ 与 x 轴所围成的平面图形分别绕 x 轴、y 轴旋转一周所得的立体;

(3) 以半径为 R 的圆为底、平行且等于底圆直径的线段为顶、高为 h 的正劈锥体;

(4) 由 $x^2 + y^2 \leq 2x$ 与 $y \geq x$ 所确定的平面图形绕直线 $x = 2$ 旋转一周所得的旋转体.

3. 用定积分求下列各曲线弧的弧长:

(1) 曲线 $y = \frac{2}{3}x^{\frac{3}{2}}$ 上相应于 x 从 a 到 b 的一段;

(2) 参数曲线 $x = a(\cos t + t\sin t), y = a(\sin t - t\cos t), t \in [0, \pi]$ 的一段;

(3) 对数螺线 $\rho = e^{a\theta}$ 相应于 $\theta = 0$ 到 $\theta = \frac{\pi}{3}$ 的一段;

(4) 曲线 $\rho\theta = 1$ 相应于 $\theta = \frac{3}{4}$ 到 $\theta = \frac{4}{3}$ 的一段.

4. 证明:由平面图形 $0 \leq a \leq x \leq b, 0 \leq y \leq f(x)$ 绕 y 轴旋转而成的旋转体的体积为 $V_y = 2\pi\int_a^b xf(x) \, dx$.

5. 在摆线 $\begin{cases} x = a(t - \sin t), \\ y = a(1 - \cos t) \end{cases}$ 上求分摆线第一拱 $(0 \leq t \leq 2\pi)$ 成 $1:3$ 的点的坐标.

习题参考答案

复 习 题 三

一、选择题

1. 已知 $f(x) = 2^x + x^2$,以下为 $f(x)$ 的原函数的是( ).

A. $2^x \ln 2 + 2x$

B. $\dfrac{2^x}{\ln 2} + \dfrac{1}{3} x^3$

C. $\dfrac{2^x}{\ln 2} + 2x$

D. $2^x \ln 2 + \dfrac{1}{3} x^3$

2. 设 $F(x)$ 是连续函数 $f(x)$ 的一个原函数,则下列说法正确的是(　　).

A. $F(x)$ 是偶函数 $\Leftrightarrow f(x)$ 是奇函数

B. $F(x)$ 是奇函数 $\Leftrightarrow f(x)$ 是偶函数

C. $F(x)$ 是周期函数 $\Leftrightarrow f(x)$ 是周期函数

D. $F(x)$ 是单调函数 $\Leftrightarrow f(x)$ 是单调函数

3. 已知 $f'(\sin^2 x) = \cos 2x + \tan^2 x, 0 < x < \dfrac{\pi}{2}$,则 $f(x) = ($　　$)$.

A. $x^2 - \ln(1-x) + C$

B. $x^2 + \ln(1-x) + C$

C. $-x^2 - \ln(1-x) + C$

D. $-x^2 + \ln(1-x) + C$

4. 定积分 $\displaystyle\int_0^{\pi} \cos x \, \mathrm{d}x$(　　).

A. 大于零

B. 小于零

C. 等于零

D. 不能确定

5. 由曲线 $y = x(x-1)(x-2)$ 与 x 轴所围成的图形的面积可表示为(　　).

A. $\displaystyle\int_0^1 x(x-1)(x-2) \, \mathrm{d}x$

B. $\displaystyle\int_0^2 x(x-1)(x-2) \, \mathrm{d}x$

C. $\displaystyle\int_0^1 x(x-1)(x-2) \, \mathrm{d}x - \int_1^2 x(x-1)(x-2) \, \mathrm{d}x$

D. $\displaystyle\int_0^1 x(x-1)(x-2) \, \mathrm{d}x + \int_1^2 x(x-1)(x-2) \, \mathrm{d}x$

6. 下列反常积分发散的是(　　).

A. $\displaystyle\int_{-1}^1 \dfrac{1}{\sqrt{1-x^2}} \, \mathrm{d}x$

B. $\displaystyle\int_{-\infty}^{+\infty} x e^{-x^2} \, \mathrm{d}x$

C. $\displaystyle\int_2^{+\infty} \dfrac{1}{x \ln^2 x} \, \mathrm{d}x$

D. $\displaystyle\int_{-1}^1 \dfrac{1}{\sin x} \, \mathrm{d}x$

二、填空题

1. 一物体由静止开始运动,经 t s 后的速度是 $3t^2$ m/s,在 3 s 后物体离开出发点的距离是___

_____.

2. 设 $f(x)$ 是 $\sin x$ 的一个原函数,则 $f(x)$ 的原函数的全体是_____.

3. $\displaystyle\int \dfrac{\mathrm{d}x}{e^x + e^{-x}} = $ _____.

4. $\displaystyle\int_0^1 x \arctan x \, \mathrm{d}x = $ _____.

5. $\dfrac{\mathrm{d}}{\mathrm{d}x} \displaystyle\int \sin x^2 \, \mathrm{d}x = $ _____.

三、解答题

1. 求不定积分 $\int \dfrac{\mathrm{d}x}{x\ln x\ln(\ln x)}$.

2. 求不定积分 $\int \dfrac{1-x}{\sqrt{9-4x^2}}\mathrm{d}x$.

3. 设 $y(x-y)^2=x$,求 $\int \dfrac{\mathrm{d}x}{x-3y}$.

4. 求 $\int \max\{1,|x|\}\mathrm{d}x$.

5. 求极限 $\lim\limits_{x\to 0}\dfrac{1}{x^3}\displaystyle\int_0^x\left(\dfrac{\sin t}{t}-1\right)\mathrm{d}t$.

6. 求定积分 $\displaystyle\int_{-1}^{1}|x^2-x|\mathrm{d}x$.

7. 设 $f(x)=\begin{cases}\sin x, & 0\leqslant x\leqslant \dfrac{\pi}{2}, \\ 1, & \dfrac{\pi}{2}<x\leqslant \pi,\end{cases}$ 求 $\Phi(x)=\displaystyle\int_0^x f(t)\mathrm{d}t$,并讨论 $\Phi(x)$ 在区间 $[0,\pi]$ 上的连续性.

8. 设 $f(x)=\begin{cases}1+x^2, & x<0, \\ \mathrm{e}^x, & x\geqslant 0,\end{cases}$ 求 $\displaystyle\int_1^3 f(x-2)\mathrm{d}x$.

9. 设 $f(x)$ 为连续函数,证明:$\displaystyle\int_0^x\left(\int_0^u f(t)\mathrm{d}t\right)\mathrm{d}u=\int_0^x(x-u)f(u)\mathrm{d}u$.

10. 设非负连续函数 $f(x)$ 满足 $f(x)f(-x)=1$ $(-\infty<x<+\infty)$,求 $\displaystyle\int_{-\frac{\pi}{2}}^{\frac{\pi}{2}}\dfrac{\cos x}{1+f(x)}\mathrm{d}x$.

复习题三
参考答案

第 四 章

常微分方程

本章主要讨论常微分方程,研究建立一元未知函数及其导数(或微分)的方程并对该方程进行求解的问题.常微分方程是数学联系实际并应用于实际的重要工具,是进行科学研究的强有力的工具.本章主要介绍一阶常微分方程、二阶常微分方程的求解方法与理论,并结合一些具体实例,对常微分方程的建立与求解进行说明.

第一节　常微分方程的基本概念

一、常微分方程的基本概念

定义 1　表示一元未知函数、该函数的导数(或微分)与自变量之间关系的方程称为常微分方程,有时也简称方程.常微分方程中所出现的未知函数的最高阶导数的阶数,叫作常微分方程的阶.

例如,方程 $y'=2x$ 是一阶常微分方程;方程 $y''-2y'=\sin x$ 是二阶常微分方程.又如,方程
$$xy'''-y'+5y=x^2$$
是三阶常微分方程.

一般地,我们认为 n 阶常微分方程的形式是
$$F(x,y,y',\cdots,y^{(n)})=0, \tag{4-1}$$
其中 y 是关于 x 的一元未知函数,且 $y^{(n)}$ 是必须出现的.如果方程(4-1)可表示为如下形式:
$$y^{(n)}+p_1(x)y^{(n-1)}+\cdots+p_{n-1}(x)y'+p_n(x)y=f(x), \tag{4-2}$$
其中 $p_1(x),p_2(x),\cdots,p_n(x)$ 和 $f(x)$ 均为自变量 x 的已知函数,那么称方程(4-2)为 n 阶线性常微分方程.不能表示成形如(4-2)的常微分方程,统称为非线性常微分方程.本章主要介绍一阶与二阶线性常微分方程的求解方法.

例 1　设一物体的温度为 100 ℃,将其放置在温度为 20 ℃的环境中冷却.设物体的温度 T 与时间 t 的函数关系为 $T=T(t)$,请建立函数 $T(t)$ 满足的微分方程.

解　根据冷却定律,物体温度的变化率与物体和当时空气温度之差成正比,得
$$\frac{\mathrm{d}T}{\mathrm{d}t}=-k(T-20),$$

其中 $k(k>0)$ 为比例常数. 这就是**物体冷却的数学模型**. 它是一阶线性常微分方程. 根据题意, $T=T(t)$ 还需要满足条件 $T|_{t=0}=100$.

例 2　设一质量为 m 的物体, 在只受重力的作用下由静止开始自由垂直降落. 若取物体降落的铅垂线方向为 x 轴正向, 物体下落的距离 x 与时间 t 的函数关系为 $x=x(t)$, 请建立 $x(t)$ 所满足的微分方程.

解　由牛顿第二定律, $F=ma$, 其中 a 为物体运动的加速度, 物体下落的起点为原点, 则

$$m\frac{\mathrm{d}^2 x}{\mathrm{d}t^2}=mg,$$ 即

$$\frac{\mathrm{d}^2 x}{\mathrm{d}t^2}=g,$$

其中 g 为重力加速度. 这就是**自由落体运动的数学模型**. 它是二阶线性常微分方程. 根据题意, $x=x(t)$ 还需要满足条件 $x|_{t=0}=0, x'|_{t=0}=0$.

二、常微分方程的解

在前面的例子中, 我们在研究这些实际问题时, 首先要建立符合相关问题的常微分方程, 然后找出满足该方程的函数解, 于是有下面的定义.

定义 2　设函数 $y=f(x)$ 在区间 I 上有 n 阶连续导数, 且满足 (4-1), 即

$$F(x,f(x),f'(x),\cdots,f^{(n)}(x))=0, \tag{4-3}$$

那么函数 $y=f(x)$ 就称作常微分方程 (4-1) 在区间 I 上的**解**. 如果常微分方程的解中含有相互独立的任意常数 (即这些任意常数不能合并), 且任意常数的个数与常微分方程的阶数相同, 那么称这样的解为常微分方程的**通解**.

由于通解中含有任意常数, 所以它还不能完全确定地反映某一客观事物的规律性. 为此, 需要根据问题的实际情况, 提出确定这些常数的条件. 例如, 例 1 中的条件 $T|_{t=0}=100$ 和例 2 中的条件 $x|_{t=0}=0, x'|_{t=0}=0$ 便是这样的条件. 设微分方程中的未知函数为 $y=f(x)$, 如果微分方程是一阶的, 通常用来确定任意常数的条件是 $y|_{x=x_0}=y_0$, 其中 x_0, y_0 都是给定的值; 如果微分方程是二阶的, 通常用来确定任意常数的条件是 $y|_{x=x_0}=y_0, y'|_{x=x_0}=y_0'$, 其中 x_0, y_0, y_0' 都是给定的值. 上述这种条件称为**初值条件**.

确定了通解中的任意常数以后, 就得到常微分方程的**特解**.

求常微分方程满足初值条件的特解问题称为**初值问题**.

例 3　试求微分方程, 使其通解为 $y=\cos(x+C), x\in\left(0,\dfrac{\pi}{2}\right)$.

解　因为

$$y'=-\sin(x+C),$$

所以待求微分方程为

$$y'^2+y^2=1, \quad x\in\left(0,\frac{\pi}{2}\right).$$

它是一阶非线性常微分方程.

例 4　验证 $y=C_1\cos x+C_2\sin x$ 是二阶线性常微分方程 $y''+y=0$ 的通解.

解 求出所给函数的一阶与二阶导数：

$$y' = -C_1 \sin x + C_2 \cos x, \quad y'' = -C_1 \cos x - C_2 \sin x.$$

代入常微分方程得

$$-C_1 \cos x - C_2 \sin x + C_1 \cos x + C_2 \sin x = 0.$$

又因为 $y = C_1 \cos x + C_2 \sin x$ 中含有两个独立的任意常数，所以它是原方程的通解.

例 5 求满足例 2 的常微分方程的特解.

解 依题意，例 2 满足下列初值问题

$$\begin{cases} \dfrac{\mathrm{d}^2 x}{\mathrm{d}t^2} = g, \\ x\big|_{t=0} = 0, x'\big|_{t=0} = 0. \end{cases}$$

对方程 $\dfrac{\mathrm{d}^2 x}{\mathrm{d}t^2} = g$ 两端积分一次，得

$$\frac{\mathrm{d}x}{\mathrm{d}t} = gt + C_1.$$

再积分一次，得

$$x = \frac{1}{2} gt^2 + C_1 t + C_2,$$

这里 C_1, C_2 都是任意常数. 把初值条件 $x\big|_{t=0} = 0$ 代入得 $C_2 = 0$，把初值条件 $x'\big|_{t=0} = 0$ 代入得 $C_1 = 0$，故 $x = \dfrac{1}{2} gt^2$ 为例 2 的特解.

三、线性常微分方程解的结构

在常微分方程的讨论中，线性微分方程是一类存在较普遍，求解也较简单的常微分方程. 下面以二阶线性常微分方程为例，来探讨这类方程解的结构问题. 获得的结论既适用于一阶线性常微分方程，也适用于二阶和二阶以上的线性常微分方程.

方程

$$y'' + p(x)y' + q(x)y = f(x) \tag{4-4}$$

称为二阶线性常微分方程. 如果 $f(x) = 0$，那么(4-4)称为齐次的；如果 $f(x) \neq 0$，那么(4-4)称为非齐次的.

设(4-4)为二阶非齐次线性常微分方程，我们把 $f(x)$ 换成零，所得方程

$$y'' + p(x)y' + q(x)y = 0 \tag{4-5}$$

称为方程(4-4)对应的齐次方程.

定理 1 如果函数 $y_1(x)$ 与 $y_2(x)$ 是方程(4-5)的两个解，那么

$$y = C_1 y_1(x) + C_2 y_2(x) \tag{4-6}$$

是方程(4-5)的解，其中 C_1, C_2 是任意常数.

证 由于 $y_1(x)$ 与 $y_2(x)$ 是方程(4-5)的两个解，所以

$$y_1'' + p(x)y_1' + q(x)y_1 = 0,$$

$$y_2'' + p(x)y_2' + q(x)y_2 = 0.$$

将(4-6)代入(4-5)左端,得

$$(C_1 y_1'' + C_2 y_2'') + p(x)(C_1 y_1' + C_2 y_2') + q(x)(C_1 y_1 + C_2 y_2)$$
$$= C_1 [y_1'' + p(x) y_1' + q(x) y_1] + C_2 [y_2'' + p(x) y_2' + q(x) y_2]$$
$$= 0.$$

所以(4-6)是方程(4-5)的解.证毕.

注意,解(4-6)从形式上来看含有 C_1,C_2 两个任意常数,但它不一定是方程(4-5)的通解.例如,设 $y_1(x)$ 是方程(4-5)的一个解,则 $y_2(x) = 2y_1(x)$ 也是方程(4-5)的解.这时(4-6)成为

$$y = C_1 y_1(x) + C_2 \cdot 2y_1(x) = (C_1 + 2C_2) y_1(x),$$

可以把它改写成 $y = C y_1(x)$,其中 $C = C_1 + 2C_2$.这显然不是方程(4-5)的通解.为考察 $y = C_1 y_1(x) + C_2 y_2(x)$ 是不是方程(4-5)的通解,我们引入函数线性相关与线性无关的概念.

设 $y_1(x)$,$y_2(x)$ 为定义在某区间上的函数,若存在不全为零的常数 k_1,k_2,使得在该区间上等式

$$k_1 y_1(x) + k_2 y_2(x) = 0$$

恒成立,则称 $y_1(x)$,$y_2(x)$ 在该区间上是**线性相关**的;否则称**线性无关**.

有了线性相关与线性无关的概念后,我们有如下关于二阶齐次线性常微分方程(4-5)的通解结构的定理.

定理 2　如果函数 $y_1(x)$ 与 $y_2(x)$ 是方程(4-5)的两个线性无关的特解,那么

$$y = C_1 y_1(x) + C_2 y_2(x)$$

是方程(4-5)的通解,其中 C_1,C_2 是任意常数.

定理的证明略.

再来看二阶非齐次线性常微分方程(4-4).如果 $y_1^*(x)$ 和 $y_2^*(x)$ 是方程(4-4)的解,那么利用求导运算的线性性质,函数

$$y(x) = y_2^*(x) - y_1^*(x)$$

必定是方程(4-4)对应的方程(4-5)的解.从而 $y_2^*(x) = y(x) + y_1^*(x)$.于是,有如下定理.

定理 3　如果函数 $y^*(x)$ 是方程(4-4)的一个特解,函数 $Y(x)$ 是方程(4-4)对应的齐次方程(4-5)的通解,那么

$$y = Y(x) + y^*(x)$$

是方程(4-4)的通解.

证　把 $y = Y(x) + y^*(x)$ 代入方程(4-4)左端,得

$$[Y''(x) + y^{*''}(x)] + p(x)[Y'(x) + y^{*'}(x)] + q(x)[Y(x) + y^*(x)]$$
$$= [Y'' + p(x)Y' + q(x)Y] + [y^{*''} + p(x)y^{*'} + q(x)y^*] = 0 + f(x) = f(x),$$

即 $y = Y(x) + y^*(x)$ 是方程(4-4)的解.

又 $Y(x)$ 是方程(4-5)的通解,则 $Y(x)$ 含有两个任意常数,所以 $y = Y(x) + y^*(x)$ 也含有两个任意常数,从而它是方程(4-4)的通解.证毕.

推论　设 $y^*(x)$ 是一阶非齐次线性常微分方程

$$y' + p(x)y = q(x) \tag{4-7}$$

的一个特解,函数 $Y(x)$ 是方程(4-7)对应的齐次方程

$$y' + p(x)y = 0 \tag{4-8}$$

的通解,那么 $y = Y(x) + y^*(x)$ 是一阶非齐次线性常微分方程(4-7)的通解.

定理 4 如果二阶非齐次常微分方程(4-4)的右端 $f(x)$ 是两个函数之和,即

$$y'' + p(x)y' + q(x)y = f_1(x) + f_2(x), \tag{4-9}$$

而函数 $y_1^*(x)$ 与 $y_2^*(x)$ 分别是方程

$$y'' + p(x)y' + q(x)y = f_1(x)$$

与

$$y'' + p(x)y' + q(x)y = f_2(x)$$

的特解,那么函数 $y_1^*(x) + y_2^*(x)$ 是方程(4-9)的特解.

证 把 $y = y_1^*(x) + y_2^*(x)$ 代入方程(4-9)左端,得

$$[y_1^*(x) + y_2^*(x)]'' + p(x)[y_1^*(x) + y_2^*(x)]' + q(x)[y_1^*(x) + y_2^*(x)]$$
$$= [y_1^{*''} + p(x)y_1^{*'} + q(x)y_1^*] + [y_2^{*''} + p(x)y_2^{*'} + q(x)y_2^*]$$
$$= f_1(x) + f_2(x),$$

所以 $y = y_1^*(x) + y_2^*(x)$ 是方程(4-9)的特解. 证毕.

定理 3 也称为线性常微分方程的解的**叠加原理**,以上定理均可以推广到 n 阶线性常微分方程,这里不再赘述.

例 6 已知 $y_1 = xe^x + e^{2x}$,$y_2 = xe^x - e^{-x}$,$y_3 = xe^x + e^{2x} - e^{-x}$ 是某二阶非齐次线性常微分方程的三个特解,试求出该方程的通解,并求出此方程满足初值条件 $y\big|_{x=0} = 7$,$y'\big|_{x=0} = 6$ 的特解.

解 由题设知

$$e^{2x} = y_3 - y_2, \quad e^{-x} = y_1 - y_3$$

是所求方程对应的齐次方程的两个线性无关的解. 又

$$y_1 = xe^x + e^{2x}$$

是所求方程的一个特解,故所求方程的通解为

$$y = xe^x + e^{2x} + C_0 e^{2x} + C_2 e^{-x} = xe^x + C_1 e^{2x} + C_2 e^{-x},$$

其中 $C_1 = 1 + C_0$. 对上式求一阶导数和二阶导数:

$$y' = e^x + xe^x + 2C_1 e^{2x} - C_2 e^{-x},$$

$$y'' = 2e^x + xe^x + 4C_1 e^{2x} + C_2 e^{-x},$$

从上面两个式子中消去 C_1,C_2,即得所求方程为

$$y'' - y' - 2y = e^x - 2xe^x.$$

代入初值条件 $y\big|_{x=0} = 7$,$y'\big|_{x=0} = 6$,得

$$C_1 + C_2 = 7,$$
$$2C_1 - C_2 + 1 = 6,$$

解得 $C_1 = 4$,$C_2 = 3$. 从而所求特解为

$$y = 4e^{2x} + 3e^{-x} + xe^x.$$

由于常微分方程所研究问题的多样性,求解方法不可能拘泥于同一形式,在接下来的内容中,我们将着重介绍一些常用的一阶与二阶常微分方程的求解方法.

习题

1. 试指出下列方程是什么方程,并指出微分方程的阶:

（1）$\dfrac{\mathrm{d}y}{\mathrm{d}x} = 3x^2 - y$；　　　　（2）$x\left(\dfrac{\mathrm{d}y}{\mathrm{d}x}\right)^2 - 3\dfrac{\mathrm{d}y}{\mathrm{d}x} = 4x$；

（3）$\dfrac{\mathrm{d}^2 y}{\mathrm{d}x^2} - 2\dfrac{\mathrm{d}y}{\mathrm{d}x} + xy = 0$.

2. 证明函数 $y = (x^2 + C)\sin x$（C 为任意常数）是方程

$$\frac{\mathrm{d}y}{\mathrm{d}x} - y\cot x - 2x\sin x = 0$$

的通解,并求满足初值条件 $y\big|_{x=\frac{\pi}{2}} = 0$ 的特解.

3. 设线性无关的函数 y_1, y_2, y_3 都是某二阶非齐次线性常微分方程 $y'' + p(x)y' + q(x)y = f(x)$ 的解,试确定该方程的通解.

4. 试确定常数 n 的值,使 $y = x^n$ 是线性常微分方程

$$x^3 y''' - 3x^2 y'' + 6xy' - 6y = 0$$

的解,并求出该方程的通解.

5. 试确定常数 r 的值,使 $y = \mathrm{e}^{rx}$ 是线性微分方程 $y''' - 3y'' - 4y' + 12y = 0$ 的解,并求出该方程的通解.

习题参考答案

第二节　一阶常微分方程

本节介绍一阶微分方程的一些解法,它通常分成线性与非线性两类,我们先讨论一阶线性常微分方程的解法.

一、一阶线性常微分方程

回顾上一节定理 3 的推论:若 $y^*(x)$ 是一阶非齐次线性常微分方程

$$y' + p(x)y = q(x) \tag{4-7}$$

的一个特解,函数 $Y(x)$ 是方程（4-7）对应的齐次方程

$$y' + p(x)y = 0 \tag{4-8}$$

的通解,则 $y = Y(x) + y^*(x)$ 是方程（4-7）的通解. 我们先来求方程（4-8）的通解.

将方程 $y' + p(x)y = 0$ 等价地改写为

$$\frac{\mathrm{d}y}{y} = -p(x)\,\mathrm{d}x,$$

两端积分得

$$\ln|y| = -\int p(x)\,\mathrm{d}x + C_1,$$

即

$$y = C\mathrm{e}^{-\int p(x)\,\mathrm{d}x} \quad (C = \pm\mathrm{e}^{C_1}).$$

这是方程（4-8）的通解. 下面我们使用**常数变易法**来求非齐次线性常微分方程（4-7）的通解.

首先,我们把方程（4-8）的通解中的常数 C 换成未知函数 $u(x)$,即设

$$y = u(x) \mathrm{e}^{-\int p(x)\,\mathrm{d}x}$$

是非齐次线性常微分方程(4-7)的通解,则

$$u' \mathrm{e}^{-\int p(x)\,\mathrm{d}x} - u p(x) \mathrm{e}^{-\int p(x)\,\mathrm{d}x} + p(x) u \mathrm{e}^{-\int p(x)\,\mathrm{d}x} = q(x),$$

即

$$u' \mathrm{e}^{-\int p(x)\,\mathrm{d}x} = q(x),$$

$$u' = q(x) \mathrm{e}^{\int p(x)\,\mathrm{d}x}.$$

两端积分得

$$u = \int q(x) \mathrm{e}^{\int p(x)\,\mathrm{d}x}\,\mathrm{d}x + C.$$

把它代入 $y = u(x)\mathrm{e}^{-\int p(x)\,\mathrm{d}x}$,便得到非齐次线性常微分方程(4-7)的通解

$$y = \mathrm{e}^{-\int p(x)\,\mathrm{d}x}\left(\int q(x) \mathrm{e}^{\int p(x)\,\mathrm{d}x}\,\mathrm{d}x + C \right). \tag{4-10}$$

将(4-10)改写为两项之和:

$$y = C\mathrm{e}^{-\int p(x)\,\mathrm{d}x} + \mathrm{e}^{-\int p(x)\,\mathrm{d}x} \int q(x) \mathrm{e}^{\int p(x)\,\mathrm{d}x}\,\mathrm{d}x.$$

记 $Y(x) = C\mathrm{e}^{-\int p(x)\,\mathrm{d}x}$,$y^*(x) = \mathrm{e}^{-\int p(x)\,\mathrm{d}x} \int q(x) \mathrm{e}^{\int p(x)\,\mathrm{d}x}\,\mathrm{d}x$,由上式可得 $Y(x)$ 是齐次方程(4-8)的通解, $y^*(x)$ 是非齐次线性常微分方程(4-7)的一个特解. 由此可得 $y = Y(x) + y^*(x)$ 是一阶非齐次线性常微分方程(4-7)的通解.

例 1　利用常数变易法求常微分方程 $\dfrac{\mathrm{d}y}{\mathrm{d}x} - \dfrac{3}{x} y = -\dfrac{x}{2}$ 的通解.

解　原方程对应的齐次方程为

$$\frac{\mathrm{d}y}{\mathrm{d}x} - \frac{3}{x} y = 0,$$

即

$$\frac{\mathrm{d}y}{y} = \frac{3}{x}\,\mathrm{d}x.$$

两端积分:$\displaystyle\int \frac{\mathrm{d}y}{y} = \int \frac{3}{x}\,\mathrm{d}x$,得

$$y = Cx^3.$$

令 $C = u(x)$,将 $y = x^3 u(x)$ 代入原方程,有

$$x^3 u' + 3x^2 u - \frac{3x^3 u}{x} = -\frac{x}{2},$$

化简得

$$\mathrm{d}u = -\frac{1}{2x^2}\,\mathrm{d}x.$$

两端积分:$\displaystyle\int \mathrm{d}u = \int -\frac{1}{2x^2}\,\mathrm{d}x$,得

$$u = \frac{1}{2x} + C.$$

于是,原方程的通解为

$$y = \frac{x^2}{2} + Cx^3.$$

例 2 求方程 $y' + \frac{1}{x}y = \frac{\sin x}{x}$ 的通解.

解 对照方程 $(4-7)$,得 $p(x) = \frac{1}{x}$,$q(x) = \frac{\sin x}{x}$,由 $(4-10)$ 得方程的通解

$$y = e^{-\int \frac{1}{x}dx}\left(\int \frac{\sin x}{x} \cdot e^{\int \frac{1}{x}dx}dx + C\right)$$

$$= e^{-\ln x}\left(\int \frac{\sin x}{x} \cdot e^{\ln x}dx + C\right)$$

$$= \frac{1}{x}(-\cos x + C).$$

例 3 求方程 $y^3 dx + (2xy^2 - 1)dy = 0$ 的通解.

解 若将 y 看作 x 的函数,则方程变为 $\frac{dy}{dx} = \frac{y^3}{1 - 2xy^2}$,它不是一阶线性常微分方程,不便求解.但如果将 x 看作 y 的函数,那么方程可改写为

$$\frac{dx}{dy} + \frac{2}{y}x = \frac{1}{y^3},$$

它为一阶非齐次线性常微分方程.对照方程 $(4-7)$,得 $p(y) = \frac{2}{y}$,$q(y) = \frac{1}{y^3}$,由 $(4-10)$ 得方程的通解

$$x = e^{-\int \frac{2}{y}dy}\left(\int y^{-3} \cdot e^{\int \frac{2}{y}dy}dy + C\right) = \frac{1}{y^2}(\ln|y| + C).$$

注意,像例 3 这样,视 y 为自变量,x 看作 y 的函数的问题也是比较常见的,应灵活应对.

若在一阶线性常微分方程 $y' + p(x)y = q(x)$ 中将右端项变为 $q(x)y^\alpha$(α 为非零常数,且 $\alpha \neq 1$),则

$$y' + p(x)y = q(x)y^\alpha, \tag{4-11}$$

我们称方程 $(4-11)$ 为**伯努利方程**.它是一阶非线性常微分方程.下面我们通过变量代换,把它化为线性常微分方程.

事实上,在方程 $(4-11)$ 两端同时除以 y^α,得

$$y^{-\alpha}y' + p(x)y^{1-\alpha} = q(x),$$

在上式两端同乘 $1-\alpha$ 得

$$(1-\alpha)y^{-\alpha}y' + (1-\alpha)p(x)y^{1-\alpha} = (1-\alpha)q(x).$$

借助变量代换 $z = y^{1-\alpha}$,有

$$z' + (1-\alpha)p(x)z = (1-\alpha)q(x),$$

上式是关于 z 与 x 的一阶线性常微分方程.解出其通解后,用 $z=y^{1-\alpha}$ 回代,便得到伯努利方程(4-11)的通解.

例4 求伯努利方程 $\dfrac{dy}{dx}+\dfrac{y}{x}=(a\ln x)y^2$ 的通解.

解 以 y^2 除方程的两端,得

$$y^{-2}\frac{dy}{dx}+\frac{1}{x}y^{-1}=a\ln x,$$

即

$$-\frac{d(y^{-1})}{dx}+\frac{1}{x}y^{-1}=a\ln x.$$

令 $z=y^{-1}$,则上述方程变为

$$\frac{dz}{dx}-\frac{1}{x}z=-a\ln x.$$

解此线性常微分方程得

$$z=x\left[C-\frac{a}{2}(\ln x)^2\right].$$

将 $z=y^{-1}$ 回代,得所求通解为

$$yx\left[C-\frac{a}{2}(\ln x)^2\right]=1.$$

二、一阶非线性常微分方程

由前面的知识,一阶线性常微分方程可以通过求解公式进行求解,而一阶非线性常微分方程就没有统一的解法,其求解更多地依赖于方程本身的特征.本节仅就可分离变量的常微分方程、齐次方程进行讨论.

一般地,若一阶常微分方程具有

$$g(y)dy=f(x)dx \tag{4-12}$$

的形式,则称方程(4-12)为**可分离变量的常微分方程**,其中 $f(x),g(x)$ 都是连续函数.将(4-12)左、右两端积分,得

$$\int g(y)dy=\int f(x)dx$$

求解上面的积分式,便可获得方程(4-12)的通解.

例5 求方程 $dx+xydy=y^2dx+ydy$ 的通解.

解 合并 dx 及 dy 的各项,得

$$y(x-1)dy=(y^2-1)dx.$$

设 $y\neq\pm1,x\neq1$,分离变量得

$$\frac{y}{y^2-1}dy=\frac{1}{x-1}dx,$$

两端积分:

$$\int \frac{y}{y^2-1} \mathrm{d}y = \int \frac{1}{x-1} \mathrm{d}x,$$

得

$$\frac{1}{2}\ln|y^2-1| = \ln|x-1| + \ln|C_1|,$$

于是

$$y^2-1 = \pm C_1^2(x-1)^2.$$

记 $C = \pm C_1^2$，得原方程的通解

$$y^2-1 = C(x-1)^2.$$

注意，在例 5 分离变量的过程中，我们在假定 $y \neq \pm 1$ 的前提下才得到方程的通解，但 $y = \pm 1$ 确为原方程的特解. 事实上，注意到任意常数 $C = 0$ 的这一可能，则其失去的特解仍包含在上述通解之中.

例 6 求解初值问题

$$y' = (1-y^2)\tan x, \quad y|_{x=0} = 2.$$

解 将方程 $y' = (1-y^2)\tan x$ 分离变量，得

$$\left(\frac{1}{1+y} + \frac{1}{1-y}\right)\mathrm{d}y = \frac{2\sin x}{\cos x}\mathrm{d}x.$$

两端积分得

$$\ln\left|\frac{1+y}{1-y}\right| + \ln\cos^2 x = \ln|C|.$$

得通解

$$y = \frac{C-\cos^2 x}{C+\cos^2 x}.$$

又 $y|_{x=0} = 2$，得 $C = -3$. 故初值问题的特解为

$$y = \frac{3+\cos^2 x}{3-\cos^2 x}.$$

注意，在例 6 分离变量时，使分母 $1-y^2=0$ 的 $y = \pm 1$ 是微分方程的解，但不是满足初值条件 $y|_{x=0} = 2$ 的特解.

一般地，若一阶常微分方程具有

$$\frac{\mathrm{d}y}{\mathrm{d}x} = f\left(\frac{y}{x}\right) \tag{4-13}$$

的形式，则称方程(4-13)为**齐次方程**.

注意到(4-13)右端函数的形式，作变量代换 $u = \frac{y}{x}$，代入(4-13)得

$$\frac{\mathrm{d}(ux)}{\mathrm{d}x} = f(u),$$

即

$$u + x\frac{\mathrm{d}u}{\mathrm{d}x} = f(u),$$

分离变量得

$$\frac{\mathrm{d}u}{f(u)-u}=\frac{\mathrm{d}x}{x}.$$

对上式两端积分后再用 $u=\dfrac{y}{x}$ 回代,便可求出原齐次方程的通解.

例 7 求解常微分方程 $y^2+x^2\dfrac{\mathrm{d}y}{\mathrm{d}x}=xy\dfrac{\mathrm{d}y}{\mathrm{d}x}$.

解 原方程可变形为齐次方程

$$\frac{\mathrm{d}y}{\mathrm{d}x}=\frac{y^2}{xy-x^2}=\frac{\left(\dfrac{y}{x}\right)^2}{\dfrac{y}{x}-1}.$$

令 $u=\dfrac{y}{x}$,则 $\dfrac{\mathrm{d}y}{\mathrm{d}x}=u+x\dfrac{\mathrm{d}u}{\mathrm{d}x}$,故原方程变为

$$u+x\frac{\mathrm{d}u}{\mathrm{d}x}=\frac{u^2}{u-1},$$

即

$$x\frac{\mathrm{d}u}{\mathrm{d}x}=\frac{u}{u-1}.$$

分离变量得

$$\left(1-\frac{1}{u}\right)\mathrm{d}u=\frac{\mathrm{d}x}{x}.$$

两端积分得

$$\ln|xu|=u+C.$$

将 $u=\dfrac{y}{x}$ 回代,便得所给方程的通解为

$$\ln|y|=\frac{y}{x}+C.$$

例 8 求非线性常微分方程 $xy'-y=x\tan\dfrac{y}{x}$ 的通解.

解 方法一 将原方程化为齐次方程

$$\frac{\mathrm{d}y}{\mathrm{d}x}=\frac{y}{x}+\tan\frac{y}{x}.$$

设 $u=\dfrac{y}{x}$,代入原方程得

$$u+x\frac{\mathrm{d}u}{\mathrm{d}x}=u+\tan u.$$

分离变量得

$$\cot u \mathrm{d}u = \frac{1}{x} \mathrm{d}x,$$

两端积分得

$$\ln |\sin u| = \ln |x| + \ln |C|,$$

即

$$\sin u = Cx.$$

将 $u = \dfrac{y}{x}$ 回代，得到原方程的通解为

$$\sin \frac{y}{x} = Cx.$$

方法二 利用常数变易法求解. 原方程对应的齐次方程为

$$\frac{\mathrm{d}y}{\mathrm{d}x} - \frac{1}{x} y = 0,$$

即

$$\frac{\mathrm{d}y}{y} = \frac{1}{x} \mathrm{d}x.$$

两端积分

$$\int \frac{\mathrm{d}y}{y} = \int \frac{1}{x} \mathrm{d}x,$$

得

$$y = Cx.$$

令 $C = u(x)$，将 $y = xu(x)$ 代入原方程，有

$$xu' + u - \frac{xu}{x} = \tan u.$$

化简得

$$\frac{\mathrm{d}u}{\tan u} = \frac{1}{x} \mathrm{d}x,$$

左、右两端积分：

$$\int \frac{\cos u}{\sin u} \mathrm{d}u = \int \frac{1}{x} \mathrm{d}x,$$

得

$$\ln |\sin u| = \ln |x| + \ln |C|,$$

则原方程的通解为

$$\sin \frac{y}{x} = Cx.$$

习题

1. 求下列一阶线性常微分方程的通解：

（1）$xy'+y=\dfrac{\ln x}{x}$；

（2）$\dfrac{\mathrm{d}y}{\mathrm{d}x}-\dfrac{2y}{x-1}=(x-1)^{\frac{3}{2}}$；

（3）$\dfrac{\mathrm{d}y}{\mathrm{d}x}=\dfrac{y}{y^2+x}$．

2．求下列可分离变量的常微分方程的通解：

（1）$\dfrac{\mathrm{d}y}{\mathrm{d}x}=2xy$；

（2）$x(1+y^2)\mathrm{d}x-(1+x^2)y\mathrm{d}y=0$；

（3）$3x^2yy'=\sqrt{1-y^2}$．

3．求下列齐次方程的通解：

（1）$\dfrac{\mathrm{d}y}{\mathrm{d}x}=\dfrac{y}{x}-\cot\dfrac{y}{x}$；

（2）$\dfrac{\mathrm{d}y}{\mathrm{d}x}=\dfrac{x+y}{x-y}$；

（3）$x(\ln x-\ln y)\mathrm{d}y-y\mathrm{d}x=0$．

习题参考答案

4．设商品 A 和商品 B 的价格分别为 P_1，P_2，已知 P_1 与 P_2 相关，且 P_1 相对 P_2 的弹性为 $\dfrac{P_2\mathrm{d}P_1}{P_1\mathrm{d}P_2}=\dfrac{P_2-P_1}{P_2+P_1}$，求 P_1 与 P_2 的函数关系式．

5．求解方程 $\dfrac{\mathrm{d}y}{\mathrm{d}x}+y\dfrac{\mathrm{d}\phi}{\mathrm{d}x}=\phi(x)\dfrac{\mathrm{d}\phi}{\mathrm{d}x}$，其中 $\phi(x)$ 是 x 的已知函数．

第三节　可降阶的二阶常微分方程

我们在本节与下节将主要讨论二阶常微分方程，对于一些特殊类型的二阶常微分方程，可以通过直接积分或者适当的变量代换把它降为一阶常微分方程来求解．下面介绍几种容易降阶的二阶常微分方程的求解方法．

一、$y''=f(x)$ 型的常微分方程

对于方程

$$y''=f(x)，\tag{4-14}$$

其左端为未知函数的二阶导数，右端为只含自变量 x 的一元函数．两端积分得

$$y'=\int f(x)\,\mathrm{d}x+C_1．$$

这是一个一阶常微分方程．再次积分得

$$y=\int\left(\int f(x)\,\mathrm{d}x+C_1\right)\mathrm{d}x+C_2．$$

这就得到方程（4-14）的通解．依此直接积分的方法，可类似地求更高阶的方程 $y^{(n)}=f(x)$（$n\geqslant 2$）的通解．

例 1　求方程 $y''=1-\sin x$ 的通解．

解　对原方程积分一次，得

$$y' = \int (1-\sin x)\,\mathrm{d}x = x+\cos x+C_1.$$

再次积分,得原方程的通解

$$y = \frac{1}{2}x^2 + \sin x + C_1 x + C_2.$$

例 2　列车在平直线路上以 20 m/s 的速度行驶,当制动时列车获得加速度−0.4 m/s²,问开始制动后多长时间列车才能停住? 列车在这段时间内行驶了多少路程?

解　设列车开始制动后 t s 时行驶了 s m. 根据题意,反映制动阶段列车运动规律的函数 $s=s(t)$ 满足初值问题

$$\begin{cases} \dfrac{\mathrm{d}^2 s}{\mathrm{d}t^2} = -0.4, \\ s\big|_{t=0} = 0, \ s'\big|_{t=0} = 20. \end{cases}$$

对 $\dfrac{\mathrm{d}^2 s}{\mathrm{d}t^2} = -0.4$ 两端积分一次,得

$$v = \frac{\mathrm{d}s}{\mathrm{d}t} = -0.4t + C_1.$$

再积分一次,得

$$s = -0.2t^2 + C_1 t + C_2.$$

把初值条件 $s\big|_{t=0}=0, s'\big|_{t=0}=20$ 分别代入 s 与 v 得 $C_1=20, C_2=0$. 即

$$v = -0.4t + 20, \quad s = -0.2t^2 + 20t.$$

在上式中令 $v=0$,得到列车从开始制动到完全停止所需的时间 $t=50$ s. 进一步,列车在制动阶段行驶的路程

$$s = -0.2 \times 50^2 + 20 \times 50 = 500(\mathrm{m}).$$

二、$y''=f(x,y')$ 型的常微分方程

对于方程

$$y'' = f(x,y'), \tag{4-15}$$

其左端为未知函数的二阶导数,右端不显含未知函数 y. 我们可通过作变量代换来降低该方程的阶数.

令 $y'=p$,即 $\dfrac{\mathrm{d}y}{\mathrm{d}x}=p$,则 $y''=\dfrac{\mathrm{d}p}{\mathrm{d}x}=p'$. 代入(4-15)得

$$\frac{\mathrm{d}p}{\mathrm{d}x} = f(x,p).$$

这是关于变量 x,p 的一阶常微分方程. 不妨设其通解为

$$p = \phi(x,C_1),$$

注意到 $p(x)=y'$,即

$$\frac{\mathrm{d}y}{\mathrm{d}x} = \phi(x,C_1).$$

对上述方程两端积分,即可得到方程(4-15)的通解为

$$y = \int \phi(x, C_1) \, dx + C_2.$$

例3 求初值问题 $(1+x^2)y'' = 2xy'$, $y|_{x=0} = 1$, $y'|_{x=0} = 3$ 的解.

解 因为所给方程是 $y'' = f(x, y')$ 型的,所以可设 $y' = p$,则 $y'' = \dfrac{dp}{dx}$,代入原方程得

$$(1+x^2)\frac{dp}{dx} = 2xp.$$

这是可分离变量的一阶常微分方程,分离变量得

$$\frac{dp}{p} = \frac{2x}{1+x^2} \, dx.$$

两端积分得

$$\ln|p| = \ln(1+x^2) + \ln|C_1|,$$

即

$$p = y' = C_1(1+x^2).$$

将初值条件 $y'|_{x=0} = 3$ 代入上式得

$$3 = C_1(1+0^2),$$
$$C_1 = 3.$$

所以

$$y' = 3(1+x^2).$$

两端积分得

$$y = x^3 + 3x + C_2.$$

再由 $y|_{x=0} = 1$ 得 $C_2 = 1$. 故所求解为

$$y = x^3 + 3x + 1.$$

例4 求微分方程 $y'' - y' = e^x$ 的通解.

解 这是 $y'' = f(x, y')$ 型的常微分方程. 令 $y' = p$,则 $y'' = p'$,代入原方程得

$$p' - p = e^x.$$

这是一阶线性常微分方程,故

$$p = e^{\int dx}\left(\int e^x \cdot e^{-\int dx} \, dx + C\right) = e^x(x+C),$$

即

$$\frac{dy}{dx} = e^x(x+C).$$

两端积分得

$$y = \int e^x(x+C) \, dx = xe^x - e^x + Ce^x + C_2 = xe^x + (C-1)e^x + C_2.$$

故所求通解为

$$y = xe^x + C_1 e^x + C_2 \quad (C_1 = C-1).$$

三、$y''=f(y,y')$ 型的常微分方程

对于方程

$$y''=f(y,y'),\tag{4-16}$$

左端为未知函数的二阶导数,右端不含自变量 x. 我们也可通过作变量代换来降低该方程的阶数.

令 $y'=p$,由复合函数的求导法则,有

$$y''=\frac{\mathrm{d}p}{\mathrm{d}x}=\frac{\mathrm{d}p}{\mathrm{d}y}\frac{\mathrm{d}y}{\mathrm{d}x}=p\frac{\mathrm{d}p}{\mathrm{d}y}.$$

从而原方程化为

$$p\frac{\mathrm{d}p}{\mathrm{d}y}=f(y,p).$$

这是变量 p 与 y 的一阶常微分方程. 若求得这个方程的通解为

$$p=\frac{\mathrm{d}y}{\mathrm{d}x}=F(y,C_1),$$

可进一步求得方程(4-16)的通解为

$$y=G(x,C_1,C_2).$$

例 5　求常微分方程 $yy''+y'^3=0$ 的解.

解　所给方程不显含自变量 x,属于 $y''=f(y,y')$ 型. 设 $y'=p$,则 $y''=p\dfrac{\mathrm{d}p}{\mathrm{d}y}$. 代入原方程得

$$yp\frac{\mathrm{d}p}{\mathrm{d}y}+p^3=0.$$

当 $y\neq0,p\neq0$ 时,约去 p 并分离变量得

$$-\frac{1}{p^2}\mathrm{d}p=\frac{1}{y}\mathrm{d}y.$$

两端积分得

$$\frac{1}{p}=\ln|y|+C_1,$$

即

$$\frac{\mathrm{d}y}{\mathrm{d}x}=\frac{1}{C_1+\ln|y|}.$$

再分离变量得

$$(C_1+\ln|y|)\mathrm{d}y=\mathrm{d}x.$$

两端积分,得方程的通解为

$$C_1y+y\ln|y|-y=x+C_2.$$

又当 $p=0$ 时,$y=C$ 也为方程的解,所以原方程的解为

$$C_1y+y\ln|y|-y=x+C_2 \quad 与 \quad y=C.$$

注意,例 5 的通解并不包含 $p=0$,即解 $y=C$(我们称它为原方程的**平凡解**). 这也进一步说明了方程的通解与方程的解是两个不同的概念.

例 6 求初值问题 $1-yy''-y'^2=0$,$y|_{x=0}=1$,$y'|_{x=0}=\sqrt{2}$ 的解.

解 所给方程属于 $y''=f(y,y')$ 型. 令 $y'=p$,则 $y''=p\dfrac{\mathrm{d}p}{\mathrm{d}y}$. 代入原方程得

$$1-yp\frac{\mathrm{d}p}{\mathrm{d}y}-p^2=0.$$

分离变量得

$$\frac{p\mathrm{d}p}{p^2-1}=-\frac{\mathrm{d}y}{y}.$$

两端积分得

$$\frac{1}{2}\ln|p^2-1|=-\ln|y|+\frac{1}{2}\ln|C_1|.$$

于是

$$p^2=y'^2=\frac{C_1}{y^2}+1.$$

将初值条件 $y|_{x=0}=1$,$y'|_{x=0}=\sqrt{2}$ 代入上式,得 $C_1=1$,故

$$y'^2=\frac{1}{y^2}+1.$$

注意到 $y|_{x=0}=1>0$,$y'|_{x=0}=\sqrt{2}>0$,故

$$y'=\sqrt{\frac{1}{y^2}+1},$$

$$\frac{\mathrm{d}y}{\mathrm{d}x}=\frac{\sqrt{1+y^2}}{y}.$$

分离变量并两端积分,得

$$\sqrt{1+y^2}=x+C_2.$$

再由条件 $y|_{x=0}=1$ 得 $C_2=\sqrt{2}$. 故所求的解为

$$\sqrt{1+y^2}=x+\sqrt{2}.$$

上述讲解的二阶常微分方程是其本身具有可以降阶的特征,但降阶并不是处理二阶和二阶以上微分方程的唯一手段,我们在下一节将继续讨论二阶常微分方程的求解方法.

习题

1. 求下列二阶常微分方程的通解:

(1) $y''=\mathrm{e}^{2x}-\cos x$;

(2) $(1+x^2)y''-2xy'=0$;

(3) $xy''+2y'=1$;

(4) $yy''-y'^2=0$.

2. 求初值问题 $yy'' = 2(y'^2 - y')$, $y\big|_{x=0} = 1$, $y'\big|_{x=0} = 2$ 的特解.

3. 求方程 $xy^{(4)} - y''' = 0$ 的通解.

4. 求 $(1+x)y'' + y' = \ln(x+1)$ 的通解.

5. 求 $yy'' - y'^2 + 1 = 0$ 的通解.

习题参考答案

第四节　二阶常系数线性常微分方程

本节介绍二阶常系数线性常微分方程的一些解法,我们先讨论二阶常系数齐次线性常微分方程的解法.

一、二阶常系数齐次线性常微分方程

在二阶齐次线性常微分方程

$$y'' + p(x)y' + q(x)y = 0$$

中,若 y', y 的系数函数 $p(x)$, $q(x)$ 均为常数,则方程成为

$$y'' + py' + qy = 0, \tag{4-17}$$

其中 p, q 为常数. 方程(4-17)称为二阶常系数齐次线性常微分方程.

由第一节定理2,如果函数 $y_1(x)$ 与 $y_2(x)$ 是方程(4-17)的两个线性无关的特解,那么

$$y = C_1 y_1(x) + C_2 y_2(x)$$

是方程(4-17)的通解.

观察方程(4-17)可知,函数 y, y', y'' 的线性组合恒等于零,故 y, y', y'' 是相同类型的函数. 而指数函数 $y = e^{rx}$(r 为某一常数)具有这一特征,于是用 $y = e^{rx}$ 来尝试,看能否找到适当的常数 r,使函数 $y = e^{rx}$ 成为方程(4-17)的特解.

设 $y = e^{rx}$,则 $y' = re^{rx}$, $y'' = r^2 e^{rx}$. 代入方程(4-17)得

$$e^{rx}(r^2 + pr + q) = 0.$$

因为 $e^{rx} \neq 0$,所以

$$r^2 + pr + q = 0.$$

上式是关于 r 的一元二次方程. 若 r 是方程 $r^2 + pr + q = 0$ 的根,则函数 $y = e^{rx}$ 就是方程(4-17)的特解. 于是,二阶常系数齐次线性常微分方程(4-17)的特解可归结为求关于 r 的代数方程 $r^2 + pr + q = 0$ 的根.

定义　代数方程

$$r^2 + pr + q = 0 \tag{4-18}$$

叫作二阶常系数齐次线性常微分方程 $y'' + py' + qy = 0$ 的特征方程,特征方程的根叫作特征根.

接下来,我们根据特征根的三种不同情况来讨论方程(4-17)的通解的形式. 由代数学知道,二次方程 $r^2 + pr + q = 0$ 必有两个根,并可由求根公式

$$r_{1,2} = \frac{-p \pm \sqrt{p^2 - 4q}}{2}$$

求出.

（1）当 $p^2-4q>0$ 时，r_1,r_2 是两个不相等的实根，此时 $y_1=\mathrm{e}^{r_1x}$ 与 $y_2=\mathrm{e}^{r_2x}$ 是方程（4-17）的两个特解，且 $\dfrac{y_1}{y_2}=\mathrm{e}^{(r_1-r_2)x}\neq$ 常数，所以 $y_1(x)$ 与 $y_2(x)$ 是两个线性无关的函数，由第一节定理 2 知，方程（4-17）的通解为

$$y=C_1\mathrm{e}^{r_1x}+C_2\mathrm{e}^{r_2x}.$$

（2）当 $p^2-4q=0$ 时，r_1,r_2 是两个相等的实根：$r_1=r_2=-\dfrac{p}{2}$，此时得到方程（4-17）的一个特解 $y_1=\mathrm{e}^{r_1x}$. 还需找出另一个与 y_1 线性无关的特解 y_2，设 $\dfrac{y_2}{y_1}=u(x)$，即 $y_2=u(x)\mathrm{e}^{r_1x}$，所以

$$y_2'=r_1\mathrm{e}^{r_1x}u+\mathrm{e}^{r_1x}u'=\mathrm{e}^{r_1x}(r_1u+u'),$$
$$y_2''=r_1\mathrm{e}^{r_1x}(r_1u+u')+\mathrm{e}^{r_1x}(r_1u'+u'')=\mathrm{e}^{r_1x}(r_1^2u+2r_1u'+u'').$$

将 y_2'',y_2',y_2 代入方程（4-17），得

$$\mathrm{e}^{r_1x}(u''+2r_1u'+r_1^2u)+p\mathrm{e}^{r_1x}(r_1u+u')+q\mathrm{e}^{r_1x}u=0,$$

约去 e^{r_1x}，得

$$u''+(2r_1+p)u'+(r_1^2+pr_1+q)=0.$$

由于 r_1 是特征方程 $r^2+pr+q=0$ 的二重根，即 $r_1^2+pr_1+q=0$，且 $2r_1=-p$，故

$$u''=0.$$

为确保 u 不是常数，不妨取 $u=x$，得到 $y_2=x\mathrm{e}^{r_1x}$ 是方程（4-17）的另一个特解.

所以，方程（4-17）的通解为

$$y=C_1\mathrm{e}^{r_1x}+C_2x\mathrm{e}^{r_1x}=(C_1+C_2x)\mathrm{e}^{r_1x}.$$

（3）当 $p^2-4q<0$ 时，r_1,r_2 是一对共轭复根：$r_{1,2}=\alpha\pm\mathrm{i}\beta$，此时

$$y_1=\mathrm{e}^{(\alpha+\mathrm{i}\beta)x},\quad y_2=\mathrm{e}^{(\alpha-\mathrm{i}\beta)x}$$

是方程（4-17）的两个复数形式的特解. 由欧拉公式

$$\mathrm{e}^{\mathrm{i}x}=\cos x+\mathrm{i}\sin x \tag{4-19}$$

可得

$$y_1=\mathrm{e}^{(\alpha+\mathrm{i}\beta)x}=\mathrm{e}^{\alpha x}\cdot\mathrm{e}^{\mathrm{i}\beta x}=\mathrm{e}^{\alpha x}(\cos\beta x+\mathrm{i}\sin\beta x),$$
$$y_2=\mathrm{e}^{(\alpha-\mathrm{i}\beta)x}=\mathrm{e}^{\alpha x}\cdot\mathrm{e}^{-\mathrm{i}\beta x}=\mathrm{e}^{\alpha x}(\cos\beta x-\mathrm{i}\sin\beta x).$$

由解的叠加原理可知

$$\bar{y}_1=\frac{1}{2}(y_1+y_2)=\mathrm{e}^{\alpha x}\cos\beta x,$$
$$\bar{y}_2=\frac{1}{2\mathrm{i}}(y_1-y_2)=\mathrm{e}^{\alpha x}\sin\beta x$$

仍是方程（4-17）的解，且

$$\frac{\bar{y}_1}{\bar{y}_2}=\frac{\mathrm{e}^{\alpha x}\cos\beta x}{\mathrm{e}^{\alpha x}\sin\beta x}=\cot\beta x\neq 常数,$$

故方程(4-17)的通解为

$$y = e^{\alpha x}(C_1 \cos \beta x + C_2 \sin \beta x).$$

综上所述,求二阶常系数齐次线性常微分方程 $y'' + py' + qy = 0$ 的通解的步骤如下:

第一步:写出常微分方程 $y'' + py' + qy = 0$ 的特征方程 $r^2 + pr + q = 0$;

第二步:求出特征方程 $r^2 + pr + q = 0$ 的两个根 r_1, r_2;

第三步:根据 r_1, r_2 的三种不同情况,按照下表写出所给方程的通解:

特征方程 $r^2 + pr + q = 0$ 的两个根 r_1, r_2	微分方程 $y'' + py' + qy = 0$ 的通解
两个不相等的实根 r_1, r_2	$y = C_1 e^{r_1 x} + C_2 e^{r_2 x}$
两个相等的实根 $r_1 = r_2$	$y = (C_1 + C_2 x) e^{r_1 x}$
一对共轭复根 $r_{1,2} = \alpha \pm i\beta$	$y = e^{\alpha x}(C_1 \cos \beta x + C_2 \sin \beta x)$

例 1 求微分方程 $y'' + 2y' - 3y = 0$ 的通解.

解 所给方程的特征方程是

$$r^2 + 2r - 3 = 0,$$

特征根为两个不相等的实根

$$r_1 = 1, \quad r_2 = -3.$$

故所求通解为

$$y = C_1 e^x + C_2 e^{-3x}.$$

例 2 求解初值问题 $y'' + 2y' + y = 0, y|_{x=0} = 3, y'|_{x=0} = -1.$

解 所给方程的特征方程是

$$r^2 + 2r + 1 = 0,$$

特征根为两个相等的实根

$$r_1 = r_2 = -1.$$

故方程的通解为

$$y = e^{-x}(C_1 + C_2 x).$$

代入初值条件 $y|_{x=0} = 3$,得 $C_1 = 3$,即

$$y = e^{-x}(3 + C_2 x).$$

将上式对 x 求导,得

$$y' = C_2 e^{-x} - (3 + C_2 x) e^{-x}.$$

由 $y'|_{x=0} = -1$ 得 $C_2 = 2$,从而所求的解为

$$y = e^{-x}(3 + 2x).$$

例 3 求微分方程 $y'' - 4y' + 5y = 0$ 的通解.

解 所给方程的特征方程是

$$r^2 - 4r + 5 = 0.$$

特征根是一对共轭复根 $r_{1,2} = 2 \pm i$. 因此所求通解是

$$y = e^{2x}(C_1 \cos x + C_2 \sin x).$$

二、二阶常系数非齐次线性常微分方程

二阶常系数非齐次线性常微分方程的一般形式为

$$y'' + py' + qy = f(x), \qquad (4\text{-}20)$$

其中 p, q 为常数.

由第一节定理 3,如果函数 $y^*(x)$ 是方程(4-20)的一个特解,函数 $Y(x)$ 是方程(4-20)对应的齐次方程(4-17)的通解,那么

$$y = Y(x) + y^*(x)$$

是方程(4-20)的通解. 由于方程(4-17)的通解的求法已在上面讨论过,所以这里只要讨论(4-20)的特解的求法.

因为方程(4-20)的特解是由右端的 $f(x)$ 而确定的,简单起见,我们只讨论 $f(x)$ 取两种常见形式时的特解 y^* 的求法.

(一) $f(x) = P_m(x) e^{\lambda x}$ 型

由于多项式与指数函数乘积的导数仍然是多项式与指数函数的乘积,我们推测二阶常系数非齐次线性常微分方程

$$y'' + py' + qy = P_m(x) e^{\lambda x} \qquad (4\text{-}21)$$

的特解 y^* 仍然是多项式与指数函数乘积的形式,即 $y^* = Q(x) e^{\lambda x}$,其中 $Q(x)$ 是某个待定多项式. 我们有如下结论.

定理 1 微分方程(4-21)一定具有形如 $y^* = x^k Q_m(x) e^{\lambda x}$ 的特解,其中 $Q_m(x)$ 是与 $P_m(x)$ 同次(m 次)的待定多项式,而 k 的值按 λ 不是特征方程的根、是特征方程的单根或是特征方程的重根依次取 0、1 或 2.

证 设 $y^* = Q(x) e^{\lambda x}$ 是方程(4-21)的特解,其中 $Q(x)$ 是某个多项式,则

$$y^{*\prime} = Q'(x) e^{\lambda x} + \lambda Q(x) e^{\lambda x} = e^{\lambda x}[Q'(x) + \lambda Q(x)],$$
$$y^{*\prime\prime} = \lambda e^{\lambda x}[Q'(x) + \lambda Q(x)] + e^{\lambda x}[Q''(x) + \lambda Q'(x)]$$
$$= e^{\lambda x}[Q''(x) + 2\lambda Q'(x) + \lambda^2 Q(x)].$$

将 $y^*, y^{*\prime}, y^{*\prime\prime}$ 代入(4-21),得

$$e^{\lambda x}[Q''(x) + 2\lambda Q'(x) + \lambda^2 Q(x)] + pe^{\lambda x}[Q'(x) + \lambda Q(x)] + qQ(x) e^{\lambda x} = P_m(x) e^{\lambda x}.$$

约去 $e^{\lambda x}$,得

$$Q''(x) + (2\lambda + p) Q'(x) + (\lambda^2 + p\lambda + q) Q(x) = P_m(x). \qquad (4\text{-}22)$$

(1) 当 $\lambda^2 + p\lambda + q \neq 0$,即 λ 不是特征方程的根时,$Q(x)$ 应是一个 m 次多项式. 令

$$Q(x) = Q_m(x) = b_0 x^m + b_1 x^{m-1} + \cdots + b_{m-1} x + b_m,$$

其中 $b_0, b_1, \cdots, b_m$ 是待定常数,把上式代入(4-22),就得到以 $b_0, b_1, \cdots, b_m$ 作为未知数的 $m+1$ 个方程的联立方程组,从而可以求出 $b_0, b_1, \cdots, b_m$,并得到所求的特解

$$y^* = Q_m(x) e^{\lambda x}.$$

(2) 当 $\lambda^2 + p\lambda + q = 0$ 且 $2\lambda + p \neq 0$,即 λ 是特征方程的单根时,$Q'(x)$ 应是一个 m 次多项式. 此

时可令

$$Q(x) = xQ_m(x) = x(b_0 x^m + b_1 x^{m-1} + \cdots + b_{m-1} x + b_m),$$

用与(1)同样的方法确定 $Q_m(x)$ 的系数 $b_0, b_1, \cdots, b_m$，即可得

$$y^* = xQ_m(x)e^{\lambda x}.$$

（3）当 $\lambda^2 + p\lambda + q = 0$ 且 $2\lambda + p = 0$，即 λ 是特征方程的重根时，$Q''(x)$ 应是一个 m 次多项式. 此时可令

$$Q(x) = x^2 Q_m(x) = x^2(b_0 x^m + b_1 x^{m-1} + \cdots + b_{m-1} x + b_m),$$

用同样的方法确定 $Q_m(x)$ 的系数 $b_0, b_1, \cdots, b_m$，即可得

$$y^* = x^2 Q_m(x)e^{\lambda x},$$

证毕.

例 4　确定常微分方程 $y'' + 4y = 3e^{2x}$ 的特解 y^* 的形式.

解　原方程对应的齐次方程为

$$y'' + 4y = 0,$$

它的特征方程为

$$r^2 + 4 = 0,$$

特征根为

$$r = \pm 2i.$$

又由 $f(x) = 3e^{2x}$ 知 $m = 0, \lambda = 2$. 因为 $\lambda = 2$ 不是特征方程的根，所以由定理 1 可知，所给方程的特解形式为

$$y^* = ae^{2x}.$$

例 5　求常微分方程 $y'' - y' - 2y = 2x - 5$ 的通解.

解　先求原方程对应的齐次方程 $y'' - y' - 2y = 0$ 的通解. 它的特征方程为

$$r^2 - r - 2 = 0,$$

特征根为 $r_1 = 2, r_2 = -1$. 于是原方程对应的齐次方程的通解为

$$Y = C_1 e^{2x} + C_2 e^{-x}.$$

由 $f(x) = 2x - 5$ 知，$m = 1, \lambda = 0$，且 $\lambda = 0$ 不是特征方程的根，故由定理 1 知，所给方程的特解可设为

$$y^* = b_0 x + b_1.$$

把 y^* 代入原方程，得

$$-2b_0 x - b_0 - 2b_1 = 2x - 5.$$

比较上式两端同次幂的系数，得

$$\begin{cases} -2b_0 = 2, \\ -b_0 - 2b_1 = -5, \end{cases}$$

解得 $b_0 = -1, b_1 = 3$. 从而原方程的一个特解为

$$y^* = -x + 3.$$

于是，原方程的通解为

$$y = C_1 e^{2x} + C_2 e^{-x} - x + 3.$$

例 6 求微分方程 $y''-5y'+6y=x\mathrm{e}^{2x}$ 的通解.

解 原方程对应的齐次方程为

$$y''-5y'+6y=0,$$

其特征方程为

$$r^2-5r+6=0,$$

特征根为 $r_1=2, r_2=3$,故原方程对应的齐次方程的通解为

$$Y=C_1\mathrm{e}^{2x}+C_2\mathrm{e}^{3x}.$$

由 $f(x)=x\mathrm{e}^{2x}$ 可知,$m=1,\lambda=2$,且 $\lambda=2$ 是特征方程的单根,故由定理 1 知,原方程的特解可设为

$$y^*=x(b_0x+b_1)\mathrm{e}^{2x}.$$

求出 $y^*{}',y^*{}''$,代入原方程并化简得

$$-2b_0x+2b_0-b_1=x.$$

比较上式两端同次幂的系数,有

$$\begin{cases} -2b_0=1, \\ 2b_0-b_1=0, \end{cases}$$

解得

$$b_0=-\frac{1}{2}, \quad b_1=-1.$$

所以原方程的一个特解为

$$y^*=x\left(-\frac{1}{2}x-1\right)\mathrm{e}^{2x}.$$

于是,原方程的通解为

$$y=C_1\mathrm{e}^{2x}+C_2\mathrm{e}^{3x}-\frac{1}{2}(x^2+2x)\mathrm{e}^{2x}.$$

（二）$f(x)=\mathrm{e}^{\lambda x}(P_l^{(1)}(x)\cos\omega x+P_n^{(2)}(x)\sin\omega x)$ 型

利用欧拉公式来推导

$$y''+py'+qy=\mathrm{e}^{\lambda x}\left[P_l^{(1)}(x)\cos\omega x+P_n^{(2)}(x)\sin\omega x\right] \qquad (4\text{-}23)$$

的特解 y^* 的形式,方程（4-23）右端 $P_l^{(1)}(x),P_n^{(2)}(x)$ 分别是 l 与 n 次多项式,有如下结论.

定理 2 常微分方程（4-23）具有形如

$$y^*=x^k\mathrm{e}^{\lambda x}\left[R_m^{(1)}(x)\cos\omega x+R_m^{(2)}(x)\sin\omega x\right]$$

的特解,其中 $R_m^{(1)}(x),R_m^{(2)}(x)$ 是 m 次多项式,$m=\max\{l,n\}$;而 k 的值按 $\lambda+\mathrm{i}\omega$ 不是特征方程的根、是特征方程的根依次取 0、1.

证明略.

例 7 确定常微分方程 $y''+2y'+2y=\mathrm{e}^{-x}(\cos x-\sin x)$ 的特解 y^* 的形式.

解 原方程对应的齐次方程为

$$y''+2y'+2y=0,$$

它的特征方程为

$$r^2+2r+2=0,$$

特征根为

$$r_{1,2}=-1\pm i.$$

由 $f(x)=e^{-x}(\cos x-\sin x)$ 可知,$\lambda=-1,\omega=1,m=0$. 由于 $\lambda+i\omega=-1+i$ 是特征方程的根,故由定理 2 知原方程的特解形式为

$$y^*=xe^{-x}(a\cos x+b\sin x).$$

例 8 求常微分方程 $y''-4y'+4y=3\cos 2x$ 的通解.

解 原方程对应的齐次方程为

$$y''-4y'+4y=0,$$

它的特征方程为

$$r^2-4r+4=0,$$

其特征根为 $r_1=r_2=2$,故原方程对应的齐次方程的通解为

$$Y=(C_1+C_2x)e^{2x}.$$

由 $f(x)=3\cos 2x$ 可知,$\lambda=0,\omega=2,m=0$,由于 $\lambda+i\omega=2i$ 不是特征方程的根,故由定理 2 知原方程的特解为

$$y^*=a\cos 2x+b\sin 2x.$$

求导得

$$y^{*\prime}=-2a\sin 2x+2b\cos 2x,\quad y^{*\prime\prime}=-4a\cos 2x-4b\sin 2x.$$

把 $y^*,y^{*\prime},y^{*\prime\prime}$ 代入原方程,得

$$-8b\cos 2x+8a\sin 2x=3\cos 2x.$$

比较系数得

$$\begin{cases}-8b=3,\\8a=0,\end{cases}$$

于是 $a=0,b=-\dfrac{3}{8}$. 故 $y^*=-\dfrac{3}{8}\sin 2x$. 于是所求通解为

$$y=Y+y^*=(C_1+C_2x)e^{2x}-\frac{3}{8}\sin 2x.$$

习题

1. 求下列二阶常系数齐次线性常微分方程的通解:

(1) $y''-2y'-3y=0$;

(2) $y''+4y'+4y=0$;

(3) $y''+2y'+5y=0$;

(4) $y^{(4)}-2y'''+5y''=0$.

2. 下列方程具有什么形式的特解:

(1) $y''+5y'+6y=e^{3x}$;

(2) $y''+5y'+6y=3xe^{-2x}$;

(3) $y''+2y'+y=-(3x^2+1)e^{-x}$.

3. 求下列二阶常系数非齐次线性常微分方程的一个特解:

(1) $y''-2y'-3y=3x+1$;

(2) $y''-3y'+2y=xe^{2x}$;

(3) $y''+y=x+e^x$;

(4) $y''-2y'+y=(6x^2-4)e^x+x+1$.

4. 已知一个四阶常系数齐次线性常微分方程的四个线性无关的特解为
$$y_1 = e^x, \quad y_2 = xe^x, \quad y_3 = \cos 2x, \quad y_4 = 3\sin 2x,$$
求这个方程及其通解.

习题参考答案

5. 设函数 $y(x)$ 满足 $y'(x) = 1 + \int_0^x \left[6\sin^2 t - y(t) \right] dt, y(0) = 1$, 求 $y(x)$.

复习题四

一、选择题

1. 下列常微分方程是线性常微分方程的是( ).

A. $y' - xy^2 = 0$ 　　　　　　　　B. $y'' - xy' = \cos x$

C. $y'' - x\sqrt{y} = 0$ 　　　　　　　D. $y'' - (xy')^2 = 0$

2. 关于常微分方程的解,下列说法正确的是( ).

A. 常微分方程的通解包含其特解 　　B. 含有任意常数的解就是常微分方程的通解

C. 常微分方程的特解总存在 　　　　D. 常微分方程的通解未必包含其所有的解

3. 一阶线性常微分方程 $y' + p(x)y = q(x)$ 的通解是( ).

A. $y = e^{-\int p(x)dx} \left(\int q(x) e^{\int p(x)dx} dx + C \right)$ 　　B. $y = e^{\int p(x)dx} \left(\int q(x) e^{-\int p(x)dx} dx + C \right)$

C. $y = e^{-\int p(x)dx} \left(\int q(x) e^{-\int p(x)dx} dx + C \right)$ 　　D. $y = e^{\int p(x)dx} \left(\int q(x) e^{\int p(x)dx} dx + C \right)$

4. 二阶线性常微分方程 $y'' - 3y' + 2y = 0$ 的通解为( ).

A. $y = C_1 e^{-x} + C_2 e^{-2x}$ 　　　　　B. $y = C_1 e^{-x} + C_2 e^{2x}$

C. $y = C_1 e^x + C_2 e^{2x}$ 　　　　　　D. $y = C_1 e^{-x} + C_2 e^{-2x}$

5. 高阶常微分方程 $\dfrac{d^4 x}{dt^4} - x = 0$ 的通解为( ).

A. $x = C_1 e^{it} + C_2 e^{-it} + C_3 \cos t + C_4 \sin t$ 　　B. $t = C_1 e^x + C_2 e^{-x} + C_3 \cos x + C_4 \sin x$

C. $t = C_1 e^{ix} + C_2 e^{-ix} + C_3 \cos x + C_4 \sin x$ 　　D. $x = C_1 e^t + C_2 e^{-t} + C_3 \cos t + C_4 \sin t$

6. 三阶常微分方程 $y''' = \sin x - \cos x$ 的通解是( ).

A. $y = \cos x + \sin x + C_1 x^2 + C_2 x + C_3$ 　　B. $y = C_1 \cos x + C_2 \sin x + C_3 x + C_4$

C. $y = C_1 \cos x + C_2 \sin x + C_3 x^2 + C_4 x$ 　　D. $y = \cos x + \sin x + C_1 x^3 + C_2 x^2 + C_3 x$

二、填空题

1. 非线性常微分方程 $y'' + 5y' + 6y = 3xe^{-2x}$ 具有特解形式＿＿＿＿＿＿＿＿＿＿＿＿＿.

2. 非线性常微分方程 $y'' + 3y' - y = e^x \cos 2x$ 的一个特解是＿＿＿＿＿＿＿＿＿＿＿.

3. 一阶常微分方程 $xy' + y = y(\ln x + \ln y)$ 的通解是＿＿＿＿＿＿＿＿＿＿＿＿＿＿.

4. 常微分方程 $\dfrac{ydx - xdy}{y^2} = 0$ 的通解是＿＿＿＿＿＿＿＿＿＿＿＿＿＿＿＿＿.

5. 二阶非齐次常微分方程 $yy'' - y'^2 + y' = 0$ 的通解是＿＿＿＿＿＿＿＿＿＿＿＿＿＿.

三、解答题

1. 对给定的曲线族 $y=x^2+Cx$,求出所对应的常微分方程.

2. 求方程 $(y+1)^2 y'+x^3=0$ 的通解.

3. 求方程 $xy'+x+\sin(x+y)=0$ 的通解.

4. 求初值问题 $\cos y\,\mathrm{d}x+(1+\mathrm{e}^{-x})\,\mathrm{d}y=0,y\big|_{x=0}=\dfrac{\pi}{4}$的解.

5. 用适当的变量代换,求解方程 $y'=\dfrac{1}{x-y}+1$.

6. 求常微分方程 $xy''+xy'^2-y'=0$ 满足条件 $y\big|_{x=2}=2,y'\big|_{x=2}=1$ 的解.

7. 求常微分方程 $y''+2y'+10y=0$ 满足条件 $y\big|_{x=0}=1,y'\big|_{x=0}=2$ 的解.

8. 已知未知曲线 $y=y(x)$ 上原点处的切线垂直于直线 $x+2y-1=0$ 且 $y(x)$ 满足微分方程 $y''-2y'+5y=\mathrm{e}^x\cos 2x$,求此曲线的方程.

9. 在某一人群中推广新技术是通过其中已掌握新技术的人进行的.设该人群的总人数为 N,在 $t=0$ 时刻已掌握新技术的人数为 x_0,在任意 t 时刻已掌握新技术的人数为 $x(t)$(将 $x(t)$ 视为连续可微变量),其变化率与已掌握新技术人数和未掌握新技术人数之积成正比,比例常数 $k>0$,求 $x(t)$.

10. 设某建筑构件开始时温度为 100 ℃,放在 20 ℃ 的空气中,开始的 600 s 温度下降到 60 ℃.问从 100 ℃ 下降到 25 ℃ 需要多长时间?

11. 设某一个医疗器械电路由电阻 $R=10(\Omega)$、电感 $L=2(\mathrm{H})$ 和电源电动势 $E=20\sin 5t(\mathrm{V})$ 串联组成,开关 S 合上后,电路中有电流通过,求电流 $i(t)$ 与时间 t 的函数关系.

12. 向比重是 ρ 的某药剂沉放某一种探测器,按照探测要求,需要确定仪器的下沉深度 y 和下沉速度 v 之间的函数关系.假设仪器在重力的作用下在药剂表面由静止开始下沉,在下沉的过程中还受到了阻力和浮力的作用,设仪器的质量是 m,体积是 B,仪器所受到的阻力跟下沉速度成正比,比例系数是 $k(k>0)$,试建立 y 与 v 所满足的常微分方程,并且求出函数关系式 $y=y(v)$.

复习题四
参考答案

附录一

一元微积分在生物医药领域中的应用举例

本附录采用举例的方式,对一元微积分在生物医药领域中的应用进行介绍.

一、极限应用举例

例 1(血药浓度问题) 设肌肉注射或皮下注射后血液中的血药浓度和时间关系为
$$C(t) = 30(e^{-0.2t} - e^{-2.2t}),$$
问:随着时间的不断推移,血药浓度如何变化?

解 由 $\lim_{t \to +\infty} C(t) = \lim_{t \to +\infty} 30(e^{-0.2t} - e^{-2.2t}) = 0$ 可知,随着时间的推移,血药浓度 $C(t)$ 会越来越接近 0.

例 2(药物代谢问题) 已知某药物在人体内的代谢速度 v 与药物进入人体的时间 t 呈现函数关系
$$v(t) = 24.61(1 - 0.273^t),$$
试画出该函数的大致图形,并求出代谢速度最终的稳定值.

解 如图 1 所示,由
$$\lim_{t \to +\infty} v(t) = \lim_{t \to +\infty} 24.61(1 - 0.273^t) = 24.61$$
可知代谢速度最终的稳定值为 24.61.

图 1

例 3(肿瘤生长问题) 某肿瘤的生长规律为
$$V(t) = V_0 e^{\frac{A}{\alpha}(1 - e^{-\alpha t})},$$
其中 $V(t)$ 表示 t 时刻的肿瘤体积,V_0 表示刚开始观察时肿瘤的体积,A 和 α 为正常数.问:随着时间的推移,肿瘤的体积如何变化($V_0 = 0.015, A = 0.24, \alpha = 0.18$)?

解 因为
$$\lim_{t \to +\infty} V(t) = \lim_{t \to \infty} V_0 e^{\frac{A}{\alpha}(1 - e^{\alpha t})} = V_0 e^{\frac{A}{\alpha}},$$
所以当 $V_0 = 0.015, A = 0.24, \alpha = 0.18$ 时,得
$$\lim_{t \to +\infty} V(t) = 0.015 \times e^{\frac{0.24}{0.18}} \approx 0.057.$$
随着时间 t 的推移,肿瘤不断扩散,肿瘤的体积先逐渐变大,到一定时间后保持不变.

例 4(细菌繁殖问题) 已知在营养充足的条件下,某种细菌的繁殖速度 $v(t)$ 与 t 时刻细菌的数量 $N(t)$ 成正比,比例系数为 k,并且 $N(t)$ 是时间 t 的连续函数.设最初细菌的数量是 N_0,经

过时间 t 后细菌的数量是多少?

解 首先将时间间隔 $[0,t]$ 分成 n 等份,由于细菌的繁殖是连续变化的,在很短的一段时间内细菌数量的变化是很小的,繁殖速度可近似看成是不变的. 因此,在第一时段 $\left[0,\dfrac{t}{n}\right]$ 内,细菌数量满足关系式

$$\frac{N\left(\dfrac{t}{n}\right)-N_0}{\dfrac{t}{n}}=kN_0,$$

在时段 $\left[0,\dfrac{t}{n}\right]$ 内细菌的增量为

$$N\left(\frac{t}{n}\right)-N_0=kN_0\frac{t}{n},$$

故第一时段 $\left[0,\dfrac{t}{n}\right]$ 末细菌的数量为

$$N\left(\frac{t}{n}\right)=N_0\left(1+k\frac{t}{n}\right).$$

同理,第二时段 $\left[\dfrac{t}{n},\dfrac{2t}{n}\right]$ 末细菌的数量为

$$N\left(\frac{2t}{n}\right)=N_0\left(1+k\frac{t}{n}\right)^2.$$

以此类推,可以得到最后一时段 $\left[\dfrac{n-1}{n}t,\dfrac{nt}{n}\right]$ 末细菌的数量为

$$N(t)=N_0\left(1+k\frac{t}{n}\right)^n.$$

显然,这是一个近似值. 因为我们假设了在每一时段 $\left[\dfrac{i-1}{n}t,\dfrac{it}{n}\right]$ $(i=1,2,\cdots,n)$ 内细菌的繁殖速度是不变的,且等于该时段初始时刻的变化速度. 这种近似程度的误差将随着小区间长度的缩小而减小,所以若对时间间隔无限细分,根据极限思想就可以得到精确值.

利用第二个重要极限,可得经过时间 t 后细菌的数量为

$$N(t)=\lim_{n\to\infty}N_0\left(1+k\frac{t}{n}\right)^n=N_0\lim_{n\to\infty}\left(1+\frac{kt}{n}\right)^{\frac{n}{kt}kt}=N_0\mathrm{e}^{kt}.$$

例 5 通过观察实验数据,已知酵母菌在第 t 小时的繁殖速度 $v(t)$ 与第 t 小时的酵母菌数量成正比,且比例系数为 0.458. 已知酵母菌刚开始的数量是 10,问经过几小时后酵母菌的数量大约是 150?

解 不妨设第 t 小时酵母菌的数量为 $N(t)$,且 $N(t)$ 是时间 t 的连续函数,由例 4 可得

$$N(t)=10\mathrm{e}^{0.458t}.$$

对其两端取自然对数,得

$$t = \frac{1}{0.458} \ln \frac{N(t)}{10}.$$

当 $N(5) = 150$ 时,解得 $t \approx 5.9$,即大概 6 小时后酵母菌的数量是 150.

例 6(药品储存问题) 设某药店年底对某药品的保有量为 30 万盒,预计此后每月销量为上一月末药品保有量的 6%,并且每月新增药品数量相同,要求该药店对该药品的保有量不超过 60 万盒,问每月新增药品数量应不超过多少?

解 设药店年底对该药品的保有量为 a_1 万盒,以后每月末对该药品的保有量依次为 a_2 万盒、a_3 万盒……每月新增药品 x 万盒,则

$$a_1 = 30, \quad a_n = (1 - 6\%) a_{n-1} + x \ (n \geq 2).$$

整理可得递推关系

$$a_n - \frac{50}{3} x = 0.94 \left(a_{n-1} - \frac{50}{x} x \right),$$

所以 $\left\{ a_n - \dfrac{50}{3} x \right\}$ 是以 0.94 为公比的等比数列,则

$$a_n = \left(30 - \frac{50}{3} x \right) 0.94^{n-1} + \frac{50}{3} x \ (n \in \mathbf{N}_+).$$

(1) 当 $30 - \dfrac{50}{3} x \geq 0$,即 $0 < x \leq 1.8$ 时,$\{a_n\}$ 单调减少,$a_n < a_{n-1} < \cdots < a_1 = 30$.

(2) 当 $30 - \dfrac{50}{3} x < 0$,即 $x > 1.8$ 时,$\{a_n\}$ 单调增加且 $a_n < \dfrac{50}{3} x$,即 $\{a_n\}$ 单调增加且有上界,由单调有界收敛准则可知 $\{a_n\}$ 存在极限,即

$$\lim_{n \to \infty} a_n = \lim_{n \to \infty} \left[\left(30 - \frac{50}{3} x \right) 0.94^{n-1} + \frac{50}{3} x \right] = \frac{50}{3} x.$$

因此 $\dfrac{50}{3} x \leq 60$,从而 $x \leq 3.6$.

综上所述,每月新增药品应不超过 3.6 万盒.

二、微分学应用举例

例 7(血栓抑制问题) 已知体外血栓抑制率的净升率 C 与时间 t 的关系为

$$C(t) = 133(e^{-0.2112t} - e^{-2.3358t}),$$

求净升率的最大值.

解 对 $C(t)$ 求导,得

$$C'(t) = 133(-0.2112 e^{-0.2112t} + 2.3358 e^{-2.3358t}).$$

令 $C'(t) = 0$,得

$$e^{2.1246t} \approx 11.0597,$$

得唯一驻点 $t \approx 1.1312$. 由实际问题,此时净升率最大,为

$$C_{\max} \approx 133(e^{-0.2112 \times 1.1312} - e^{-2.3358 \times 1.1312}) \approx 95.2660.$$

例 8(药品生产问题) 某药厂生产某种药品,年产量为 a 个单位,分若干批生产,每批生产

准备费为 b 元.设该药品均匀投入市场(即平均库存量为批量的一半),并且每年每个单位的药品库存费为 c 元.显然,生产批量越大,库存费越高;生产批量越小,生产准备费越高.问如何选择批量,才能使生产准备费与库存费之和最小(不考虑生产能力)?

解　先求批量与库存费及生产准备费之和之间的关系.

设每批生产 x 个单位,库存费与生产准备费之和为 y,则 y 是 x 的函数:$y=y(x)$.因为年产量为 a,所以每年生产的批数为 $\dfrac{a}{x}$(为整数),于是生产准备费为 $\dfrac{ab}{x}$.因为库存量为 $\dfrac{x}{2}$,所以库存费为 $\dfrac{cx}{2}$.因此

$$y=\frac{ab}{x}+\frac{c}{2}x,$$

其中 $0<x\leqslant a$.因为

$$y'=-\frac{ab}{x^2}+\frac{c}{2},$$

令 $y'=0$,得 $x=\sqrt{\dfrac{2ab}{c}}$.由于函数的最小值一定存在,且其在 $(0,a)$ 内有唯一驻点,故当 $x=\sqrt{\dfrac{2ab}{c}}$ 时,y 取最小值,即每批生产 $x=\sqrt{\dfrac{2ab}{c}}$ 个单位时,可使生产准备费与库存费之和最小.

例 9(血药浓度问题)　某种药物口服后,血药浓度 C 与时间 t 的关系为

$$C(t)=A(e^{-k_1 t}-e^{-k_2 t}).$$

假设 $A=15.342,k_1=0.07,k_2=0.8$,试分析血药浓度随时间的变化规律.

解　血药浓度 C 与时间 t 的关系曲线如图 2 所示.

(1) 讨论单调性和最大值.

求 $C(t)$ 的一阶导数:

$$C'(t)=A(-k_1 e^{-k_1 t}+k_2 e^{-k_2 t}).$$

令 $C'(t)=0$,求得驻点

$$t=T_m=\frac{\ln k_2-\ln k_1}{k_2-k_1}.$$

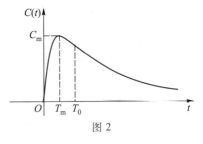

图 2

在 $(0,T_m)$ 内,$C'(t)>0$,函数单调增加;在 $(T_m,+\infty)$ 内,$C'(t)<0$,函数单调减少.所以 $t=T_m$ 是极大值点,此时血药浓度达到最大值 C_m.服药后,在 0 到 T_m 时间段 $(0,T_m)$ 内,血药浓度不断升高,在 T_m 以后,血药浓度逐渐下降.在 T_m 时刻,血药浓度达到最大值 C_m,称为**峰浓度**,T_m 称为**峰时**.若 T_m 小,C_m 大,反映出该药物不仅被吸收快而且吸收好,有速效的特点.

(2) 讨论凹凸性和拐点.

求血药浓度 $C(t)$ 的二阶导数:

$$C''(t)=A(k_1^2 e^{-k_1 t}-k_2^2 e^{-k_2 t}).$$

令 $C''(t)=0$,求得

$$t=T_0=\frac{2(\ln k_2-\ln k_1)}{k_2-k_1}=2T_m.$$

在 $(0, T_0)$ 内，$C''(t)<0$，函数是凸的；在 $(T_0, +\infty)$ 内，$C''(t)>0$，函数是凹的. 所以 $(T_0, C(T_0))$ 是拐点，服药后，在时间段 $(0, T_0)$ 内，曲线向上凸，经过 T_0 后，曲线向上凹. 其反映出血药浓度开始时变化的速度不断减小，在 T_0 时刻以后，速度不断增加，在 T_0 处，血药浓度变化的速度最小. 在 T_0 后，血药浓度加速下降，说明药物体内过程的主要特征是消除，T_0 是药物消除的标志和起点.

三、积分学应用举例

例 10（基础代谢的测定）　已知小白鼠的代谢率 BMR 满足

$$BMR(t) = -0.15\cos\frac{\pi}{12}t + 0.3 \,(\text{kcal/h}),$$

求小白鼠一昼夜的代谢值 BM.

分析　在时间段 (t_0, t_1) 内，基础代谢量可以通过对基础代谢率在这段时间内的积分得到，即 $BM = \int_{t_0}^{t_1} BMR(t)\,\mathrm{d}t$.

解　小白鼠一昼夜的代谢值 BM 是

$$BM = \int_{t_0}^{t_1}\left(-0.15\cos\frac{\pi}{12}t + 0.3\right)\mathrm{d}t$$

$$= \left(-0.15 \times 12 \times \sin\frac{\pi}{12}t + 0.3t\right)\bigg|_0^{2.4} = 7.2 \,(\text{kcal}).$$

例 11（染料稀释法确定心输出量）　心输出量是指每分钟由一侧心室输出的血量，在生理实验中常用染料稀释法来测定，其测定原理是将一定量的染料注入，染料将随血液循环通过心脏到达肺部，再返回心脏而进入动脉系统.

假定在时刻 $t=0$ 时注入 5 mg 染料，自染料注入后便开始在外周动脉中连续 30 s 监测血液中染料的浓度，它是时间 t 的函数：

$$C(t) = \begin{cases} 0, & 0 \leq t \leq 3 \text{ 或 } 18 < t \leq 30, \\ 0.01(t^3 - 40t^2 + 453t - 1026), & 3 < t \leq 18, \end{cases}$$

注入染料的量 M 与在 30 s 内测到的平均浓度 $\overline{C}(t)$ 的比值是 30 s 内的心输出量，因此每分钟的心输出量 Q 是这一比值的 2 倍，即

$$Q = \frac{2M}{\overline{C}(t)},$$

求这一实验中的心输出量 Q.

解　$\overline{C}(t) = \dfrac{1}{30-0}\int_0^{30} C(t)\,\mathrm{d}t = \dfrac{1}{30}\int_3^{18} 0.01(t^3 - 40t^2 + 435t - 1026)\,\mathrm{d}t$

$$= \frac{0.01}{30}\left(\frac{t^4}{4} - \frac{40t^3}{3} + \frac{435t^2}{2} - 1026t\right)\bigg|_3^{18} \approx 0.64875.$$

因此

$$Q = \frac{2M}{\overline{C}(t)} \approx \frac{2 \times 5}{0.64875} \approx 15.41426 \,(\text{L/min}).$$

例 12(胰岛素平均浓度的测试)　假定由实验测得某人血液中胰岛素的浓度 $C(t)$(μU/mL)为

$$C(t) = \begin{cases} t(10-t), & 0 \leqslant t \leqslant 5, \\ 25\mathrm{e}^{-k(t-5)}, & t > 5, \end{cases}$$

其中 $k = \dfrac{\ln 2}{20}$,时间 t 的单位是 min,求血液中的胰岛素在 1 h 内的平均浓度 $\overline{C}(t)$.

解　$\overline{C}(t) = \dfrac{1}{60-0}\displaystyle\int_0^{60} C(t)\,\mathrm{d}t = \dfrac{1}{60-0}\Big[\int_0^5 C(t)\,\mathrm{d}t + \int_5^{60} C(t)\,\mathrm{d}t\Big]$

$\qquad = \dfrac{1}{60}\Big[\displaystyle\int_0^5 t(10-t)\,\mathrm{d}t + \int_5^{60} 25\mathrm{e}^{-k(t-5)}\,\mathrm{d}t\Big]$

$\qquad \approx \dfrac{1}{60}(83.33 + 614.12) \approx 11.62\,(\mu\mathrm{U/mL}).$

例 13(脉管稳定流动时血流量的测定)　设有半径为 R,长为 L 的一段刚性血管,两端血压分别为 p_1 和 $p_2(p_1 > p_2)$.已知在血管的横截面上离血管中心 r 处的血流速度符合公式

$$V(r) = \frac{p_1 - p_2}{4\eta L}(R^2 - r^2)$$

其中 η 为血液黏滞系数,求在单位时间内流过该横截面的血流量 Q.

解　将半径为 R 的截面圆分为 n 个圆环,使每个圆环的厚度为 $\Delta r = \dfrac{R}{n}$.又因为圆环面积的近似值为 $2\pi r_i \Delta r$,所以在单位时间内通过第 i 个圆环的血流量 ΔQ_i 的近似值为

$$\Delta Q_i \approx V(\xi_i) \cdot 2\pi r_i \Delta r,$$

其中 $\xi_i \in [r_i, r_i + \Delta r]$.于是

$$Q = \lim_{n \to \infty} \sum_{i=1}^n V(\xi_i) \cdot 2\pi r_i \Delta r = \int_0^R V(r) 2\pi r \mathrm{d}r = \int_0^R \frac{p_1 - p_2}{4\eta L}(R^2 - r^2) 2\pi r \mathrm{d}r$$

$$= \frac{\pi(p_1 - p_2)}{2\eta L}\int_0^R (R^2 r - r^3)\,\mathrm{d}r = \frac{\pi(p_1 - p_2)R^4}{8\eta L}.$$

例 14(牙弓形状的数学模型)　在口腔矫正的临床中,确定治疗措施需考虑牙弓的形状.牙弓曲线可以用悬链线拟合,其数学模型为

$$f(x) = \frac{a}{2}(\mathrm{e}^{bx} + \mathrm{e}^{-bx}),$$

求牙弓的长度,即悬链线的弧长.

解　依题意,得

$$f'(x) = \frac{ab}{2}(\mathrm{e}^{bx} - \mathrm{e}^{-bx}).$$

由弧长公式得牙弓长度为

$$L = \int_a^b \sqrt{1 + [f'(x)]^2}\,\mathrm{d}x = \int_a^b \sqrt{1 + \left[\frac{ab}{2}(\mathrm{e}^{bx} - \mathrm{e}^{-bx})\right]^2}\,\mathrm{d}x,$$

其中 a, b 可通过某些测量值确定.

例 15(药物有效浓度问题)　已知某种典型的药物清除速度函数为 $f(t) = t\mathrm{e}^{-kt}(k > 0)$,求 $[0,$

T] 内相应的药物有效利用量.

分析 如果药物清除速度函数为 $f(t)$，那么在时间 $[0,T]$ 内进入人体各部分的药物总量可用定积分求得.在时间 $[0,T]$ 内进入人体各部分的药物总量，即药物的有效利用量为

$$A = \int_0^T f(t)\,\mathrm{d}t.$$

解 依题意，得

$$A = \int_0^T t\mathrm{e}^{-kt}\mathrm{d}t = -\frac{1}{k}(t\mathrm{e}^{-kt})\Big|_0^T - \frac{1}{k^2}\int_0^T \mathrm{e}^{-kT}\mathrm{d}(-kt)$$

$$= \frac{1}{k^2} - \mathrm{e}^{-kT}\left(\frac{T}{k} + \frac{1}{k^2}\right).$$

当 $T \to \infty$ 时，式中的第二项很小，即此时药物的有效利用量为 $A \approx \dfrac{1}{k^2}$.

四、常微分方程应用举例

例 16（人口增长问题） 已知人口数量在单位时间内增长的百分比 r 是一定的，设 t_0 时刻的人口数量为 P_0，求 t 时刻的人口数量 $P(t)$.

解 某个时段内人口的增长为

$$P(t+\Delta t) - P(t) = rP(t)\Delta t,$$

当时间变化趋于 0 时，得

$$\lim_{\Delta t \to 0} \frac{P(t+\Delta t) - P(t)}{\Delta t} = rP(t).$$

根据导数的定义，有

$$\begin{cases} \dfrac{\mathrm{d}P(t)}{\mathrm{d}t} = rP(t), \\ P(t_0) = P_0. \end{cases}$$

对方程 $\dfrac{\mathrm{d}P(t)}{\mathrm{d}t} = rP(t)$ 分离变量，解得

$$P(t) = C\mathrm{e}^{rt}.$$

由 $P(t_0) = P_0$ 得 $C = P_0\mathrm{e}^{-rt_0}$，进而得 $P(t) = P_0\mathrm{e}^{r(t-t_0)}$.

例 17（冷却问题） 某地发生一起案件，法医于上午 8 点整到达案发现场，测得受害者尸体温度为 32.6 ℃；一小时后，在尸体被抬走之前再度检验其体温为 31.4 ℃.假定案发现场温度一直保持在 21.1 ℃，试推断受害者的死亡时间.

分析 因为人死后体温调节功能随之消失，所以其尸体温度大致按冷却定律下降.设 T 为尸体即时温度，T_0 为环境温度，由第四章第一节例 1 知

$$\frac{\mathrm{d}T}{\mathrm{d}t} = -k(T - T_0),$$

其中 k 为比例系数（$k>0$ 为常数）.

解 根据牛顿冷却定律，可得温度 T 的导数

$$\frac{\mathrm{d}T}{\mathrm{d}t} = -k(T-21.1),$$

其中 $k>0$ 为常数,为了便于求解 T,将其变形为

$$\frac{\mathrm{d}(T-21.1)}{\mathrm{d}t} = -k(T-21.1).$$

分离变量,解得

$$T(t) - 21.1 = C\mathrm{e}^{-kt}.$$

由 $T(0) = 32.6$ 得 $C = 11.5$,故

$$T(t) = 21.1 + 11.5\mathrm{e}^{-kt}.$$

又因为 $T(1) = 31.4$,所以 $k = \ln\dfrac{11.5}{10.3} \approx 0.11$. 于是

$$T(t) = 21.1 + 11.5\mathrm{e}^{-0.11t}.$$

结合实际,假设受害者死亡时体温为 37 ℃,此时有

$$37 = 21.1 + 11.5\mathrm{e}^{-0.11t},$$

即 $t \approx -2.95$. 依题设,被害者死亡时间为 $T_\mathrm{d} \approx 8 - 2.95 = 5.05$,即死亡时间约为 5 时 3 分.

例 18(生物生长模型) 氧气充足时,酵母增长规律为 $\dfrac{\mathrm{d}A(t)}{\mathrm{d}t} = kA(t)$;而在缺氧条件下,酵母在发酵过程中会产生酒精,酒精将抑制酵母的继续发酵. 在酵母增长的同时,酒精量也相应增加,酒精的抑制作用也相应增加,致使酵母的增长率逐渐下降,直到酵母量稳定地接近一个极限值. 上述过程的数学模型如下:

$$\frac{\mathrm{d}A(t)}{\mathrm{d}t} = kA(t)[A_\mathrm{m} - A(t)],$$

其中 A_m 为酵母量的最后极限值,是一个常数. 它表示在前期酵母的增长率逐渐上升,到后期酵母的增长率逐渐下降. 求解此微分方程,并假定当 $t=0$ 时,酵母的现有量为 A_0.

解 方程 $\dfrac{\mathrm{d}A(t)}{\mathrm{d}t} = kA(t)[A_\mathrm{m} - A(t)]$ 是可分离变量的微分方程,分离变量得

$$\frac{\mathrm{d}A(t)}{A(t)[A_\mathrm{m} - A(t)]} = k\mathrm{d}t.$$

两边积分得

$$\int \frac{\mathrm{d}A(t)}{A(t)[A_\mathrm{m} - A(t)]} = \int k\mathrm{d}t,$$

即

$$\frac{1}{A_\mathrm{m}} \int \left[\frac{1}{A_\mathrm{m} - A(t)} + \frac{1}{A(t)} \right] \mathrm{d}A(t) = \int k\mathrm{d}t,$$

得所求微分方程的通解为

$$\frac{A(t)}{A_\mathrm{m} - A(t)} = C\mathrm{e}^{kA_\mathrm{m}t}.$$

又由初值条件 $A(t)\big|_{t=0} = A_0$ 可得 $C = \dfrac{A_0}{A_\mathrm{m} - A_0}$,于是微分方程的特解为

$$\frac{A(t)}{A_m - A(t)} = \frac{A_0}{A_m - A_0} e^{kA_m t},$$

即

$$A(t) = \frac{A_m}{1 + \left(\dfrac{A_m}{A_0} - 1\right) e^{-kA_m t}}.$$

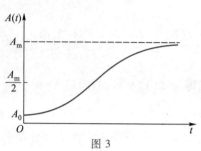

图 3

上式就是在缺氧条件下,酵母的现有量 $A(t)$ 与时间 t 的函数关系. 其图形所对应的曲线叫作生物生长曲线,又名逻辑斯谛曲线.

如图 3 所示,我们在生物学、经济学的实际应用中,经常遇到这样一类变量:变量的增长率 $\dfrac{dA(t)}{dt}$ 与现有量 $A(t)$、饱和值与现有量的差 $A_m - A(t)$ 都成正比. 这种变量往往都是按逻辑斯谛曲线变化的.

例 19（中药材生长问题）　某种中药材刚栽下去时高度 $0.5\,m$,设在 t 时的高度为 $h(t)$,且其生长速度既与目前的高度,又与最大高度 H_m 与目前高度 $h(t)$ 之差成正比. 若比例系数是 2,$H_m = 1.5\,m$,建立微分方程模型,并求解 $h(t)$.

解　依题意,有

$$\begin{cases} \dfrac{dh(t)}{dt} = kh(t)\left[H_m - h(t)\right] = 2h(t)\left[1.5 - h(t)\right], \\ h\big|_{t=0} = 0.5. \end{cases}$$

参照例 18 的求解过程知

$$h(t) = \frac{1.5}{1 + \left(\dfrac{1.5}{0.5} - 1\right) e^{-2 \times 1.5 t}} = \frac{3}{2 + 4e^{-3t}}.$$

注意,在通解 $h(t)$ 的表达式中,不难发现

$$\lim_{t \to +\infty} h(t) = H_m,$$

这说明中药材的生长属于限制性的生长模式.

例 20（体内药物量问题）　在药物动力学中,常用简化的常微分方程模型来研究药物在体内吸收和排泄的时间过程,设 D 为所给药物的剂量,常数 K_α 为吸收速率(即药物从吸收部位进入全身血液循环的速率),V 为药物的表现分布容积,K 为消除速率常数(即所给药物经过代谢或排泄而消除的速率常数). 假设药物的吸收和消除均是一级速率过程(单位时间内消除的药物量与血浆药物浓度成正比),在时刻 t 时,体内的药物量为 $x(t)$,吸收部位的药物量为 x_α,建立 $x(t)$ 的常微分方程模型,并求解.

解　依题意,吸收部位的药物量函数 x_α 满足

$$\begin{cases} \dfrac{dx_\alpha}{dt} = -K_\alpha x_\alpha, \\ x_\alpha\big|_{t=0} = D. \end{cases}$$

这是可分离变量的一阶常微分方程,结合初值条件得 $x_\alpha = De^{-K_\alpha t}$. 因为药物的吸收和消除均是一级速率过程,从而

$$\begin{cases} \dfrac{dx}{dt} = K_\alpha x_\alpha - Kx, \\ x|_{t=0} = 0, \end{cases}$$

即

$$\frac{dx}{dt} + Kx = K_\alpha De^{-K_\alpha t},$$

这是一个一阶线性常微分方程,由初值条件可解得

$$x(t) = \frac{K_\alpha D}{K_\alpha - K}(e^{-Kt} - e^{-K_\alpha t}).$$

注意,由于体内的药物量无法测定,故常常用相应时间的血浆药物浓度来代替. 设 $C(t)$ 为 t 时刻血浆药物浓度,则

$$C(t) = \frac{x(t)}{V} = \frac{K_\alpha D}{V(K_\alpha - K)}(e^{-Kt} - e^{-K_\alpha t}).$$

该方程表示药物在一次口服剂量 D 后的浓度 $C(t)$ 是随时间 t 的变化而变化的,其变化曲线(简称 $C\text{-}t$ 曲线)如图 4 所示.

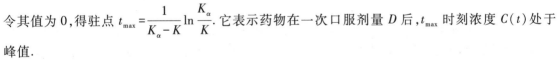

图 4

对 $C(t)$ 进行求导,得

$$\frac{dC}{dt} = \frac{K_\alpha D}{V(K_\alpha - K)}(-Ke^{-Kt} + K_\alpha e^{-K_\alpha t}).$$

令其值为 0,得驻点 $t_{\max} = \dfrac{1}{K_\alpha - K}\ln\dfrac{K_\alpha}{K}$. 它表示药物在一次口服剂量 D 后,$t_{\max}$ 时刻浓度 $C(t)$ 处于峰值.

例 21(药物注射问题) 某药物进行静脉注射,其血药浓度下降是一级速率过程,第一次注射后,经过一小时浓度降至初始浓度的 $\dfrac{\sqrt{2}}{2}$,问要使血药浓度不低于初始浓度的一半,需要经过多长时间进行第二次注射?

解 设 t 时刻血药浓度为 $C(t)$,且 $C|_{t=0} = C_0$,依题意,有如下方程:

$$\begin{cases} \dfrac{dC}{dt} = -KC, \\ C|_{t=0} = C_0, \quad C|_{t=1} = \dfrac{\sqrt{2}}{2}C_0. \end{cases}$$

这是可分离变量的一阶常微分方程,解得 $C(t) = C_0 e^{-Kt}$. 代入初值条件 $C|_{t=1} = \dfrac{\sqrt{2}}{2}C_0$,得 $K = \dfrac{1}{2}\ln 2$,从而

$$C(t) = C_0 e^{-\frac{1}{2}\ln 2} = C_0 \cdot \left(\frac{1}{2}\right)^{\frac{t}{2}}.$$

当 $C(t) = \dfrac{C_0}{2}$ 时，$t = 2$，即经过 2 小时要进行第二次注射.

例 22(药用商品的价格问题) 设某种药用商品的供给量 Q_1 与需求量 Q_2 是只依赖于价格 P 的线性函数，并假设在 t 时刻价格 $P(t)$ 的变化率与此时的过剩需求量成正比，确定这种药用商品的价格随时间 t 的变化规律.

解 不妨设 $Q_1 = -a + bP$，$Q_2 = c - dP$，其中 a,b,c,d 都是已知的正常数. 当供给量与需求量相等时，可得平衡价格 $\bar{P} = \dfrac{a+c}{b+d}$.

当供给量小于需求量时，价格将上涨，这样市场价格就随时间的变化而围绕平衡价格上下波动. 因而设想价格 P 是时间 t 的函数：$P = P(t)$.

由假定知道，$P(t)$ 的变化率与 $Q_2 - Q_1$ 成正比，即

$$\frac{\mathrm{d}P}{\mathrm{d}t} = \alpha(Q_2 - Q_1),$$

其中 α 是正常数. 将 Q_1，Q_2 代入上式，得

$$\frac{\mathrm{d}P}{\mathrm{d}t} + kP = h,$$

其中 $k = \alpha(b+d)$，$h = \alpha(a+c)$ 都是正常数. 这是一阶线性常微分方程，其通解为

$$P(t) = \mathrm{e}^{-\int k\,\mathrm{d}t}\left(\int h\mathrm{e}^{\int k\,\mathrm{d}t} + C\right) = C\mathrm{e}^{-kt} + \frac{h}{k} = C\mathrm{e}^{-kt} + \bar{P}.$$

如果初始价格 $P(0) = P_0$，那么药用商品价格随时间的变化规律为

$$P = (P_0 - \bar{P})\mathrm{e}^{-kt} + \bar{P}.$$

例 23(药品销售问题) 设有某种新药产品要推向市场，$x(t)$ 表示 t 时刻的销量函数，若该产品性能良好，t 时刻新药产品销售的增长率 x_t' 与 $x(t)$ 成正比，同时，x_t' 也与尚未购买该新药产品的潜在顾客数量 $N - x(t)$（常数 N 表示市场容量）成正比. 依据题意建立常微分方程，求其通解，并讨论该产品的销售速率与 N 的关系.

解 依题意，得

$$\frac{\mathrm{d}x}{\mathrm{d}t} = kx(N-x),$$

其中 k 为比例系数. 分离变量、积分，可以求得通解为

$$x(t) = \frac{N}{1 + C\mathrm{e}^{-kNt}}.$$

对 $x(t)$ 求一阶导数和二阶导数：

$$\frac{\mathrm{d}x}{\mathrm{d}t} = \frac{CN^2 k\mathrm{e}^{-kNt}}{(1+C\mathrm{e}^{-kNt})^2},$$

$$\frac{\mathrm{d}^2 x}{\mathrm{d}t^2} = \frac{Ck^2 N^3 \mathrm{e}^{-kNt}(C\mathrm{e}^{-kNt} - 1)}{(1+C\mathrm{e}^{-kNt})^2}.$$

由于 $x'(t) > 0$，故销量 $x(t)$ 单调增加. 记当 $t = t^*$ 时，$x(t^*) = \dfrac{N}{2}$，即

$$\frac{N}{1 + Ce^{-kNt^*}} = \frac{N}{2},$$

则 $Ce^{-kNt^*} - 1 = 0$，即当 $t = t^*$ 时，$\dfrac{\mathrm{d}^2 x}{\mathrm{d}t^2} = 0$，且注意到

当 $t < t^*$ 时，$x(t) < x(t^*) = \dfrac{N}{2}$，$\dfrac{\mathrm{d}^2 x}{\mathrm{d}t^2} > 0$；

当 $t > t^*$ 时，$x(t) > x(t^*) = \dfrac{N}{2}$，$\dfrac{\mathrm{d}^2 x}{\mathrm{d}t^2} < 0.$

上述关系表明，当新药销量不足市场容量 N 的一半时，销售速度不断加快；当新药销量达到市场容量 N 的一半时，产品最为畅销；当新药销量超过市场容量的一半时，销售速度逐渐减慢.

附录 二   常用三角函数公式

$$\sin^2\alpha + \cos^2\alpha = 1,$$
$$\sec^2\alpha - \tan^2\alpha = 1,$$
$$\csc^2\alpha - \cot^2\alpha = 1.$$

和角、差角公式

$$\sin(\alpha\pm\beta) = \sin\alpha\cos\beta \pm \cos\alpha\sin\beta,$$
$$\cos(\alpha\pm\beta) = \cos\alpha\cos\beta \mp \sin\alpha\sin\beta.$$

倍角公式

$$\sin 2\alpha = 2\cos\alpha\sin\alpha,$$
$$\cos 2\alpha = \cos^2\alpha - \sin^2\alpha = 2\cos^2\alpha - 1 = 1 - 2\sin^2\alpha.$$

半角公式

$$\cos^2\frac{\alpha}{2} = \frac{1+\cos\alpha}{2},$$
$$\sin^2\frac{\alpha}{2} = \frac{1-\cos\alpha}{2}.$$

积化和差公式

$$\cos\alpha\cos\beta = \frac{1}{2}\left[\cos(\alpha+\beta) + \cos(\alpha-\beta)\right],$$
$$\cos\alpha\sin\beta = \frac{1}{2}\left[\sin(\alpha+\beta) - \sin(\alpha-\beta)\right],$$
$$\sin\alpha\cos\beta = \frac{1}{2}\left[\sin(\alpha+\beta) + \sin(\alpha-\beta)\right],$$
$$\sin\alpha\sin\beta = -\frac{1}{2}\left[\cos(\alpha+\beta) - \cos(\alpha-\beta)\right].$$

和差化积公式

$$\cos\alpha + \cos\beta = 2\cos\frac{\alpha+\beta}{2}\cos\frac{\alpha-\beta}{2},$$
$$\cos\alpha - \cos\beta = -2\sin\frac{\alpha+\beta}{2}\sin\frac{\alpha-\beta}{2},$$
$$\sin\alpha + \sin\beta = 2\sin\frac{\alpha+\beta}{2}\cos\frac{\alpha-\beta}{2},$$
$$\sin\alpha - \sin\beta = 2\cos\frac{\alpha+\beta}{2}\sin\frac{\alpha-\beta}{2}.$$

附录  简明积分表

（一）含有 $ax+b$ 的积分

1. $\int \dfrac{\mathrm{d}x}{ax+b}=\dfrac{1}{a}\ln\ \mid ax+b\mid +C.$

2. $\int (ax+b)^{\mu}\mathrm{d}x=\dfrac{1}{a(\mu+1)}(ax+b)^{\mu+1}+C\ (\mu\neq -1).$

3. $\int \dfrac{x}{ax+b}\mathrm{d}x=\dfrac{1}{a^2}(ax+b-b\ln\mid ax+b\mid)+C.$

4. $\int \dfrac{x^2}{ax+b}\mathrm{d}x=\dfrac{1}{a^3}\left[\dfrac{1}{2}(ax+b)^2-2b(ax+b)+b^2\ln\mid ax+b\mid\right]+C.$

5. $\int \dfrac{\mathrm{d}x}{x(ax+b)}=-\dfrac{1}{b}\ln\left|\dfrac{ax+b}{x}\right|+C.$

6. $\int \dfrac{\mathrm{d}x}{x^2(ax+b)}=-\dfrac{1}{bx}+\dfrac{a}{b^2}\ln\left|\dfrac{ax+b}{x}\right|+C.$

7. $\int \dfrac{x}{(ax+b)^2}\mathrm{d}x=\dfrac{1}{a^2}\left(\ln\mid ax+b\mid +\dfrac{b}{ax+b}\right)+C.$

8. $\int \dfrac{x^2}{(ax+b)^2}\mathrm{d}x=\dfrac{1}{a^3}\left(ax+b-2b\ln\mid ax+b\mid -\dfrac{b^2}{ax+b}\right)+C.$

9. $\int \dfrac{\mathrm{d}x}{x(ax+b)^2}=\dfrac{1}{b(ax+b)}-\dfrac{1}{b^2}\ln\left|\dfrac{ax+b}{x}\right|+C.$

（二）含有 $\sqrt{ax+b}$ 的积分

10. $\int \sqrt{ax+b}\,\mathrm{d}x=\dfrac{2}{3a}\sqrt{(ax+b)^3}+C.$

11. $\int x\sqrt{ax+b}\,\mathrm{d}x=\dfrac{2}{15a^2}(3ax-2b)\sqrt{(ax+b)^3}+C.$

12. $\int x^2\sqrt{ax+b}\,\mathrm{d}x=\dfrac{2}{105a^3}(15a^2x^2-12abx+8b^2)\sqrt{(ax+b)^3}+C.$

13. $\int \dfrac{x}{\sqrt{ax+b}}\mathrm{d}x=\dfrac{2}{3a^2}(ax-2b)\sqrt{ax+b}+C.$

14. $\displaystyle\int \frac{x^2}{\sqrt{ax+b}}dx = \frac{2}{15a^3}(3a^2x^2-4abx+8b^2)\sqrt{ax+b}+C.$

15. $\displaystyle\int \frac{dx}{x\sqrt{ax+b}} = \begin{cases} \dfrac{1}{\sqrt{b}}\ln\left|\dfrac{\sqrt{ax+b}-\sqrt{b}}{\sqrt{ax+b}+\sqrt{b}}\right|+C \ (b>0), \\[4mm] \dfrac{2}{\sqrt{-b}}\arctan\sqrt{\dfrac{ax+b}{-b}}+C \ (b<0). \end{cases}$

16. $\displaystyle\int \frac{dx}{x^2\sqrt{ax+b}} = -\frac{\sqrt{ax+b}}{bx} - \frac{a}{2b}\int \frac{dx}{x\sqrt{ax+b}}.$

17. $\displaystyle\int \frac{\sqrt{ax+b}}{x}dx = 2\sqrt{ax+b} + b\int \frac{dx}{x\sqrt{ax+b}}.$

18. $\displaystyle\int \frac{\sqrt{ax+b}}{x^2}dx = -\frac{\sqrt{ax+b}}{x} + \frac{a}{2}\int \frac{dx}{x\sqrt{ax+b}}.$

（三）含有 $x^2 \pm a^2$ 的积分

19. $\displaystyle\int \frac{dx}{x^2+a^2} = \frac{1}{a}\arctan\frac{x}{a} + C.$

20. $\displaystyle\int \frac{dx}{(x^2+a^2)^n} = \frac{x}{2(n-1)a^2(x^2+a^2)^{n-1}} + \frac{2n-3}{2(n-1)a^2}\int \frac{dx}{(x^2+a^2)^{n-1}}.$

21. $\displaystyle\int \frac{dx}{x^2-a^2} = \frac{1}{2a}\ln\left|\frac{x-a}{x+a}\right| + C.$

（四）含有 ax^2+b （$a>0$）的积分

22. $\displaystyle\int \frac{dx}{ax^2+b} = \begin{cases} \dfrac{1}{\sqrt{ab}}\arctan\sqrt{\dfrac{a}{b}}x+C \ (b>0), \\[4mm] \dfrac{1}{2\sqrt{-ab}}\ln\left|\dfrac{\sqrt{a}x-\sqrt{-b}}{\sqrt{a}x+\sqrt{-b}}\right|+C \ (b<0). \end{cases}$

23. $\displaystyle\int \frac{x}{ax^2+b}dx = \frac{1}{2a}\ln|ax^2+b| + C.$

24. $\displaystyle\int \frac{x^2}{ax^2+b}dx = \frac{x}{a} - \frac{b}{a}\int \frac{dx}{ax^2+b}.$

25. $\displaystyle\int \frac{dx}{x(ax^2+b)} = \frac{1}{2b}\ln\frac{x^2}{|ax^2+b|} + C.$

26. $\displaystyle\int \frac{dx}{x^2(ax^2+b)} = -\frac{1}{bx} - \frac{a}{b}\int \frac{dx}{ax^2+b}.$

27. $\displaystyle\int \frac{dx}{x^3(ax^2+b)} = \frac{a}{2b^2}\ln\frac{|ax^2+b|}{x^2} - \frac{1}{2bx^2} + C.$

28. $\displaystyle\int \frac{dx}{(ax^2+b)^2} = \frac{x}{2b(ax^2+b)} + \frac{1}{2b}\int \frac{dx}{ax^2+b}.$

（五）含有 ax^2+bx+c （$a>0$）的积分

29. $\displaystyle\int\frac{\mathrm{d}x}{ax^2+bx+c}=\begin{cases}\dfrac{2}{\sqrt{4ac-b^2}}\arctan\dfrac{2ax+b}{\sqrt{4ac-b^2}}+C & (b^2<4ac),\\[4mm]\dfrac{1}{\sqrt{b^2-4ac}}\ln\left|\dfrac{2ax+b-\sqrt{b^2-4ac}}{2ax+b+\sqrt{b^2-4ac}}\right|+C & (b^2>4ac).\end{cases}$

30. $\displaystyle\int\frac{x}{ax^2+bx+c}\mathrm{d}x=\frac{1}{2a}\ln|ax^2+bx+c|-\frac{b}{2a}\int\frac{\mathrm{d}x}{ax^2+bx+c}.$

（六）含有 $\sqrt{x^2+a^2}$ （$a>0$）的积分

31. $\displaystyle\int\frac{\mathrm{d}x}{\sqrt{x^2+a^2}}=\operatorname{arsh}\frac{x}{a}+C_1=\ln(x+\sqrt{x^2+a^2})+C.$

32. $\displaystyle\int\frac{\mathrm{d}x}{\sqrt{(x^2+a^2)^3}}=\frac{x}{a^2\sqrt{x^2+a^2}}+C.$

33. $\displaystyle\int\frac{x}{\sqrt{x^2+a^2}}\mathrm{d}x=\sqrt{x^2+a^2}+C.$

34. $\displaystyle\int\frac{x}{\sqrt{(x^2+a^2)^3}}\mathrm{d}x=-\frac{1}{\sqrt{x^2+a^2}}+C.$

35. $\displaystyle\int\frac{x^2}{\sqrt{x^2+a^2}}\mathrm{d}x=\frac{x}{2}\sqrt{x^2+a^2}-\frac{a^2}{2}\ln(x+\sqrt{x^2+a^2})+C.$

36. $\displaystyle\int\frac{x^2}{\sqrt{(x^2+a^2)^3}}\mathrm{d}x=-\frac{x}{\sqrt{x^2+a^2}}+\ln(x+\sqrt{x^2+a^2})+C.$

37. $\displaystyle\int\frac{\mathrm{d}x}{x\sqrt{x^2+a^2}}=\frac{1}{a}\ln\frac{\sqrt{x^2+a^2}-a}{|x|}+C.$

38. $\displaystyle\int\frac{\mathrm{d}x}{x^2\sqrt{x^2+a^2}}=-\frac{\sqrt{x^2+a^2}}{a^2x}+C.$

39. $\displaystyle\int\sqrt{x^2+a^2}\,\mathrm{d}x=\frac{x}{2}\sqrt{x^2+a^2}+\frac{a^2}{2}\ln(x+\sqrt{x^2+a^2})+C.$

40. $\displaystyle\int\sqrt{(x^2+a^2)^3}\,\mathrm{d}x=\frac{x}{8}(2x^2+5a^2)\sqrt{x^2+a^2}+\frac{3}{8}a^4\ln(x+\sqrt{x^2+a^2})+C.$

41. $\displaystyle\int x\sqrt{x^2+a^2}\,\mathrm{d}x=\frac{1}{3}\sqrt{(x^2+a^2)^3}+C.$

42. $\displaystyle\int x^2\sqrt{x^2+a^2}\,\mathrm{d}x=\frac{x}{8}(2x^2+a^2)\sqrt{x^2+a^2}-\frac{a^4}{8}\ln(x+\sqrt{x^2+a^2})+C.$

43. $\displaystyle\int\frac{\sqrt{x^2+a^2}}{x}\mathrm{d}x=\sqrt{x^2+a^2}+a\ln\frac{\sqrt{x^2+a^2}-a}{|x|}+C.$

44. $\displaystyle\int\frac{\sqrt{x^2+a^2}}{x^2}\mathrm{d}x=-\frac{\sqrt{x^2+a^2}}{x}+\ln(x+\sqrt{x^2+a^2})+C.$

（七）含有 $\sqrt{x^2-a^2}$ （$a>0$）的积分

45. $\displaystyle\int \frac{\mathrm{d}x}{\sqrt{x^2-a^2}} = \frac{x}{|x|}\operatorname{arch}\frac{|x|}{a} + C_1 = \ln|x+\sqrt{x^2-a^2}| + C.$

46. $\displaystyle\int \frac{\mathrm{d}x}{\sqrt{(x^2-a^2)^3}} = -\frac{x}{a^2\sqrt{x^2-a^2}} + C.$

47. $\displaystyle\int \frac{x}{\sqrt{x^2-a^2}}\mathrm{d}x = \sqrt{x^2-a^2} + C.$

48. $\displaystyle\int \frac{x}{\sqrt{(x^2-a^2)^3}}\mathrm{d}x = -\frac{1}{\sqrt{x^2-a^2}} + C.$

49. $\displaystyle\int \frac{x^2}{\sqrt{x^2-a^2}}\mathrm{d}x = \frac{x}{2}\sqrt{x^2-a^2} + \frac{a^2}{2}\ln|x+\sqrt{x^2-a^2}| + C.$

50. $\displaystyle\int \frac{x^2}{\sqrt{(x^2-a^2)^3}}\mathrm{d}x = -\frac{x}{\sqrt{x^2-a^2}} + \ln|x+\sqrt{x^2-a^2}| + C.$

51. $\displaystyle\int \frac{\mathrm{d}x}{x\sqrt{x^2-a^2}} = \frac{1}{a}\arccos\frac{a}{|x|} + C.$

52. $\displaystyle\int \frac{\mathrm{d}x}{x^2\sqrt{x^2-a^2}} = \frac{\sqrt{x^2-a^2}}{a^2 x} + C.$

53. $\displaystyle\int \sqrt{x^2-a^2}\,\mathrm{d}x = \frac{x}{2}\sqrt{x^2-a^2} - \frac{a^2}{2}\ln|x+\sqrt{x^2-a^2}| + C.$

54. $\displaystyle\int \sqrt{(x^2-a^2)^3}\,\mathrm{d}x = \frac{x}{8}(2x^2-5a^2)\sqrt{x^2-a^2} + \frac{3}{8}a^4\ln|x+\sqrt{x^2-a^2}| + C.$

55. $\displaystyle\int x\sqrt{x^2-a^2}\,\mathrm{d}x = \frac{1}{3}\sqrt{(x^2-a^2)^3} + C.$

56. $\displaystyle\int x^2\sqrt{x^2-a^2}\,\mathrm{d}x = \frac{x}{8}(2x^2-a^2)\sqrt{x^2-a^2} - \frac{a^4}{8}\ln|x+\sqrt{x^2-a^2}| + C.$

57. $\displaystyle\int \frac{\sqrt{x^2-a^2}}{x}\mathrm{d}x = \sqrt{x^2-a^2} - a\arccos\frac{a}{|x|} + C.$

58. $\displaystyle\int \frac{\sqrt{x^2-a^2}}{x^2}\mathrm{d}x = -\frac{\sqrt{x^2-a^2}}{x} + \ln|x+\sqrt{x^2-a^2}| + C.$

（八）含有 $\sqrt{a^2-x^2}$ （$a>0$）的积分

59. $\displaystyle\int \frac{\mathrm{d}x}{\sqrt{a^2-x^2}} = \arcsin\frac{x}{a} + C.$

60. $\displaystyle\int \frac{\mathrm{d}x}{\sqrt{(a^2-x^2)^3}} = \frac{x}{a^2\sqrt{a^2-x^2}} + C.$

61. $\displaystyle\int \frac{x}{\sqrt{a^2-x^2}}\mathrm{d}x = -\sqrt{a^2-x^2} + C.$

62. $\int \dfrac{x}{\sqrt{(a^2-x^2)^3}}dx = \dfrac{1}{\sqrt{a^2-x^2}}+C.$

63. $\int \dfrac{x^2}{\sqrt{a^2-x^2}}dx = -\dfrac{x}{2}\sqrt{a^2-x^2}+\dfrac{a^2}{2}\arcsin\dfrac{x}{a}+C.$

64. $\int \dfrac{x^2}{\sqrt{(a^2-x^2)^3}}dx = \dfrac{x}{\sqrt{a^2-x^2}}-\arcsin\dfrac{x}{a}+C.$

65. $\int \dfrac{dx}{x\sqrt{a^2-x^2}} = \dfrac{1}{a}\ln\dfrac{a-\sqrt{a^2-x^2}}{|x|}+C.$

66. $\int \dfrac{dx}{x^2\sqrt{a^2-x^2}} = -\dfrac{\sqrt{a^2-x^2}}{a^2x}+C.$

67. $\int \sqrt{a^2-x^2}\,dx = \dfrac{x}{2}\sqrt{a^2-x^2}+\dfrac{a^2}{2}\arcsin\dfrac{x}{a}+C.$

68. $\int \sqrt{(a^2-x^2)^3}\,dx = \dfrac{x}{8}(5a^2-2x^2)\sqrt{a^2-x^2}+\dfrac{3}{8}a^4\arcsin\dfrac{x}{a}+C.$

69. $\int x\sqrt{a^2-x^2}\,dx = -\dfrac{1}{3}\sqrt{(a^2-x^2)^3}+C.$

70. $\int x^2\sqrt{a^2-x^2}\,dx = \dfrac{x}{8}(2x^2-a^2)\sqrt{a^2-x^2}+\dfrac{a^4}{8}\arcsin\dfrac{x}{a}+C.$

71. $\int \dfrac{\sqrt{a^2-x^2}}{x}dx = \sqrt{a^2-x^2}+a\ln\dfrac{a-\sqrt{a^2-x^2}}{|x|}+C.$

72. $\int \dfrac{\sqrt{a^2-x^2}}{x^2}dx = -\dfrac{\sqrt{a^2-x^2}}{x}-\arcsin\dfrac{x}{a}+C.$

（九）含有 $\sqrt{\pm ax^2+bx+c}$ （$a>0$）的积分

73. $\int \dfrac{dx}{\sqrt{ax^2+bx+c}} = \dfrac{1}{\sqrt{a}}\ln|2ax+b+2\sqrt{a}\sqrt{ax^2+bx+c}|+C.$

74. $\int \sqrt{ax^2+bx+c}\,dx = \dfrac{2ax+b}{4a}\sqrt{ax^2+bx+c}+\dfrac{4ac-b^2}{8\sqrt{a^3}}\ln|2ax+b+2\sqrt{a}\sqrt{ax^2+bx+c}|+C.$

75. $\int \dfrac{x}{\sqrt{ax^2+bx+c}}dx = \dfrac{1}{a}\sqrt{ax^2+bx+c}-\dfrac{b}{2\sqrt{a^3}}\ln|2ax+b+2\sqrt{a}\sqrt{ax^2+bx+c}|+C.$

76. $\int \dfrac{dx}{\sqrt{c+bx-ax^2}} = \dfrac{1}{\sqrt{a}}\arcsin\dfrac{2ax-b}{\sqrt{b^2+4ac}}+C.$

77. $\int \sqrt{c+bx-ax^2}\,dx = \dfrac{2ax-b}{4a}\sqrt{c+bx-ax^2}+\dfrac{b^2+4ac}{8\sqrt{a^3}}\arcsin\dfrac{2ax-b}{\sqrt{b^2+4ac}}+C.$

78. $\int \dfrac{x}{\sqrt{c+bx-ax^2}}dx = -\dfrac{1}{a}\sqrt{c+bx-ax^2} + \dfrac{b}{2\sqrt{a^3}}\arcsin\dfrac{2ax-b}{\sqrt{b^2+4ac}} + C.$

（十）含有 $\sqrt{\pm\dfrac{x-a}{x-b}}$ 或 $\sqrt{(x-a)(b-x)}$ 的积分

79. $\int \sqrt{\dfrac{x-a}{x-b}}dx = (x-b)\sqrt{\dfrac{x-a}{x-b}} + (b-a)\ln(\sqrt{|x-a|}+\sqrt{|x-b|}) + C.$

80. $\int \sqrt{\dfrac{x-a}{b-x}}dx = (x-b)\sqrt{\dfrac{x-a}{b-x}} + (b-a)\arcsin\sqrt{\dfrac{x-a}{b-a}} + C.$

81. $\int \dfrac{dx}{\sqrt{(x-a)(b-x)}} = 2\arcsin\sqrt{\dfrac{x-a}{b-a}} + C\ (a<b).$

82. $\int \sqrt{(x-a)(b-x)}\,dx = \dfrac{2x-a-b}{4}\sqrt{(x-a)(b-x)} + \dfrac{(b-a)^2}{4}\arcsin\sqrt{\dfrac{x-a}{b-a}} + C\ (a<b).$

（十一）含有三角函数的积分

83. $\int \sin x\,dx = -\cos x + C.$

84. $\int \cos x\,dx = \sin x + C.$

85. $\int \tan x\,dx = -\ln|\cos x| + C.$

86. $\int \cot x\,dx = \ln|\sin x| + C.$

87. $\int \sec x\,dx = \ln\left|\tan\left(\dfrac{\pi}{4}+\dfrac{x}{2}\right)\right| + C = \ln|\sec x+\tan x| + C.$

88. $\int \csc x\,dx = \ln\left|\tan\dfrac{x}{2}\right| + C = \ln|\csc x-\cot x| + C.$

89. $\int \sec^2 x\,dx = \tan x + C.$

90. $\int \csc^2 x\,dx = -\cot x + C.$

91. $\int \sec x\tan x\,dx = \sec x + C.$

92. $\int \csc x\cot x\,dx = -\csc x + C.$

93. $\int \sin^2 x\,dx = \dfrac{x}{2} - \dfrac{1}{4}\sin 2x + C.$

94. $\int \cos^2 x\,dx = \dfrac{x}{2} + \dfrac{1}{4}\sin 2x + C.$

95. $\int \sin^n x\,dx = -\dfrac{1}{n}\sin^{n-1} x\cos x + \dfrac{n-1}{n}\int \sin^{n-2} x\,dx.$

96. $\int \cos^n x \mathrm{d}x = \frac{1}{n} \cos^{n-1} x \sin x + \frac{n-1}{n} \int \cos^{n-2} x \mathrm{d}x.$

97. $\int \frac{\mathrm{d}x}{\sin^n x} = -\frac{1}{n-1} \cdot \frac{\cos x}{\sin^{n-1} x} + \frac{n-2}{n-1} \int \frac{\mathrm{d}x}{\sin^{n-2} x}.$

98. $\int \frac{\mathrm{d}x}{\cos^n x} = \frac{1}{n-1} \cdot \frac{\sin x}{\cos^{n-1} x} + \frac{n-2}{n-1} \int \frac{\mathrm{d}x}{\cos^{n-2} x}.$

99. $\int \cos^m x \sin^n x \mathrm{d}x = \frac{1}{m+n} \cos^{m-1} x \sin^{n+1} x + \frac{m-1}{m+n} \int \cos^{m-2} x \sin^n x \mathrm{d}x$

$$= -\frac{1}{m+n} \cos^{m+1} x \sin^{n-1} x + \frac{n-1}{m+n} \int \cos^m x \sin^{n-2} x \mathrm{d}x.$$

100. $\int \sin ax \cos bx \mathrm{d}x = -\frac{1}{2(a+b)} \cos(a+b)x - \frac{1}{2(a-b)} \cos(a-b)x + C.$

101. $\int \sin ax \sin bx \mathrm{d}x = -\frac{1}{2(a+b)} \sin(a+b)x + \frac{1}{2(a-b)} \sin(a-b)x + C.$

102. $\int \cos ax \cos bx \mathrm{d}x = \frac{1}{2(a+b)} \sin(a+b)x + \frac{1}{2(a-b)} \sin(a-b)x + C.$

103. $\int \frac{\mathrm{d}x}{a+b\sin x} = \frac{2}{\sqrt{a^2-b^2}} \arctan \frac{a\tan \frac{x}{2} + b}{\sqrt{a^2-b^2}} + C \ (a^2 > b^2).$

104. $\int \frac{\mathrm{d}x}{a+b\sin x} = \frac{1}{\sqrt{b^2-a^2}} \ln \left| \frac{a\tan \frac{x}{2} + b - \sqrt{b^2-a^2}}{a\tan \frac{x}{2} + b + \sqrt{b^2-a^2}} \right| + C \ (a^2 < b^2).$

105. $\int \frac{\mathrm{d}x}{a+b\cos x} = \frac{2}{a+b} \sqrt{\frac{a+b}{a-b}} \arctan \left(\sqrt{\frac{a-b}{a+b}} \tan \frac{x}{2} \right) + C \ (a^2 > b^2).$

106. $\int \frac{\mathrm{d}x}{a+b\cos x} = \frac{1}{a+b} \sqrt{\frac{a+b}{b-a}} \ln \left| \frac{\tan \frac{x}{2} + \sqrt{\frac{a+b}{b-a}}}{\tan \frac{x}{2} - \sqrt{\frac{a+b}{b-a}}} \right| + C \ (a^2 < b^2).$

107. $\int \frac{\mathrm{d}x}{a^2 \cos^2 x + b^2 \sin^2 x} = \frac{1}{ab} \arctan \left(\frac{b}{a} \tan x \right) + C.$

108. $\int \frac{\mathrm{d}x}{a^2 \cos^2 x - b^2 \sin^2 x} = \frac{1}{2ab} \ln \left| \frac{b\tan x + a}{b\tan x - a} \right| + C.$

109. $\int x \sin ax \mathrm{d}x = \frac{1}{a^2} \sin ax - \frac{1}{a} x \cos ax + C.$

110. $\int x^2 \sin ax \mathrm{d}x = -\frac{1}{a} x^2 \cos ax + \frac{2}{a^2} x \sin ax + \frac{2}{a^3} \cos ax + C.$

111. $\int x\cos\ ax\mathrm{d}x=\dfrac{1}{a^2}\cos\ ax+\dfrac{1}{a}x\sin\ ax+C.$

112. $\int x^2\cos\ ax\mathrm{d}x=\dfrac{1}{a}x^2\sin\ ax+\dfrac{2}{a^2}x\cos\ ax-\dfrac{2}{a^3}\sin\ ax+C.$

（十二）含有反三角函数的积分（其中 $a>0$）

113. $\int\arcsin\dfrac{x}{a}\mathrm{d}x=x\arcsin\dfrac{x}{a}+\sqrt{a^2-x^2}+C.$

114. $\int x\arcsin\dfrac{x}{a}\mathrm{d}x=\left(\dfrac{x^2}{2}-\dfrac{a^2}{4}\right)\arcsin\dfrac{x}{a}+\dfrac{x}{4}\sqrt{a^2-x^2}+C.$

115. $\int x^2\arcsin\dfrac{x}{a}\mathrm{d}x=\dfrac{x^3}{3}\arcsin\dfrac{x}{a}+\dfrac{1}{9}(x^2+2a^2)\sqrt{a^2-x^2}+C.$

116. $\int\arccos\dfrac{x}{a}\mathrm{d}x=x\arccos\dfrac{x}{a}-\sqrt{a^2-x^2}+C.$

117. $\int x\arccos\dfrac{x}{a}\mathrm{d}x=\left(\dfrac{x^2}{2}-\dfrac{a^2}{4}\right)\arccos\dfrac{x}{a}-\dfrac{x}{4}\sqrt{a^2-x^2}+C.$

118. $\int x^2\arccos\dfrac{x}{a}\mathrm{d}x=\dfrac{x^3}{3}\arccos\dfrac{x}{a}-\dfrac{1}{9}(x^2+2a^2)\sqrt{a^2-x^2}+C.$

119. $\int\arctan\dfrac{x}{a}\mathrm{d}x=x\arctan\dfrac{x}{a}-\dfrac{a}{2}\ln(a^2+x^2)+C.$

120. $\int x\arctan\dfrac{x}{a}\mathrm{d}x=\dfrac{1}{2}(a^2+x^2)\arctan\dfrac{x}{a}-\dfrac{a}{2}x+C.$

121. $\int x^2\arctan\dfrac{x}{a}\mathrm{d}x=\dfrac{x^3}{3}\arctan\dfrac{x}{a}-\dfrac{a}{6}x^2+\dfrac{a^3}{6}\ln(a^2+x^2)+C.$

（十三）含有指数函数的积分

122. $\int a^x\mathrm{d}x=\dfrac{1}{\ln\ a}a^x+C.$

123. $\int \mathrm{e}^{ax}\mathrm{d}x=\dfrac{1}{a}\mathrm{e}^{ax}+C.$

124. $\int x\mathrm{e}^{ax}\mathrm{d}x=\dfrac{1}{a^2}(ax-1)\mathrm{e}^{ax}+C.$

125. $\int x^n\mathrm{e}^{ax}\mathrm{d}x=\dfrac{1}{a}x^n\mathrm{e}^{ax}-\dfrac{n}{a}\int x^{n-1}\mathrm{e}^{ax}\mathrm{d}x.$

126. $\int xa^x\mathrm{d}x=\dfrac{x}{\ln\ a}a^x-\dfrac{1}{(\ln\ a)^2}a^x+C.$

127. $\int x^n a^x\mathrm{d}x=\dfrac{1}{\ln\ a}x^n a^x-\dfrac{n}{\ln\ a}\int x^{n-1}a^x\mathrm{d}x.$

128. $\int e^{ax} \sin bx dx = \dfrac{1}{a^2+b^2} e^{ax} (a\sin bx - b\cos bx) + C.$

129. $\int e^{ax} \cos bx dx = \dfrac{1}{a^2+b^2} e^{ax} (b\sin bx + a\cos bx) + C.$

130. $\int e^{ax} \sin^n bx dx = \dfrac{1}{a^2+b^2n^2} e^{ax} \sin^{n-1} bx (a\sin bx - nb\cos bx) + \dfrac{n(n-1)b^2}{a^2+b^2n^2} \int e^{ax} \sin^{n-2} bx dx.$

131. $\int e^{ax} \cos^n bx dx = \dfrac{1}{a^2+b^2n^2} e^{ax} \cos^{n-1} bx (a\cos bx + nb\sin bx) + \dfrac{n(n-1)b^2}{a^2+b^2n^2} \int e^{ax} \cos^{n-2} bx dx.$

（十四）含有对数函数的积分

132. $\int \ln x dx = x\ln x - x + C.$

133. $\int \dfrac{dx}{x\ln x} = \ln | \ln x | + C.$

134. $\int x^n \ln x dx = \dfrac{1}{n+1} x^{n+1} \left(\ln x - \dfrac{1}{n+1} \right) + C.$

135. $\int (\ln x)^n dx = x(\ln x)^n - n \int (\ln x)^{n-1} dx.$

136. $\int x^m (\ln x)^n dx = \dfrac{1}{m+1} x^{m+1} (\ln x)^n - \dfrac{n}{m+1} \int x^m (\ln x)^{n-1} dx.$

（十五）含有双曲函数的积分

137. $\int \operatorname{sh} x dx = \operatorname{ch} x + C.$

138. $\int \operatorname{ch} x dx = \operatorname{sh} x + C.$

139. $\int \operatorname{th} x dx = \ln \operatorname{ch} x + C.$

140. $\int \operatorname{sh}^2 x dx = -\dfrac{x}{2} + \dfrac{1}{4} \operatorname{sh} 2x + C.$

141. $\int \operatorname{ch}^2 x dx = \dfrac{x}{2} + \dfrac{1}{4} \operatorname{sh} 2x + C.$

（十六）定积分

142. $\int_{-\pi}^{\pi} \cos nx dx = \int_{-\pi}^{\pi} \sin nx dx = 0.$

143. $\int_{-\pi}^{\pi} \cos mx \sin nx dx = 0.$

144. $\int_{-\pi}^{\pi} \cos mx \cos nx dx = \begin{cases} 0, & m \neq n, \\ \pi, & m = n. \end{cases}$

145. $\int_{-\pi}^{\pi} \sin mx \sin nx dx = \begin{cases} 0, & m \neq n, \\ \pi, & m = n. \end{cases}$

146. $\int_{0}^{\pi} \sin mx \sin nx dx = \int_{0}^{\pi} \cos mx \cos nx dx = \begin{cases} 0, & m \neq n, \\ \dfrac{\pi}{2}, & m = n. \end{cases}$

147. $I_n = \int_0^{\frac{\pi}{2}} \sin^n x \, \mathrm{d}x = \int_0^{\frac{\pi}{2}} \cos^n x \, \mathrm{d}x,$

$$I_n = \frac{n-1}{n} I_{n-2} = \begin{cases} \dfrac{n-1}{n} \cdot \dfrac{n-3}{n-2} \cdot \cdots \cdot \dfrac{4}{5} \cdot \dfrac{2}{3} \ (n \text{ 为大于 } 1 \text{ 的正奇数}), \ I_1 = 1, \\[2mm] \dfrac{n-1}{n} \cdot \dfrac{n-3}{n-2} \cdot \cdots \cdot \dfrac{3}{4} \cdot \dfrac{1}{2} \cdot \dfrac{\pi}{2} \ (n \text{ 为正偶数}), \ I_0 = \dfrac{\pi}{2}. \end{cases}$$

参 考 文 献

[1] 李继成,朱晓平.高等数学:上册.北京:高等教育出版社,2021.

[2] 同济大学数学科学学院.高等数学:上册.8 版.北京:高等教育出版社,2023.

[3] 同济大学数学系.高等数学习题全解指南 同济·第七版:上册.北京:高等教育出版社,
      2014.

[4] 乐经良,祝国强.医用高等数学.3 版.北京:高等教育出版社,2019.

[5] 张选群.医科高等数学.2 版.北京:高等教育出版社,2015.

[6] 华东师范大学数学科学学院.数学分析:上册.5 版.北京:高等教育出版社,2019.

读者意见反馈

为收集对教材的意见建议，进一步完善教材编写并做好服务工作，读者可将对本教材的意见建议通过如下渠道反馈至我社。

咨询电话　400-810-0598

反馈邮箱　hepsci@pub.hep.cn

通信地址　北京市朝阳区惠新东街4号富盛大厦1座
　　　　　高等教育出版社理科事业部

邮政编码　100029

防伪查询说明

用户购书后刮开封底防伪涂层，使用手机微信等软件扫描二维码，会跳转至防伪查询网页，获得所购图书详细信息。

防伪客服电话　（010)58582300